邹 华 主编

Chinese
Aesthetics
Vol.1

中国美学

第1辑

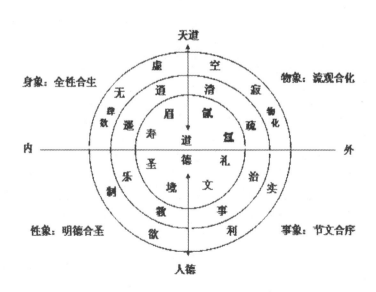

社会科学文献出版社
SOCIAL SCIENCES ACADEMIC PRESS (CHINA)

本刊由怡坤企业人文基金赞助

编委会

主编的话

15 年前，我为创办《中国美学》逐级申报，费尽周折，无果而终；15 年后，作为企业家的老学生崔强鼎力相助，让我重拾早已冷却的希望。

本集刊希望为发掘中国古代美学的优质资源、梳理中国现代美学的发展脉络、促进中西美学的交流互动做出一点贡献，研究领域包括古代和现代两大部分以及中西美学比较，栏目设置亦以此为基准并根据具体情况进行调整。本集刊希望得到学界同仁的大力支持，同时面向青年学者征集稿件，试图为新一代美学学者提供一个尽管不大但却有价值的学术平台，为推进中国美学研究凝聚新生力量。我们深知创始阶段所面临的诸多困难，但相信通过不懈的努力总会蹚出一条路来。

这里将旧著中的两段话移过来，以表达本集刊对中国美学走向世界的信念和期望：

20 世纪初国学大师王国维开始向中国介绍德国近代美学，从那时起直到现在，一百年来，我们更多地是引进和学习西方美学，而向西方介绍中国美学，我们却做得很少。这种状况也是可以理解的，但应当有所改变，这不仅是因为中国经济的发展使长期被边缘化的中国文化逐渐向时代的中心位置移动，更重要的是，中国文化本身就具有一种不可忽视的独特性和能够为世界文化做出重要贡献的特殊价值。

中国美学与中国文化是相通的，但这个相通并不是通常所说的美学作为理论思维能够对具体的文化现象做出提升概括，而是说中国文化具有一种天然的（历史的）审美特质，中国人的思维方式和生活方式具有一种自发的审美倾向，中国美学正是中国文化审美特色的集中体现：那种对灵魂与肉体合一的永生意念，那种在自然物态中体悟诗韵节律的生命意识，那种将天象展现在人间的人生理想，那种圣境不离凡俗的个体人格等，一句话，中国人在此岸中追寻彼岸的超越精神，在实际生活中感受天道提升的强大执着的世俗稳定感，将通过历史的更新而对世界文化产生深远的影响。因此，从某种意义上说，中国文化与世界文化的交流，就是中国美学与世界文化的交流；而中国美学走向世界，同时也就是中国文化走向世界。

邹　华

2015 年 12 月 9 日

目 录

中国美学史论

中国美学思想家研究

中国文艺美学研究

中国古代生活美学研究

中西比较美学

《北京审美文化史》书评

Contents

Chinese Aesthetics History

Chinese Aesthetics Thinkers

Studies on Chinese Literary Aesthetics

Studies on the Aesthetic of Chinese Performing Live

Comparative Aesthetics

The Book Review of *The History of Aesthetic Culture of Beijing*

中国美学史论 ◀

原始宗教与中国美学范畴体系的生成

廖雨声[*]

摘要：中国美学范畴体系的确立必须找到一个可靠的逻辑起点，这一起点蕴含在原始宗教的祖先崇拜与自然崇拜中。自然崇拜要求人们超越于世俗的社会，追求宇宙与世界的本体，在此基础上形成天道。祖先崇拜把人的目光引至世俗，以功利的心态来面对人生，在此基础上形成人德。至上神把二者结合起来，一方面关注天道的同时始终与人德结合在一起，另一方面在关注人德的同时又始终具有天道的视野，这样就形成了中国古代求"中"的人性结构。先秦诸子哲学则是在此基础上对天道与人德的进一步理性化，发展出了天道人德之哲学观念。天道与人德并不是相互独立的，而是相互牵扯。原本向上的天道因为人德的牵引而下贯到感性上，而人德也因为天道的牵引而从感性的平面向自然理性提升。感性与理性在天道与人德的相互作用下达到了一个相对和谐的处境，呈现审美的状态。天道与人德相结合共同决定了中国古代审美意识的独特性，并随着历史的发展，由此衍生出了独特的基本美学范畴：形神、兴象、意境和文质。在这四个基本美学范畴的基础上，中国美学范畴体系得以形成。

关键词：自然崇拜 祖先崇拜 天道 人德 美学范畴

---

[*] 廖雨声，文学博士，苏州科技大学中文系讲师。

一

　　中国美学范畴研究经过汪涌豪、王振复、涂光社等诸多学者的努力，已经获得了学界的广泛认同。越来越多的学者不再只满足于阐释其中特定的范畴，而是试图开始构建中国美学范畴体系。但是，中国美学范畴纷繁复杂，而且很多都是相互沟通、相互联系的，比如，围绕着"兴"，就有兴象、兴趣、兴会、兴致等诸多范畴。那么，如何在这个繁杂的范畴群中，根据范畴内在发展的规律建立起一个体系呢？哪些范畴是所谓的"元范畴"呢？确立这些元范畴的逻辑起点又是什么呢？后来的众多范畴又是根据什么样的规律而围绕着这些元范畴发展的呢？这些问题是美学范畴体系构建必须回答的。

　　就中国美学的元范畴，研究者们提出了不同的看法。汪涌豪认为，中国传统文化有"天人合一"的根本精神，奠基于其上的美学元范畴包括道、气、兴、象与和这五个，其他的范畴都是在这些最为基础的范畴上演变和发展起来的。[①] 王振复则认为，中国美学范畴史，是一个"气、象、道"所构成的动态三维人文结构，由人类学意义上的气、哲学意义上的道与艺术学意义上的象所构成。这三者作为中国美学范畴史的本源、主干和基本范畴，各自构成范畴群落且相互渗透，共同构成中国美学范畴史的历史、人文大厦。[②] 成立认为，兴与象是中国传统美学的两个元范畴，象是道家美学的基本范畴，而兴是儒家美学的基本范畴，兴与象之间的相互关系构成了中国美学范畴体系化研究的历史与逻辑的统一的起点，构成理解并掌握中国美学独特体系的一条基本线索。[③] 王纪人认为，"道、境界、韵"组成了中国文论和美学的元结构与元范畴，其中"道"是中国文论的宇宙观和本体论，体现了中国文化的宇宙精神、生命精神和自由精神。境界是中国文论在美学上的元范畴，它对其他大大小小的范畴具有统摄功能。韵则是中国文论崇尚的味外之旨、弦外之响。[④]

　　元范畴的确立并不能依靠范畴出现的频率或者范畴在当前的重视程度。

---

① 汪涌豪：《中国文学批评范畴及体系》，复旦大学出版社，2007，第484~574页。
② 王振复：《中国美学范畴史》第一卷，"导言"，山西教育出版社，2009，第1页。
③ 成立：《中国美学的元范畴》，《上海社会科学院学术季刊》1991年第2期。
④ 王纪人：《中国文论的三原点和元结构》，《文艺理论研究》2006年第6期。

因此，它的确定必须找到一个可靠的逻辑起点。在很长的一段时期内，中国美学的研究只追溯到了老子，认为从老子开始，中国才出现了系统的美学思想。也有的学者认为中国美学的源头在《周易》。美学范畴的研究也是如此。近年来，越来越多学者意识到，春秋战国时期的儒道美学思想是一种相对成熟的思想系统，也就是说，在这些思想成熟之前，中国美学经历了一个漫长的原始文化时期。"中国古代美学、文论范畴的'发生'作为研究对象就根本不是一个哲学或文化哲学问题，而是包含一定哲学或文化哲学之前期意识萌芽因子的远古原始文化问题"①。当然，在这个时期内，我们无法明确地说它具有了系统的美学理论，更不可能说它已有了成熟的美学范畴。但是，它对后来的审美意识、美学思想，乃至美学范畴产生了根本性的影响。也就是说，正是这些原始宗教、原始神话体现的人类早期审美意识和人性结构，决定了先秦诸子是以这种或者那种形态呈现出来的，并影响着后来审美范畴生成的。因此，研究中国美学范畴体系，确定中国美学元范畴，必须将其不断地向前追溯。我们认为，这一源头就是以原始神话和原始宗教为代表的上古文化。美学关涉的绝不仅仅是艺术或者美的问题，而且是人们生存体验中感性在整个人性结构中地位和作用的问题，而艺术则是人性结构的一种最为典型的呈现。在魏晋时期，在艺术自觉之前，我们研究美学很难通过艺术进行，宗教、神话与哲学是进入人性结构最为可靠的方式。而春秋之前的审美意识也并未产生系统的哲学思想，宗教与神话则很好地反映了原始人类的意识状态。

在中国古代宗教神话中，出现了图腾崇拜、自然崇拜、灵魂崇拜、祖先崇拜和至上神崇拜等诸多崇拜类型。关于这些崇拜出现的先后顺序，学术界至今尚未有定论。考查它们的先后并非我们的任务，但是仔细考查这些崇拜，我们可以将它们大致分为自然崇拜和祖先崇拜两大类，图腾崇拜和灵魂崇拜从具体内容上来说，都可归于这两类。而至上神崇拜则是其他崇拜发展之后到商时才出现的。

二

研究原始崇拜现象，关键是要将其还原到原始人的生存境遇之中。对

---

① 王振复：《方法与对象的适应》，《文艺研究》1997 年第 2 期。

于原始人来说，自然界是他们生存的基本境域。一方面，它给人类带来了基本的生存条件；另一方面，它给人类带来了极大的不确定性。风、雨、雷、电等现在看来平常的现象对原始人来说都是神秘的，甚至是毁灭性的。主体意识的微弱必然导致他们对自然充满了复杂的情感。"原始人把希冀的目光整个地投向物质自然界，既赞美自然界的风物万态、硕果累累，又惊诧自然界的严寒酷暑、森然可怖。而且，当时人类站在历史的起跑线上，他们没有任何可资利用的经验与理智，只能把自己的吉凶祸福同自然的风云变幻相联系，把人的属性同自然的属性在人的意识中连成一条无形的却视之为真实的灵的锁链，笃信万事万物皆有灵性"[①]。也就是说，在看到的自然后面，他们相信存在着一种看不见的"灵"，这种"灵"发展到后来就成了崇高的"神灵"，人类必须在这种神灵的庇护下才能够正常地生产生活，这就是自然崇拜。《山海经》中有相关的记载：

> 东南四百五十里，曰长右之山，无草木，多水。有兽焉，其状如禺而四耳，其名长右，其音如吟，见则郡县**大水**。（《山海经·南山经》）

> 又西七十里曰羭次之山，漆水出焉，北流注于渭。其上多棫檀，其下多竹箭，其阴多赤铜，其阳多婴垣之玉。有兽焉，其状如禺而长臂，善投，其名曰嚣。有鸟焉，其状如枭，人面而一足，曰橐蜚，冬见夏蛰，服之不**畏雷**。（《出海经·西山经》）

在这两则记载中，人们对山里的动物有着特别的解释。"长右之山"的野兽，人们见了则会发大水；而"羭次之山"的鸟"橐蜚"，人们吃了则不怕雷电。自然之物对原始人来说具有特别的意义。这种解释事实上反映的是人们对于自然界的认识，一方面他们无法认清自然究竟是如何存在的，另一方面又必须依靠它们来解决当时生存的各种困境。致命的水灾对他们来说是无法理解的，而雷电同样神秘莫测。"原始人不是根据关于自然的知识来解释自己——他们很少有这种知识——恰恰相反，他是根据自己的知识来解释自然界"[②]。从这个意义上来说，自然崇拜反映的是人类认识论方

---

① 黄龙保：《论原始宗教的文化哲学意义》，《河北学刊》1992年第4期。
② 〔苏〕约·阿·克雷维列夫：《宗教史》上卷，乐峰等译，中国社会科学出版社，1984，第14页。

面的状况。

占卜与巫术的出现则是自然崇拜在认识论方面的发展。当人对自己所要面对的事物没有把握时，就依据占卜的结果来做出选择。"从认识上说，占卜是要获得对欲了解问题的答案或决定"[①]。通过占卜，人们企图神秘地去发现自然事物与人类之间的内在联系。"对原始人来说，占卜乃是附加的知觉。如同我们使用工具能使我们看到肉眼看不到的微小东西或弥补我们不足的感觉。原始人的思维则首先和主要利用梦，然后利用魔棍、算命晶球、卜骨、龟鉴、飞鸟、神意裁判以及其他无数方法来在神秘因素及其结合为其他方法所不能揭示时搜索它们"[②]。在殷墟卜辞中，存在着大量的有关日、风、山、雨等自然现象的记载。这些卜辞反映的是原始人的认识水平。巫术则是另一种方式，它不仅试图揭示自然界，而且试图根据事物之前的隐秘联系，人为地对自然施加影响或进行控制。这是早期人类认识理性的进一步发展，这种发展带有了可操作性。四川凉山的彝族仍然保留着这种巫术。当奴隶主发现奴隶逃走，除派人寻找外，还要请巫师施行巫术，方法是把奴隶丢下的破衣片收集起来，放在石磨内磨，由于布片不易磨下来，便认为奴隶也必然在山间转来转去，找不到逃生的路；奴隶为能逃出虎口，也以巫术对抗，一般在逃走时，拿一小扇石磨顶在头上，这样奴隶主在磨布片时，布片就会很快掉下来，自己就能逃跑成功。在现在看来，这种巫术固然是很幼稚的表现，但是从人类认识的发展来看，这确是一个重大的进步，它懂得利用人类获得的有限知识去为生存实践服务。

创世神话的出现及其系统化则是自然崇拜的高级形态，它试图追溯世界、自然、人类的起源。"作为自然崇拜的一种观念形态，创世神话具有科学思考的倾向"[③]。它解释天地的形成以及人类、日月星辰及其他万事万物的起源。与其他神话相比，创世神话反映原始人类思维的重大发展，它企图解释整个世界的形成。从认识论的角度来说，创世神话是人类理性认识的重要突破。

在自然崇拜中，人与自然的关系始终是核心问题。这种关系反映在两个方面：一方面，人生存于自然之中，必须依赖自然。人类所住、所穿、所食都取自自然；另一方面，自然给当时的人们带来了严重的灾难。对于

---

①　陈来：《古代宗教与伦理》，生活·读书·新知三联书店，2009，第69页。
②　〔法〕列维·布留尔：《原始思维》，丁由译，商务印书馆，1981，第280页。
③　邹华：《中国美学原点解析》，中华书局，2004，第31页。

衣不蔽体的人类来说，风、雨、雷、电随时可能带来灭顶之灾。食物的缺乏，动物的凶猛，也无时无刻不在威胁着他们的存在。这在《山海经》中反映得尤其明显。在《山海经·南山经》中，"食"是重要的问题：

南山经之首曰鹊山。其首曰招摇之山，临于西海之上。多桂多金玉。有草焉，其状如韭而青华，其名曰祝余，**食之不饥**。

有木焉，其状如榖而黑理，其华四照。其名曰迷榖，佩之不迷。有兽焉，其状如禺而白耳，伏行人走，其名曰狌狌，**食之善走**。

又东三百里柢山。多水，无草木。有鱼焉，其状如牛，陵居，蛇尾有翼，其羽在鲑下，其音如留牛，其名曰鲑，冬死而复生。**食之无肿疾**。

又东三百里曰亶爰之山。多水，无草木，不可以上。有兽焉，其状如狸而有髦，其名曰类，自为牝牡，**食者不妒**。

又东三百曰基山。其如多玉，其阴多怪木。有兽焉，其状如羊，九尾四耳，其目在背，其名曰猼訑，**佩之不畏**。有鸟焉，其状如鸡而三首、六目、六足、三翼，其名曰鹎鸺，**食之无卧**。

食物、洪水、雷电都是他们每天都在担忧的事情。所以，对他们来说，人与自然的对立关系是更为根本的。也就是说，自然始终处于人类的对立方面，对人构成威胁。虽然主体意识的发展逐渐让人类获得了一些认识，使人能试图去解释自然，并对自然施加影响，但是自然始终是不可战胜的，是高高在上的，人类在它的支配下运作。自然处于人类对立面并且高高在上，这一基本状况对人性结构产生了重大的影响。人类必须将目光投在异己对象的身上，并且以一种低的姿态仰望着对象。连云港的将军崖岩画，主要有两类：一类是天体岩画，主要描绘太阳；另一类是天神岩画，主要描绘天神。太阳出现时，人类能够享受到光明与温暖，而它消失时，人类则处于寒冷、黑暗、恐怖的环境中。于是，人们对它产生感激、依赖、敬畏的宗教情感。太阳神则是对太阳的神化。人类的思维被拉升至天空之中。天有其运行之道，正是对自然的仰望中，人类有了天道的认识。天道不同于人事，它高高在上，它需要人们将目光超越人事。于是，超越性正是天道的根本特征，它超越世俗追求天道，超越现象追求本体。中国传统文化中的天道观念就是在自然崇拜中产生和发展起来的，并且对中国文化产生着重要的影响。

　　祖先崇拜在中国原始宗教中的地位同样是毋庸置疑的重要。祖先崇拜从鬼神崇拜中发展而来。在原始人的观念中，人死后灵魂是不灭的，而且死后的灵魂具有超人的能力，能够影响活着的人们，对他们进行赏罚。但是，这个时候的信仰与人德没有任何的关系。随着人类社会的发展，人类进入氏族社会。直至父系氏族社会，鬼神崇拜与血缘联系起来时，祖先崇拜才在真正意义上出现。与自然崇拜关注的是人与自然的关系不同，祖先崇拜关涉的是人与人之间的关系，它包括共时性的部族和部族的关系及历时性的祖先与后裔的关系。祖先崇拜的对象自然是与崇拜者具有血缘关系的祖先之灵魂，这就区分了部族间的亲疏远近。人类开始以人自身的血缘来确定自己的崇拜对象。"鬼神信仰系统运作机制的升华，人鬼特定的社会属性和与崇拜者之间持有的血缘关系，是祖先崇拜确立的基础；人鬼的善性和崇拜者迷信其对本族或本家族集团成员具有降福及庇护子孙后代的神秘力量，因而长期受到俗信的供奉及各类名状的祭祀"①。所谓祖先崇拜，并不是所有本部族的祖先都被崇拜，"只有那些生前是强有力的、对共同体有贡献者，或是酋长，死了以后才被奉为祖先崇拜"②。由此可以看出，祖先崇拜的基本特征是它具有功利性。祖先之所以被崇拜，是因为他能够保佑子孙，能够驱邪禳厄。实用理性是祖先崇拜给人性结构带来的一个重要影响。人们将目光聚焦于最为现实的问题，将宗教信仰与现实处境紧密地联系在一起。信仰区分血缘的亲疏、地位的尊卑、力量的强弱，这无疑是人类实用理性逐渐增强的表现。

　　随着周朝宗法制的完善，祭祖有了新的意义——孝道。此时，"祖先崇拜超出了宗教范围而具有宗法和孝德意义，是中国古代从周代形成的独特的文化现象。从祖先崇拜有迹可寻的世界其他民族中，难以找到与中国的西周春秋时代相似的具有宗法性和道德性的宗教信仰"③。祖先崇拜积淀为人性结构中的道德。祖先崇拜还特别以制度化的方式固定下来，以强制性的手段得以贯彻，具体表现为伦理制度、宗庙制度和丧葬制度。人德变成了一种更为抽象的与道相对应的德。

　　祖先崇拜与自然崇拜存在于各个民族的原始宗教与神话中，从这个意

---

① 宋镇豪：《夏商社会生活史》，中国社会科学出版社，2005，第819页。
② 朱天顺：《中国古代宗教初探》，上海人民出版社，1982，第206页。
③ 陈筱芳：《周代祖先崇拜的世俗化》，《西南民族大学学报》（人文社会科学版）2006年第12期。

义上来说，中国的原始宗教并无特别之处。但是，在自然崇拜与祖先崇拜的相互作用下，形成了至上神。"与王权的建立和强化相对应，社会生活中逐渐产生了一个比原有的诸神更强有力的大神，即超自然色彩的上帝崇拜。上帝崇拜的出现，是原始自发宗教向早期人为宗教成熟过渡的重要分水岭，也是社会形态变革和人间关系在宗教领域的反映"①。在殷商时期，出现了一个至上神帝。在殷墟卜辞中，帝有很大的权威，是管理自然与国家的主宰，很明显是祖先崇拜与自然崇拜的结合。② 而到了西周，天取代帝成为至上神，在帝中，"自然崇拜和自然神灵始终发挥作用，始终作为中国文化的底蕴和内涵而保留存在，祖先崇拜才能够那样深远而持久地对中国古代文化和思想发生独特的影响"③。

自然崇拜的特点是把人们的目光往上提，要求人们超越于世俗的社会，追求宇宙与世界的本体，在此基础上形成天道。祖先崇拜的特点是把人们的目光引至世俗，以功利的心态来面对人生，在此基础上导出的是人德。至上神则把二者结合起来，一方面，关注天道的同时始终与人德结合在一起；另一方面，在关注人德的同时又始终具有天道的视野。这样就形成了中国古代求"中"的心理结构。先秦诸子哲学则是在此基础上对天道与人德的进一步理性化，由此发展出了天道人德之哲学观念。正是古代自然崇拜与祖先崇拜相结合而形成的道与德的复杂人性结构，既决定了中国审美意识的独特性，也决定了后来审美范畴的独特性。

三

天道与人德分别是从自然崇拜与祖先崇拜中发展而来的，代表了人类理性的两个不同的侧面。但是一直以来，天道与人德并不是相互独立的，而是相互牵扯。原本向上的天道因为人德的牵引而下贯到感性上，而人德也因为天道的牵引而从感性的平面向自然理性提升。感性与理性在天道与人德的相互作用下达到了一个相对和谐的处境，呈现审美的状态。而美学描述的正是感性在整个人性结构中的地位以及感性与理性的相互关系问题。天道与人德相结合共同决定了中国古代审美意识的独特性，并随着历史的

---

① 宋镇豪：《夏商社会生活史》，第758页。
② 陈梦家：《殷墟卜辞综述》，中华书局，1988，第562页。
③ 邹华：《中国美学原点解析》，第85页。

发展，由此衍生出了独特的美学元范畴：形神、兴象、意境和文质。整个中国美学范畴体系都是在这四个美学元范畴的基础上发展起来的。

形神元范畴形成于天道，下贯至人身上。身体本来是一种物质性的存在，物质性的存在决定了其必然会有一个从诞生到毁灭的过程。人向死而生，这是基本的规律，我们无法回避。但是，天道的拉升使其追求永恒的存在。永生是其至高的追求。此时形神问题隐含在生这一范畴中，即一种生命美学。养生是这一时期思想的重要内容。养生不仅仅是身体问题，而且是有关于神的问题。养生不仅包含保养生命，延长寿命，还追求生命的质量。"形神"概念是在养生思想中产生和发展起来的。先秦时期的养生体现为一种理想的精神追求，到了魏晋时期，养生之术发展起来，与精神追求共同构成养生学的核心内容。稽康的《养生论》和《答难养生论》是这一时期养生学的颇具代表性的文章。他说："故修性以保神，安心以全身，爱憎不栖于情，忧喜不留于意，泊然无感，而体气和平。又呼吸吐纳，服食养身，使形神相亲，表里俱济也。"养生要求修性、安生，同时还有具体的修养方法，如呼吸吐纳、服食。

从魏晋时期开始，形神问题从养生学中进入美学领域中。这一过渡是通过三个途径进行的：一是先秦时期的"养生之理"。它要求形神兼养，"心斋坐忘"这些极富美学色彩的观念正是在养生问题之下发展起来的。二是具体的"养生之术"。比如，稽康强调，养生要有音乐的陶冶、山水的熏陶。养生与艺术审美联系在一起，养生又必然涉及具体的形神问题，因此，形神问题就与艺术审美问题联系在一起。三是魏晋时期盛行的人物品藻。在人物品藻中，人的神、骨、肉三个方面都到了全面的关注。魏晋的政治氛围导致人物品藻从政治学上的含义转为美学上的含义，即人物欣赏。后来，形神问题逐渐运用到绘画、书法、文学等各种艺术批评中，形成了中国美学的形神元范畴。魏晋时期的人物品藻关注的是神、骨、肉三个维度，魏晋时期的艺术理论一直也关注的是这三个方面，并将之演变为三个美学范畴：气韵、风骨和形色。这种演变同样是在天道人德相互联系的背景下进行的。天道下贯人身，道在气韵中仍然占主要的地位。风骨是形神的完美融合：一方面，它使得形得以支撑；另一方面，又使得神得以显现。骨的含义也随着美学思想的发展而重心转移。天道的本性是上升的，在与人身结合之后，它仍然试图原位返回，此时的身体更加关注的是形色。形神关系还表现为骨与媚，二者的统一是遒媚。围绕着形神元范畴，中国美学出现了一系列的子范畴，如君形、劲健、苍润、韶秀、沉雄、圆浑、雄浑、雄放、绵邈、疏俊等。

在传统的美学思想中，一般都追求形神兼备，但是涉及具体的论述时，又都偏向"神"。这是由形神元范畴所赖以形成的天道下贯至人身并返回来决定的。天道下贯到人身上，但是天道的本性是向上返回的。因此，当天道与人身的距离拉得越来越远时，形（身体）的物质性特征就越来越明显。晚明开始的世俗化思潮正是其具体体现，如《金瓶梅》中的肆欲。由此，中国古典美学的形神范畴面临着瓦解。

文质元范畴首先是一个政治学概念。孔子说："周监于二代，郁郁乎文哉！吾从周。"（《论语·八佾》）《礼记》中说："虞、夏之质，殷、周之文，至矣。虞、夏之文不胜其质，殷、周之质不胜其文。"（《礼记·表记》）这里的"文"和"质"都是对一个时代政治面貌的描述。文质又是一个伦理学概念。"质胜文则野，文胜质则史，文质彬彬，然后君子"，说的是一个人的道德修养问题，理想中的君子应该是先天的自然纯朴与后天的文化修养相结合，即所谓的"文质彬彬"。文学艺术的文质理论直到汉代才出现，指的是文学艺术的形式及其政治道德功能、思想现实意义的关系。文质理论进入文学论述始于扬雄，后来魏人阮瑀、应玚专门有《文质论》论文，而据《周书·柳虬传》记载，柳虬亦专门著有《文质论》。文质在文学艺术中的关系被人们广泛论述，文与质是文学艺术相辅相成的重要两方面。

在有关文质的论述中，这三个层面都是同时进行的。仔细辨析这三个层面的文质含义，我们可以发现，从本质上来说，它们描述的都是先天因素与后天教化的关系问题。文指的是人文，与教化和学习相关，礼乐是其代表。质指的是人天生具有的耳聪目明和自然朴素，由人作为基础构成的社会也是如此。人有其天生的本能欲望、情感意志，这方面我们不能够忽略，但是人性结构中的这部分过于追求感性的享受，过于注重实利，任由其发展必然导致其社会的混乱。天道的拉升，导致人有了更高的追求，社会也因为天道的拉升变得有了秩序，呈现节文合序的状态。所以《白虎通义》说："王者必一质一文者何？所以成天地顺阴阳。"（《白虎通义·三正》）康有为《春秋董氏学》也说："天下之道，文质尽之。然人智日开，日趋于文。三代之前，据乱而作质也，《春秋》改制，文也。故《春秋》始义法文王，则《春秋》实文统也。但文之中有质，质之中有文，其道递嬗耳。汉文而晋质，唐文而宋质，明文而国朝质。然皆升平世质家也，至太平世，乃大文耳。后有万年，可以孔子此道推之。"① 文学艺术如果只有质的方面，就不可能有长足的发展，它需要与文结合在一起，呈现一个完善的整体。

在美学范畴的发展过程中，在文质这个元范畴下面发展出了一系列的美学范畴，比如，倾向于质的古（雅、朴、直、高古）、野（疏野）、真（天真），倾向于文的奇（奇丽、奇辞、新奇、奇辟）、典雅、精约、显附、繁缛、洗练、纤秾、缜密、简洁、崇意、委曲等，但是文质彬彬仍是中国美学理想的状态。总体来说它是沿着两条道路进行的：一是文与道的关系是儒家传统对文质理论影响的具体体现。文学理论史上的"文以明道""文以载道"等观念围绕着文质，出现了相关的范畴。二是巧与拙是道家传统对文质理论影响的具体体现。很多美学子范畴都可以归在文与质之下。文方面，如有丽、绮、巧等；质方面，如有拙、素、野等。儒道两家对文质的理解产生了很大的分歧，但是在文质结合的前提下，最终都肯定了质的优先性。在某些特定的历史时期内，人们倾向于文，而另一时期，人们则倾向于质。但是从整体的历史发展来看，质始终处于优势的地位，这同样也是由天道人德的关系决定的。但是天道本来的趋势是向上攀升的，在与人事结合并将人事的提升之后，它将回归到它的高高在上的地位，人事将回归到它的功利本性。清人黄宗羲作有《文质论》，他认为世道由质趋文与由文趋质，由质趋文是由于圣王之功，由文趋质则缘于世俗人情；但是人情大于圣功。肯定世俗人情，反映传统节文合序理想审美形态的瓦解。

意境范畴在 20 世纪研究可谓汗牛充栋，对它的解释也是五花八门。泛化是当前意境研究所表现的最重要特征。面对众多研究成果，我们需要明确有关意境的两个方面：第一，意境的形成与本质。意境究竟是如何生成的，这个问题一直很少有研究者深入思考。事实上，意境的形成与中国艺术对自然的关注有着密切的关系。"中国的意境诗歌是以人与自然的关系为'道枢'的，人与自然关系的变化将直接影响到意境诗歌的生成与流变"，②此论可谓一语中的。意境涉及的并不是无所不包的内容，它所揭示的是宇宙自然的气化与氤氲以及所蕴含的精神内涵。自然本是荒野的存在，但是天道的下贯，使得无形的道附着在了有形的事物之上。而天道之所以下贯，

---

① 康有为：《春秋董氏学·春秋改制第五》，中华书局，1990，第 121 页。
② 王建疆：《自然的空灵》，光明日报出版社，2009，第 1 页。

正是由于人德的牵引。宇宙万物亘古存在，但是由于天道的附着，它变得生机勃勃。也就是说，意境描述的是天道与自然的交融。艺术正好深刻地揭示了这一过程。"山水以形媚道"，在山水画中，我们能够观照宇宙里最幽深但又弥沦于万物的生命本体。第二，意境只是中国美学的一个元范畴，它是对天道与自然的融合状态的一种描述。天道与自然的不同状态产生了意境不同的美学形态，也就是产生了意境不同的子范畴。当天道被拉回至自然时，就呈现为氤氲的状态，此时产生了如澄（明、怀、淡）、（轻、飘）逸等一系列子范畴。当天道逐渐原位返回时，就呈现为清（旷、疏、奇）、幽（邃、秀）等子范畴。天道如继续回升，自然只剩下了远、空（灵、寂）、（荒、高）寒等审美形态。构建一个围绕着意境为母范畴的范畴群是意境研究的重要任务，而以往学者往往忽视了这一点。

兴象元范畴直到唐代才由殷璠提出。他在《河岳英灵集·叙》中说："然挈瓶庸受之流，责古人不辨宫商徵羽，词句质素，耻相师范。于是攻异端，妄穿凿，理则不足，言则有余，都无**兴象**，但贵轻艳。"批评的是诗歌在创作过程中过于追求文采华丽而缺乏真实感受的毛病。由此可见，兴象是与人之性情联系在一起。然而人之性情正如荀子所说，"凡人有所一同：饥而欲食，寒而欲煖，劳而欲息，好利而恶害"（《荀子·荣辱篇》）。原始的人性不可能一直按照其本来的面目发展，它需要天道的提升。人性向天道攀升，超越于凡俗的个体，形成了崇高的人格，其理想形态则是圣人。艺术中的兴象，表现的是正是这种雄浑的人格气象。一方面，它与人的真情实感紧密联系；另一方面，在真情实感中我们能够看到激扬的人生理想、豪迈的气概。兴象元范畴之所以出现在唐代也是与时代的精神面貌联系在一起的。富强的国力、开明的政治和繁荣的艺术，使得艺术家和理论家既能够充满表达自己，又能积极地追求更高的理想境界。

兴象之所以如此，需要从原始兴象中进行追溯。兴象源于祭祀及其仪式，然后在诗歌中得以运用。原始宗教产生以后，成为影响人们心理发展的重要因素。在神秘气氛中进行的祈祷、祭祀以及有关仪式，往往都是在全体部族的范围内举行，它声势浩大，热烈隆重，从而加强了宗教对于人们精神和心理活动的影响。这种影响的重要内容之一就是客观物象与想象的观念在人们心理上建立起某种特殊的联系。这种渊源与原始宗教生活的联想，经由成千上万次的不断重复而逐渐被强化和巩固，并在人们心理上相应地建立起越来越牢固的联系，并最终形成以习惯性条件反射为特征的联想，即习惯性联想。①《诗经》中的原始兴象正是由这种联想外化为诗歌形式的。但是原始兴象与后来出现的兴象还是存在着巨大的差别，前者主要体现的是观念性东西；而后者则注重对情感的关注，最终追求的是人格的超越，是天道与人情的结合。这种变化是如何发生的呢？我们认为有两个途径：第一，在自然物象引起观念内容联想的同时，还伴随有强烈的情感活动，如恐惧、崇拜、赞叹、诅咒等，这些情感也逐渐融入到诗歌中。第二，儒家思想成为后来的主导思想，儒家思想追求圣境，它是由天道与人情结合的。

　　兴象在唐代提出之后，在理论上并未得到充分的阐释。在宋元时代几乎没有兴象这一范畴的出现。直到明代，兴象才开始大规模出现，杨维桢、胡应麟等众多诗学家都是用兴象。到了清代，兴象的使用则更为广泛，它经常运用到曹植、陶渊明、苏轼等不同风格的诗人评论中。这很大程度上源于晚明心学的影响。人们开始关注情感，注重人欲。而清代兴象的广泛使用事实上是对兴象的瓦解，圣境不再是其追求的目标。

---

① 赵沛霖：《兴的缘起》，中国社会科学出版社，1987，第 69 ~ 70 页。

汉唐期间"全性合生"审美意识的演变

杨 洋[*]

摘要："全性合生"是中国颇具特色的审美意识。受自然崇拜与祖先崇拜的双重影响，它力图实现灵与肉的永生、形与神的合一。发展至汉代，道家的世俗化演化出了道教，成为民间宗教的重要派别；儒家经由谶纬的改造演化为儒教，成为整个国家的信仰。无论是道教，还是儒教，都仍然带有原始宗教中自然崇拜与祖先崇拜的因子。儒道两教虽然在观念上存在差异，但在生死这个宗教的基本问题上，其观点具有趋同性。它们共同影响着"全性合生"审美意识的发展，使其在不同的历史阶段呈现不同的特色。两汉时期"全性合生"的审美追求表现为重生，魏晋时期经由道教求仙思潮的冲击具有崇尚逍遥之美的倾向，唐代则呈现为更多样甚至分裂的形态，埋下了宋明时期"全性合生"的审美追求走向虚无和肆欲的种子。

关键词：全性合生 审美意识 儒教 道教

在战国时期，道家就有"全生""贵生"的说法。"全性"一词可见《淮南子·览冥训》："全性保真，不亏其身；遭急迫难，精通于天。"可见，"全性合生"实际上是一种对于人的生命、肉体进行保全的审美意识。人类的忧患意识由来已久，如何面对生死，如何对待身体，一直是两个十分重要的问题。有学者指出，先秦诸子，即从老子、孔子到孟子、庄子等，都对此问题展开了全面的探讨，形成了注重德性生命、精神长存不灭的文化

---

* 杨洋，文学博士，山东大学中国语言文学博士后流动站工作人员。

传统，有别于督教所强调的灵魂不朽，以作为一种安身立命之道。具体通过三个方面来获得："第一，通过道德人文精神的向上贯通而达到'与天合德'的理想境界。第二，通过个体生命与群体生命的关联，以使自我融入社会的方式来使自我生命获得恒久的价值与意义。第三，通过自我生命精神与祖先以及子孙之生命精神的契接，而体认一己生命之永恒的意义。"①但是，这种靠"意义"来安身立命的方式是否真能缓解人们对于死亡的焦虑？徐中舒先生曾通过西周、春秋、战国时代青铜器铭文中的"嘏辞"来研究商周时期祖先崇拜的问题，在这个过程中，他发现金文中"难老""毋死"这样的祝福词随处可见。②郭沫若也曾指出，向祖先，有时也向天，祈求长寿是周人的一种普遍风气。③求长寿、求"毋死"，珍视现世的生命而非努力寻求彼岸的救赎，的确有别于西方的文化传统；通过与祖先以及子孙的生命连接中获得存在感，也的确能缓解死亡带给人们的焦虑。但是，在中国人看来，现世的生命之所以如此值得期待，是因为来自自然崇拜的天道下贯于凡俗的肉体，使其具有了神性，有限的生命可以获得无限的延长。"全性合生"对于生命来说才是最理想的追求。至汉代，出现了儒教和道教，它们在对待生死问题上存在着差异，同时又具有趋同性，两者共同影响着"全性合生"审美意识的发展。

一　汉唐期间儒道观念的演变

先秦儒家和道家的学说是思想而非宗教，但是"若细分起来，应当是每一教（教化之教）都有一教（宗教之教）一学。儒为一方，其教为尊天法祖的宗教性传统，其学为儒家哲学；道为一方，包括道教与道家。道教是讲究符箓炼丹、追求长生成仙的宗教，道家是崇尚自然、追求精神脱俗的哲学"④。道教和儒教都是从其"学"发展而来的，至汉代基本形成。

从道家发展为道教是天道世俗化的过程。欧阳修曾抨击世人沉迷于修仙的行为："上智任之自然，其次养内以却疾，最下妄意以贪生。"（《删正黄庭经序》）这句话无意中点出了道家发展为道教的过程。老子五千言《道

① 刘绪义：《天人视界：先秦诸子发生学研究》，人民出版社，2009，第210页。
② 徐中舒：《金文嘏辞释例》，台北，中研院历史语言研究所，1963，第25页。
③ 郭沫若：《金文丛考》，人民出版社，1954，第8页。
④ 牟钟鉴、张践：《中国宗教通史》，社会科学文献出版社，2000，第1215页。

德经》以无为为体，庄子崇尚自然，在他们那里长寿不用刻意为之，只要随着自然造化运转即可，生也无喜，死亦无惧。以老庄为代表的道家是道家的正宗，被后人称为上品道。再往下发展便是神仙道教。上品道具有超脱的特性，明显带有自然崇拜的痕迹，和世俗的财富、名利无甚关联。而神仙道教则将上品道的超脱与求长生、求享乐的世俗追求相结合，主张服食金石、草木，注重养生之术，以成仙求得解脱，此称为中品道。再往下发展至东汉，张道陵则不言服食炼养，专在用符箓祈福去疾病、求平安上用功，此称为下品道。① 随着道教的不断世俗化，其信徒越来越多。东汉张角创立的太平道，"十余年间，众徒数十万，连结郡国，自青、徐、幽、冀、荆、兖、豫八州之人，莫不必应"（《后汉书·皇甫嵩传》）。至东汉，道教已成为民间宗教中十分重要的流派。

如果说道家发展为道教走的是世俗化的道路，那么儒学发展为儒教则是一个神圣化的过程。儒学是一种思想流派，而"所谓儒教，是指西汉尊儒以后作为正统的国家意识形态而存在的官方哲学或官方神学，它只许人们尊奉和诠释，决不容批评，更不容否定"②。孔子被尊为教皇，《诗》《书》《礼》《易》《春秋》被奉为"五经"，成为神圣不可侵犯的经典。追溯儒教的形成，不能不提董仲舒。他不但提出"罢黜百家，独尊儒术"，而且构建了一个"天人相应"的神学政治体系，迈出了儒学向儒教转化的重要一步。人的生存、政权的更迭、制度礼法的建立无不与天相应而取得了合理存在的依据。天人感应进一步发展为谶纬神学，治乱兴衰、吉凶祸福都成为天所赐予的命定之事。儒教经由统治阶级的采纳和推动，成为整个国家的信仰。

儒教作为国教，接受者多为士人阶层。正如韦伯所言："在中国，儒教审美的文书文化与所有庶民阶层的文化之间存在着巨大鸿沟，以至于那儿只有士人阶层的一种教养身份的共同体存在，而整体意识也只扩展到这个阶层本身能直接发挥影响力的范围内。"③ 儒教无法解决底层大众关于生死问题的焦虑，这一点交由道教来解决。如此看来，儒道两教因接受阶层的

---

① 刘勰：《灭惑论》，《弘明集》卷八《弘明集·广弘明集》，上海古籍出版社，1991，第52页。
② 张荣明：《中国的国教：从上古到东汉》，中国社会科学出版社，2001，第208页。
③ 〔德〕马克斯·韦伯：《印度的宗教——印度教与佛教》，《韦伯作品集》卷10，康乐、简惠美译，广西师范大学出版社，2005，第475页。

不同，其思想必然存在巨大的分歧。但是，在汉代，道教与儒教出现了逐渐靠拢的趋势。以东汉中晚期出现的道教经典著作《太平经》为例：

　　力行善反得恶者，是承负先人之过，流灾前后积来害此人也。其行恶反得善者，是先人深有积畜大功，来流及此人也。能行大功万万倍之人，先人虽有余殃，不能及此人也。因复过去，流其后世，成承五祖。一小周十世，而一反初。（《解承负诀》）①

　　有余财产，子传孙，亦当给用，无自苦子孙。贤不肖，各自活，无相遗患，是为善行。（《有过死谪作河梁诫》）②

　　此三事者，子不孝，弟子不顺，臣不忠，罪皆不与于赦。今天甚疾之，地甚恶之，此为大事，此为大咎。（《六极六竟顺孝忠诀》）

现世之人修行的结果受到祖先的影响，同时也会遗及后人。修行不只是为自己，也是为了子孙后代。这一点与儒家试图将自己的生命与祖先、子孙相承接的努力何其相似！道家轻名利、财富等身外之物，《太平经》竟然提到了财产分配的问题。至于"孝""顺""忠"则完全是儒家所信奉的行为准则。东晋道教的代表人物葛洪，明确把神仙方术和儒家的纲常名教相结合，主张修仙应该以儒家的忠孝、仁恕为本。"南朝的陶弘景，北朝的寇谦之，唐朝的司马承贞，都是用封建纲常改造道教的人物"③。道教有意吸纳儒教的行为法则，其具有的世俗性是能与儒教接近的重要因素。另外，在魏晋时期，葛洪对道教进行了雅化，使之进入了士人阶层，缩小了两教阶层之间的差距。

两汉时期，道家的世俗化、儒家的神圣化同时存在，这一现象值得关注。儒家学说建基于祖先崇拜，发展至儒教时这一因素仍然明显。可以说，"儒教纯粹是俗世内部的一种俗人道德"④，本无超脱的倾向。而所有的民间宗教都向往来世和再生，对现实生活态度淡漠，道教也不例外。但是中国

---

① 王明编《太平经合校》卷18，中华书局，1960，第22～23页。
② 王明编《太平经合校》卷118，第576～577页。
③ 张荣明：《中国的国教：从上古到东汉》，第24页。
④ 〔德〕马克斯·韦伯：《儒教与道教》，洪天富译，江苏人民出版社，1995，第178页。

的宗教"未让人们脱离现实生活，相反，对信仰的追求直接导致了对现实生活的关注"①。正如刘成纪先生所指出的："这两个思想流派，一个要在先秦的基础上上升，一个要下降，好像所取路径南辕北辙，但它们却在上升与下降的中途形成了一个奇妙的联结，即分别用神学化的宇宙论和生死实践共同拱卫起了一种半人半神的宇宙和人生。——前者借意志之天为人的现世行为立法，以阴阳灾异推演时政得失；后者借神的指引使人的世俗之欲得到超限度的满足，从长生久视直至羽化登仙。"② 汉代儒教和道教相互作用，共同影响着"全性合生"审美意识的发展。

二　汉唐期间生死观的审美追求：重生与逍遥

生死始终是宗教关注的一个重要问题。在两汉时期，道教初步形成其思想体系，以肉体不死、长生为仙为主要特征。两汉时期，重生成为一种普遍的审美追求。神仙思想的存在由来已久，庄子早在《逍遥游》中就描绘了一个不食人间烟火的神仙：

> 藐姑射之山，有神人居焉。肌肤若冰雪，绰约若处子，不食五谷，吸风饮露，乘云气，御飞龙，而游乎四海之外。（《庄子·逍遥游》）

神仙在庄子那里又称为"至人"。因其能"一其性，养其气，合其德，以通乎物之所造"，所以"其天守全，其神无却，物奚自入焉"。禀性持守保全，精神没有亏损，外物不能侵入，这是一种天人合一的最高境界。而尚未达到至人境界的是圣人，仅能够使自身"藏于天，故莫之能伤也"（《庄子·达生》）。但是无论是战国前中期在燕齐沿海一带兴起的求仙活动，还是秦始皇与汉武帝孜孜不倦的求仙行为，其最终的指向都不是天人合一的神仙境界，他们祈求的恰恰是被庄子视为次一等的"莫之能伤"。

英国学者鲁惟一（Michael Loewe）对汉代人的生死观进行了总结："首先，汉代人希望尽可能地延年益寿。其次，汉代人渴望将死者的灵魂的一个成分导入另外一个世界或天堂，人们有时认为这是一个仙或不朽者的世

---

① 张荣明：《中国的国教：从上古到东汉》，第199页。
② 刘成纪：《形而下的不朽——汉代身体美学考论》，人民出版社，2007，第278页。

界。"① 生前求仙是为了尽可能地延长寿命。"世无得道之效，而有有寿之人。世见长寿之人，学道为仙，逾百不死，共谓之仙矣"（《论衡集解》）。"共谓"一词耐人寻味，"仙"成为了人世间长寿欲望的产物。至于死后的世界，也并非是彼岸的，它只是现世生活的延续。西汉和东汉的墓室壁画、石墓画像经常采用神话题材来表现仙人世界以及墓主升仙的场景。如著名的《洛阳卜千秋墓壁画》描绘的即是墓主卜千秋夫妇的升仙图。壁画中男主人乘龙持弓，女主人乘三头凤鸟捧金乌，皆闭目而行，在持节仙翁的引导和在各种神兽的簇拥下飘然升仙。1972 年长沙马王堆所出土的帛画，也描绘了一个墓主人升天的图景，包含着天上、人间、地下三重世界。

有学者认为，对祖先的崇拜可能是导致"死后世界的存在"观念出现的原因之一。② 祖先崇拜导致了人们对于世俗生活的执着，这种执着一直延续到死后的世界。死后求仙正是试图消解死亡所带来的焦虑的途径。仙是天道下贯于凡俗肉体的产物，它不但赋予肉体神性，而且给人们长生的希望，所以被广泛接受。天道原本高悬，却因人们对于世俗的热望而被拉低。但是，天道高悬的本性注定不可能永远俯就人间，它将带着世人朝着更加玄虚的境界飞升。"全性合生"的审美追求也因此由重生逐渐变为逍遥，这一点在魏晋时期表现得较为明显。

与汉代并不超脱的生死观一样，魏晋时期无论是服食以求长生，还是信奉道教以祈长生，都是常见现象。魏晋士人追求的是现世生活的享乐。

尝与王敦入太学，见颜回、原宪之象，顾而叹曰："若与之同升孔堂，去人何必有间。"敦曰："不知于人云何，子贡去卿差近。"崇正色曰："士当身名俱泰，何至瓮牖哉！"（《晋书·石崇传》）

"身名俱泰"这种安适生活才是现实人生的最理想状态。魏晋时期仍然重生，但是与汉代不同的是，魏晋时期兴起的玄学风潮影响了士人的生死观。玄学崇尚老庄，与道教思想有很多相合之处。东晋时期的道教学者葛洪利用玄谈的机会将道教从民间推进了上层社会。玄学主张任自然，"但是，老庄思想，特别是庄子思想，它在实质上与任情纵欲是不同的。它的

---

① 〔英〕鲁惟一：《汉代的信仰、神话与理性》，王浩译，北京大学出版社，2009，第 26 页。
② 刘绪义：《天人视界：先秦诸子发生学研究》，第 83 页。

任自然，是重心灵的自由，轻物质享受，贵心贱身，是超拔欲念，超越人生。它不可能最终满足魏晋士人的现实需要。魏晋士人的任自然，既重心灵自由又贵身"①。他们讲求的是如何在形骸之内，在现实的人生中求得闲适的境界，始终未能抛弃对身体的执着。魏晋士人既延续了两汉时期的重生思想，又比之前进了一步，更崇尚心灵的自由，由此出现了对逍遥之美的推崇。

对逍遥之美的追求在汉代已经出现。

　　逍遥一世之上，睥睨天地之间。不受当时之责，永保生命之期。如是，则可以凌霄汉，出宇宙之外矣。岂羡夫入帝王之门哉！（《后汉书·仲长统传》）

逍遥是神仙的特有属性。仲长统之所以崇尚逍遥乃是因为它能使人"不受当时之责，永保生命之期"。逍遥和长生联系紧密，这一点在魏晋士人那里仍可寻到踪迹。阮籍在其《咏怀诗》中感叹："焉得乔松，颐神太素，逍遥区外，登我年祚。"② 亦是求仙以得长生之意。但是综观阮籍、嵇康等人的游仙诗、咏怀诗就会发现，相比于长生，他们更加向往的是逍遥所代表的自由自在的状态。

　　晷度有昭回，哀哉人命微！飘若风尘逝，忽若庆云晞。修龄适余愿，光宠非己威。安期步天路，松子与世违。焉得凌霄翼，飘飖登云湄。嗟哉尼父志，何为居九夷。《咏怀诗》③

　　思与王乔，乘云游八极。凌厉五岳，忽行万亿。授我神药，自生羽翼。呼吸太和，炼形易色。歌以言之，思行游八极。（《重作四言诗七首》）④

　　俗人不可亲，松乔是可邻。何为秽浊间，动摇增垢尘。慷慨之远

---

① 罗宗强：《玄学与魏晋士人心态》，南开大学出版社，2003，第 67 页。
② 陈伯君校注《阮籍集校注》，中华书局，2012，第 207 页。
③ 陈伯君校注《阮籍集校注》，第 324 页。
④ 戴明扬校注《嵇康集校注》，中华书局，2014，第 84 页。

游，整驾俟良辰。轻举翔区外，濯翼扶桑津。徘徊戏灵岳，弹琴咏泰真。沧水澡五藏，变化忽若神。恒娥进妙药，毛羽翕光新。一纵发开阳，俯视当路人。哀哉世间人，何足久托身。（《俗人不可亲》）①

在阮籍、嵇康的诗中，逍遥总是和天上缥缈的云、无可触及的广大宇宙空间相联系，处于游的状态。他们对于逍遥的向往源于对现实的不满。长生并非是在当下的享受，污浊的世间已不堪忍受，嵇康甚至发出了"哀哉世间人，何足久托身"的慨叹。

两汉时期"全性合生"表现为重生，魏晋表现为逍遥，隋唐则更为多样化。从南北朝至隋唐五代时期，道教生命哲学呈多样化的态势，有的像之前一样追求肉体不死；有的既追求肉体成仙，又主张精神不朽；有的则倡导灵魂不死，精神得救。盛唐时期的道教大师吴筠明确提出长生不死的只是神、性而非肉体："死生于人，最大者也，谁能无情？情动性亏，衹以速死。令其当生不悦，将死不惧，翛然自适，忧乐两忘，则情灭而性在，形毙而神存，犹愈于形性都亡，故有齐死生之说。"② 道教的哲学思考对应着世人对于生死的态度。唐人在现实世界中活得丰富多彩。他们既求仙，向往自由，同时又喝酒饮茶，努力享受当下。到宋元明清时期，道教生命哲学最后完成，由肉体不死演化为精神不死。当养生置于养德之下时③，"全性合生"的审美追求最终只能走向虚无和肆欲，可以说，这在唐代就已经埋下了种子。

三　汉唐期间的审美观照：形神

生死的哲学问题落实到活生生的个人就转变为如何看待身体的存在与消亡。"全性合生"的审美追求最终体现在对形神关系的看法中。

两汉时期重生的思潮导致对身体的极度重视。前文已经论述，此时期的求仙并不是追求舍弃肉体后的精神自由，相反，这种自由和理想必须落实于肉体。渴望长生是求仙的首要动机。道教早期经典《太平经》对仙人

---

① 戴明扬校注《嵇康集校注》，第 137 页。
② 吴筠：《宗玄先生玄纲论·长生可贵章第三十》，《道藏》第 23 册，1988 年影印第 680 页。
③ 明代吕叔简《呻吟语》："养德尤养生之第一要也。"（明）吕坤著，王国轩、王秀梅译注《呻吟语》，燕山出版社，1996，第 204 页。

的定位在神人、真人之下："神人主天，真人主地，仙人主风雨，道人主教化吉凶，圣人主治百姓，贤人辅助圣人。"① 仙人并非是遥不可及的神，但同时又跳出了尘世的束缚，"是一种既具有人的身体又消除了人的局限性，既有神力又没有被充分虚化的半人半神"②。道教所塑造的神仙形象比之"藐姑射之山"的"神人"少了几分不食人间烟火的清冷气息。但是即便如此，司马相如还抛出了"列仙之传居山泽间，形容甚臞，此非帝王之仙意也"③ 的论调。无论是帝王之仙意，还是底层民众之仙意，都并不简单地满足于长生，他们还希望能尽可能地使身体得到舒展和安适。

由于对身体的重视，养生盛行起来。道家以能养生存身为荣："佛法以有生为空幻，故忘身以济物；道法以存身为真实，故服饵以养生。"（《二教论》）汉代涉及养生的论述，大多注意到了形与神的关系。

> 夫形者，生之舍也；气者，生之充也；神者，生之制也。一失位，则三者伤也。（《淮南子·原道训》）
>
> 法于阴阳，和于术数，饮食有节，起居有常，不妄劳作，故能形与神俱，而尽终其天年，度百岁而去。（《黄帝内经·上古天真论》）
>
> 天生阴阳寒暑燥湿四时之化，万物之变，莫不为利，莫不为害。圣人察阴阳之宜，辨万物之利以便生，故精神安于形而寿长焉。（《吕氏春秋·尽数》）
>
> 凡人所生者神也，所托者形也。神大用则竭，形大劳则敝，形神离则死……由是观之，神者生之本也，形者生之具也。④

形体是生命的住舍，精神是生命的主宰。精神是生之本，比形体更为重要。但是一个健全的机体需要它们各司其职，任何一方过度劳累都会影响寿命。形与神俱是长寿的不二法则，这一点得到了人们的共识，在后世的论述中仍屡见不鲜，如嵇康的《养生论》："是以君子知形恃神以立，神须形以存，悟生理之易失，知一过之害生。故修性以保神，安心以全身，爱憎不栖于情，忧喜不留于意，泊然无感，而体气和平。又呼吸吐纳，服

---

① 《太平经·致善除邪令人受道戒文》，王明编《太平经合校》卷71，第289页。
② 刘成纪：《形而下的不朽——汉代身体美学考论》，第268页。
③ 司马迁：《史记》卷117，中华书局，1959，第3056页。
④ 司马迁：《史记》卷130，第3292页。

食养身，使形神相亲，表里俱济也。"① 追求的也是形神相亲以求长生。

魏晋时期延续了两汉重形的传统，对于形貌的追求甚至成为了一种社会审美风尚："潘岳妙有姿容，好神情。少时挟弹出洛阳道，妇人遇者，莫不连手共萦之。左太冲绝丑，亦复效岳游邀，于是群妪齐共乱唾之，委顿而返。"（《世说新语·容止》）潘岳有姿容但他攀附权贵，德行有亏。左思虽丑，但是才思敏捷。魏晋妇人并不以德行考量，只重外表。这一则材料表明此时外观已经此摆脱了内容，具有了独立的审美价值。"魏晋玄学颇重玄虚之道，佛教传入之初也主要以般若空论求得依托，但魏晋的确是中华美学史上最重视形象的一个时代"②。这貌似一个十分矛盾的现象。实际上，重视形象是延续了两汉时期的重生传统，而推重玄虚之道则表现在对于形神问题的思考之上。

形神问题也是玄学思考的主要问题之一。正如汤用彤先生所言，"按玄者玄远。宅心玄远，则重神理而遗形骸。神形分殊本玄学之立足点"③。虽然两汉时期人们已经意识到形和神的不同以及它们之间存在分离的状况④，但是他们更倾向于探讨如何使形神相守以得长生。形神分殊成为士人共识，直接影响人物的品评：不再单纯关注其外貌，而是开始出现了对于人的才性、仪容的评论。

> 世目李元礼："谡谡如劲松下风。"（《世说新语·赏誉》）
> 王公目太尉："岩岩清峙，壁立千仞。"（《世说新语·赏誉》）
> 时人目夏侯太初朗朗如日月之入怀，李安国颓唐如玉山之将崩。（《世说新语·容止》）
> 嵇康身长七尺八寸，风姿特秀。见者叹曰："萧萧肃肃，爽朗清举。"或云："肃肃如松下风，高而徐引。"山公曰："嵇叔夜之为人也。岩岩若孤松之独立；其醉也，傀俄若玉山之将崩。"（《世说新语·容止》）

"松下风""岩岩清峙""孤松""玉山"等，这些都是从人的外在形象所

---

① 戴明扬校注《嵇康集校注》，第84页。
② 徐复观：《中国艺术精神》，商务印书馆，2010，第131页。
③ 汤用彤：《汤用彤学术论文集》，中华书局，1983，第225页。
④ 《淮南子》："夫精神者，所受于天也；而形体者，所禀于地也。"

散发出的内在精神。重神思想在艺术领域也有所表现，如《世说新语》云：

> 顾长康画人，或数年不点目精。人问其故，顾曰："四体妍媸无关
> 妙处，传神写照，正在阿堵中。"（《世说新语·巧艺》）

"阿堵"指眼睛，眼睛也不过是精神的载体。画之精妙所在即是通过有
形的形象表达出无限的风韵。顾恺之的画论影响深远。在唐代，"传神写
照"的观点就已经较为流行。王维提道："骨风猛毅，眸子分明，皆就笔
端，别生身外。传神写照，虽非巧心，审象求形，或皆暗识。妍媸无枉，敢
顾黄金；取舍惟精，时凭白粉。"（《为画人谢赐表》）这就是一例明证。

"全性合生"的审美追求由来已久，在汉代随着道教的世俗化和儒教的
神圣化表现重生的特色，而在魏晋时期则表现为逍遥。值得注意的是，从
重生到逍遥，标示的是原本被世俗拉扯的天道向其本位返回。天道逐渐离
开人的肉体，必然会出现由神形并重到重神轻形的变化。形神分殊到魏晋
时期才成为一个普遍的话题，这不仅是历史发展的必然，也是逻辑发展的
必然。

重建中国美学史观的认知性维度

杨　宁[*]

摘要： 当前中国美学史研究的问题在于，学科理论与历史文化相分离导致美学研究主体出现的中空现象。这在研究对象上主要体现为独立性不强，与其他学科有着纠缠不清的相似性；在美学史观上则体现为过分强调个体感性地位，混淆了认识论内部的多条线索，在否定机械式反映论的同时压制了认知性维度的发展。这是由新时期以来特定的历史背景所导致的。走出这一理论误区需要重建美学研究的认知性维度，并以此树立学科主体性地位。这种主体性包括两个方面：一方面是美学理论的包容性问题，应从存在论和认知性维度两个方向理解美学，这体现在诸如理学等颇具哲学意味的思想美学分析中；另一方面是美学史观问题，这体现在对思想史与美学史之间潜在关系的考察中。

关键词： 中国美学　美学史观　认知性维度　现实主义美学　理学美学　主客二分

一　当前中国美学史研究的三个问题

新时期以来，反映论、认识论、认知性乃至现实主义、主客二分这类词语一直名声不佳，尤其在美学界更是如此。因为一个流行的看法是：当

---

*　杨宁，首都师范大学文艺学博士研究生。

代美学不能够走那种以认识论思维模式为前提的传统道路，它直接导致了美学丧失了自由和活力，使得美学沦为政治的附庸。因此当今美学的发展应该努力超越主客二分、超越传统认识论的理论框架，走出一条新的更为广阔的道路。这在很大程度上已经成为了当今美学界的一种共识，甚至任何企图将认识论纳入美学理论框架中的尝试都会被认为是一种倒退（向极"左"时代那种见物不见人的美学倒退）。似乎美学只有与认识论、主客二分绝缘，通过彰显超越性、无功利性，高扬感性的地位才能体现其至高无上的学科价值。这样一来，重申对美学的认知性维度就似乎有着某种反现代的嫌疑。

考虑到众多美学研究者在极"左"时代的不幸遭遇，这种对具有强烈政治色彩的美学观念及其背后认知论思维方式的不满，是可以理解的。但必须指出，这种所谓的"共识"并不具有普遍性意义，甚至不具有学理依据。这种对认知性、认识论和主客二分思维方式的排斥和否定，并没有厘清其内在的多条线索之间的区别。不仅如此，一旦将其不加分辨地一概否定，并成为一种共识，就会导致美学研究在看似走出了认识论的理论束缚之后，又落入了另一种泥淖不能自拔。而遗憾的是，这种陷落在当今美学界已经渐渐凸显，并已经体现在新时期以来的中国美学史研究中。中国美学史研究尤其是美学史书写范式中认知性维度的缺失，使得中国美学研究遇到了巨大的瓶颈。

当前中国美学史研究的一个很有趣的现象是：在魏晋南北朝以前，中国美学研究和哲学研究所关注的思想家大体上是一致的（如孔、孟、老、庄等），但从魏晋南北朝时期文学的自觉开始，大量的文学作品和文艺理论（文论、诗论、书论、画论）的大量出现，导致中国美学研究把重点转移到对这类文艺理论思想的分析中。如果拿中国哲学史、中国文学批评史与中国美学史进行对比，就会发现魏晋之前考察的思想家、文献乃至学术的源流、格局，基本上是一致的，但是魏晋以后哲学史和美学史发生了分流，美学开始专注于文艺理论、艺术评论等，而这与中国文学批评史、艺术史研究的内容又有着极大的雷同。美学学科史研究对象的前半部分与哲学相似和后半部分与文论相似的这一事实，体现了美学学科的研究对象、研究方法乃至理论基础具有模糊性。而美学研究对象的这种与其他学科的相似性使得美学学科出现了主体中空现象，即美学很难具有原发性的理论体系和研究对象，必须借助艺术、哲学等思想来反身建构自己的学科体系。

　　事实上，当前美学史的书写模式从理论上讲是有合理性的，因为它与哲学史、文论史之间的区别在于研究视角和理论思维方式的不同，研究对象本身不能作为区别学科特性的标准。作为学科意义上的通史研究，必须要有学科理论的统摄才能成立。有选择性地研究个别思想家和文献材料是学科史研究的重要方式。但由于美学学科既包括形而上的理论思辨又包含了形而下的审美鉴赏，这就会导致美学研究难以把握艺术理论与艺术作品之间的界限；在学科归属上难以厘清与哲学和艺术之间的区别。如果说美学理论、历史观直接影响了学科史的梳理模式的话，那么前述当前美学史研究的这一模糊现状也就印证了当前当美学理论的不确定性。这种不确定性和模糊性就会使得中国美学史研究遭遇到了瓶颈，而这一瓶颈主要体现为以下三问题。

　　第一，中国美学研究的对象存在着片面化的理解倾向。从当前美学史的著述来看，似乎中国美学必须选取与文学、艺术相关文本材料，而这些文本材料必须存在情感、想象等与美学理论相关的概念，否则就不能纳入美学史。因而最可靠的办法就是直接研究文学、艺术评论和理论。这很容易让人在直观的印象中产生这样的推理或化简：美学研究就等同于艺术评论，美学就等同于艺术学，于是美学和艺术画上了等号。似乎美学只是一个具有寄生性的标尺，而非具有原生性的独立学科。其实这是一种十分片面的观念，这里面包含着两层面的误认：一是将美学等同于艺术；一是将艺术等同于空灵。

　　第二，由第一个方面引发，当美学史研究只关注那些具有超功利的、感性的审美意识和审美现象的时候，就很难勾勒出不同时代、不同思想家之间的历时性联系。这使得美学史研究更像是列表而不是学科史的叙述。如果我们考察一下新时期以来有关中国美学史的著作和教材会发现，关于中国美学的历史梳理，往往是以历史朝代为章节来建构全书框架，而在每个章节的具体美学思想的阐释上，则是从该时代中挑选出具有代表性的思想家或者艺术评论，然后从美学原理的角度对其进行分析和阐释。但存在的问题是：这些被挑选出来的美学思想家和美学文献之间有多大的关联？而美学史又如何能够展现这种历史的线索？当前的美学研究没有给出很好的解答和阐释。

　　第三，削弱了美学对于社会文化思想的能动性作用。当美学史研究只须挑选出具有美学意义的文献材料进行理论上分析的时候，这些美学思想之间的内在联系就没有明确体现。这样的研究只能回答"中国美学有什么"，却不能回答"为什么会在这个时代诞生出这样的美学思想"这类的问题。虽然一些专门的美学断代史研究著作试图从时代背景角度阐释美学思想的成因，但在进行这方面研究时，往往从同时代的哲学思想、政治制度、社会风貌等角度谈其对美学的影响——强调的是美学之外的思想对于美学的影响。美学似乎成为了整个社会思想文化的末梢——只是某一时代背景下被影响的产物，而少见美学对同时代文化思想产生能动性影响的研究。

这三个问题成为了阻碍中国美学史研究的瓶颈，下面将就这三个问题及其解决出路进行进一步的分析和反思。

二 中国美学史研究认知性维度缺失的原因

造成上文所提出的第一个问题的原因在于，对美学理论的认识不够充分，忽略了美学所具有的认知性维度。追溯中国当代美学理论的建构历史就会发现，"文革"结束后当代美学理论的建构是以取消认识性和主客二分为理论诉求的。由于在极"左"年代里，认知性、主客二分有着强烈的政治色彩。美的本质问题经常上升为唯物主义与唯心主义政治立场的问题，这使得美学研究越发僵化和死板，美学乃至整个人文社会科学都成为了政治思想的传声筒。因而整个20世纪50年代至70年代"涉及'生命'的话语因而几乎销声匿迹。此时，苏联式机械式反映论已开始独居意识形态中心位置，并最终确立了在中国美学界内部理论和方法论的指导地位"[1]。虽然1957年高尔泰以《论美》一文为代表的主观论美学独树一帜，但时代趋势使得"反映论"成为了当时中国美学发展的主流。

"文革"结束后，美学理论的建构就极力摆脱"文革"时代那种非此即彼、见物不见人的美学思维模式。反思"大讨论"并试图超越主客二分思维模式成为了"文革"以后美学界的主流观点。由于见物不见人的美学最为根本的问题就在于缺乏对于人本身的关注，以机械式反映论为其理论前提而忽略了个体的感性经验。于是强调感觉经验、强调情感体验似乎成为了新的理论生长点。加之1980年代以来西方现代思想（如精神分析学、存

---

① 刘悦笛、李修建：《当代中国美学研究（1949~2009）》，中国社会科学出版社，2011，第69页。

在主义哲学等）在中国的译介和广泛传播，对感觉经验、情感体验维度的关注使得理性认知的维度更加被排斥，那么理性认知背后的反映论、主客二分的思维模式也很容易被否定掉了。

中国美学史研究的发端与新时期的到来几乎是同步开启的。仅美学通史性著作而言，1984 年新时期以来的第一本美学通史研究著作——李泽厚、刘纲纪主编的《中国美学史》（第一卷）正式出版。① 随后 1985 年出版叶朗主编的《中国美学史大纲》，1986 年出版郁沅的《中国古典美学初编》，1987 年出版敏泽的《中国美学思想史》（第一卷）。这些著作的先后问世基本上奠定了中国美学的写作范式。这时期诞生的美学史研究著作显然受到了当时排斥反映论思想的影响。以敏泽《中国美学思想史》为例，从唐代开始，该著作中所列举的美学思想家基本上以艺术评论为主（如张彦远、郭熙、董其昌等）。其美学研究似乎就只能围绕着这些艺术大家的思想进行分析，但这些搞纯粹艺术的思想大家在多大意义上影响了整个审美文化是值得反思的。与此相应的是，在宋明时期影响深远的理学思想，由于其强调伦理性和认知性而未能突出个体的感性地位，看似与美学距离较远，便只在绪论中提及作为背景的理学思想，并未真正讨论理学本身所具有的认知性美学维度。这不得不说是美学史研究的一个遗憾。

诚然，新时期以来对于个体、感性的意义和价值的宣扬与肯定，是有着非常重要理论意义的。但个体始终是现实社会中的个体，个体一旦离开了现实社会，过分强调感性的意义和价值，就会产生另外的一种倾向，即审美空灵化和审美虚无化。由于感觉经验、情感体验具有极强的个体性、不确定性，那么在审美活动之中，极度夸大个体感性的意义也就会放大这种不确定性。例如，胡经之的《文艺美学》在谈到审美体验的最高层次表征状态时就认为：

　　"灵感"实现"物化"（物我一体）境界。主客体之间所有对立面都化为动态的统一，达到主体和客体完全融合一致的境界，各种体验（人生体验、道德体验等）都归汇到审美体验这一最高体验之中。主体

---

① 事实上，早在 1981 年李泽厚的《美的历程》一书就已经出版，但由于其研究对象主要是审美文化，一般并不将其视为美学通史式的研究著作。此外，1983 年《复旦学报》（社会科学版）编辑部主编的《中国古代美学史研究》一书出版，但影响力不如李泽厚、刘纲纪主编的《中国美学史》，因而学界一般认为后者是第一部美学史研究著作。

获得高度的精神自由解放，超越现实时空，达到一种悠远无限的"游"的境界。①

这种所说的最高境界让普通人读来完全摸不着头脑，似乎这种审美体验只存在于圣人那里，是普通人几乎无法想象的。即便能够达到这种最高境界，这种审美感受也只有审美主体自身才能体会，我们无法从客观角度去评判这种境界是否存在、是否达到的真实性。这样的审美体验与现实生活的距离就彻底割裂开了。

再如张节末在谈到中国美学的发展变化时说过这样一段话：

> 中国古代美学史上发生过两次大的理论突破。庄子美学是第一次，它具有完全不同于礼乐传统文化的性质，构造上几乎没有文化和价值的参照，纯然是一个新的精神形态——关于人的审美关注、潜在能力和自由创造的哲学。庄子的齐物论、心斋法和逍遥游奠定了中国古人纯粹的审美经验，是第一次突破成功的标志。从玄到禅的转折构成了第二次突破。玄学先是以折衷儒道的方式，在士阶层中复兴了庄子的逍遥传统，突破了儒家的一统天下。它的突破点在于由对人伦鉴赏的重视进而极度崇尚人格美，由对自然的观照、体贴进而走向逍遥式的自由，由对情感的推崇进而导引了缘情的诗学。玄学后来又接引了佛教。②

对于中国美学史而言，这两次突破无疑是非常重要的，但这两次所谓的"突破"，其背后突破点在于如何将审美作为一个独立的、与世隔绝的行动来对待。从庄学到玄学，审美体验越来越高远，其境界越来越空灵。当美学中没有了认知而只有体验，没有了现实而只有生命的时候，美学势必遮蔽了对现实生活的关照这一维度。这种遮蔽必然会带来三个方面的问题。首先，对于以物化、游、至乐、畅神为最高境界的审美体验和美学追求，人们除了将其作为一种名词和范畴来理解之外，难以真正把握其实实在在的美学内涵。于是审美不具有了现实性意义。美学在强调感悟和体验的同

---

① 胡经之：《文艺美学》，北京大学出版社，2006，第 71 页。
② 张节末：《我的中国美学史理念》，《思想战线》2012 年第 6 期。

时也就具有了很大的不确定性，很容易走向虚无化。其次，以审美体验为核心的美学理论，是以超越现实功利为前提的，虽然也强调了个体的主观能动性，但这种能动性只体现在内向的内心体验之中，而外向的社会实践则在这种高度主体意识内心体验的境界中被消解了，从而使美学失去了其现实性意义而陷入了较为狭小的封闭状态中。最后，一旦将这种较为高远的审美体验作为唯一的审美理想，就势必导致美学与大众的脱离。因为这种空灵的境界并不是所有人都能够达到的。体现在美学史的考察上，就是使得美学史上只留下了老庄、刘勰一类的精英人物的理论思想，正如黄柏青的所问："某些精英们和经典在那个时代究竟是否像美学史著作中所说的那样影响如此深远，是否在美学史上占据着如此重要的位置，实在是很让人怀疑。"① 美学理论中认知性维度的缺失，必然使得美学难以有更广阔的发展空间。

在这里需要说明的是，"文革"时期的现实主义美学与本文所要重建的认知性维度的现实主义美学是有着很大区别的。"文革"后期所要否定的是政治性的美学理论，它是以政治性统摄认识性，即文艺为政治服务；而认知性的现实主义美学是以认知性来指导政治方向。两者虽有着较强的相似性，但如果将两者不加区别地等同，很容易在否定政治性的同时将始终尚未发展的现实主义美学遮蔽掉。而事实上中国当代美学理论一直在高扬个体、感性的同时否定反映论、认识论，从而导致中国当代的现实主义美学始终没有发展起来。

高建平主编的《当代中国文艺理论研究（1949～2009）》中将20世纪前期的中国美学划分为两条线索："第一条线索，可以简单地概括为从王国维到朱光潜线索。这是一条主张审美无利害的线索"，"另一条线索，是从梁启超开始的。梁启超倡导'小说界革命'，强调艺术的社会功用，开中国美学另一条线索的先河。"② 这两条线索，一条向内，一条向外，是非常重要的，但具体到中国现代美学发展的各个时期和具体背景中，这两条线索的划分又略显粗略化。事实上，艺术社会功用这个线索在"文革"前就已经发生了分岔：以鲁迅开创的带有现实功利性的美学传统一直尚未完全发展起来；同时由于政治性意识形态性的美学原则被否定，导致现实主义美

---

① 黄柏青：《关于中国美学史真实性的拷问》，《商丘师范学院学报》2007年第11期。
② 高建平主编《当代中国文艺理论研究（1949～2009）》，中国社会科学出版社，2011，第439页。

学原则一同被否定。现实主义美学理论到今天未能得到完全健康的发展。正如邹华所说：

> 研究者们没有意识到胡风理论的消亡就是鲁迅精神的泯灭，没有意识到这种消亡和泯灭同时就意味着马克思主义意识形态认知性维度的瓦解，没有意识到现实主义的政治异化及其与认识论美学被严重窒息之间的关系，更没有意识到应当从意识形态的角度恢复的艺术的认知性和再现性，重建审美与生活的关系，从而使长期被屏蔽、被歪曲的社会生活真正进入中国当代文艺的视野。①

因而长时间以来，美学从理论上更多强调其超功利性，而其现实性的维度则未被纳入美学框架中来，这导致美学理论研究越发艺术化、空灵化。这是导致中国当代美学理论体系认知性维度缺失的历史原因。也正是由此，中国美学的历史考察和梳理就发生了偏向，讲美学等同于艺术评论，将艺术等同于空灵化，使得美学史的包容力越发狭小。

三 中国美学史研究对象的美学与非美学

重建中国美学研究的认知性维度，发掘更多的文化资源，将认知性与超功利性相结合，并以此框架作为考察古代思想的范式和框架，才有可能使得美学具有更加包容的特性。

而这其中首先面临的就是研究对象问题，这关系到中国美学学科自身的合法性问题。黄柏青在《多维的美学史——当代中国传统美学史著作研究》一书中，通过对材料的全面梳理，概括了当前学界关于美学史研究对象的十一种分歧。② 但书中只是进行了观点的罗列，并未从理论上加以细致辨析。如果将这十一种观点进行再度分类和整理，就会发现主要有三类观点：第一种观点认为中国美学应研究中国古代美学范畴（持此观点的有李泽厚、刘纲纪、张法、叶朗、皮朝纲、周来祥等）；第二种观点认为中国美学的研究对象是审美意识（持此观点的有敏泽、吴中杰、吴功正）；第三种观点认

---

① 邹华：《重建中国马克思主义美学的认知性维度》，《探索与争鸣》2013 年第 9 期。
② 黄柏青：《多维的美学史——当代中国传统美学史著作研究》，河北大学出版社，2008，第 82~89 页。

为中国美学应研究的是整个审美文化（持此观点的有张涵、宗白华、于民、林同华、陈炎、许明等）。① 这三类观点不仅确定了新时期中国美学史基本研究对象，而且由此基本确立了中国美学史的书写模式。随着中国美学研究的推进，第三类观点越来越成为中国美学史研究的主要方向，越来越多的美学史著作开始转向了审美文化史研究。② 事实上，后两类观点（审美意识与审美文化）看似是一种自下而上的从事实本身出发的研究思路，显得更具有包容力和实证性，但这并未从根本上解决了美学史写作的削足适履

① 例如李泽厚、刘纲纪的《中国美学史》提出，"一部狭义的中国美学史，要对我们民族的审美意识在理论形态上的表现，做出具体的、科学的分析和解剖"（李泽厚、刘纲纪：《中国美学史》第一卷，中国社会科学出版社，1984，第 8 页）。为了避免因过于宽泛而造成写作对象不清的问题，有学者则试图从美学范畴入手来建构中国美学的历史，例如，叶朗在《中国美学史大纲》中就认为："一部美学史，主要就是美学范畴、美学命题的产生、发展、转化的历史。"（叶朗：《中国美学史大纲》，上海人民出版社，1985，第 4 页）这种研究方式无疑使中国美学的研究更加学理化、清晰化，但依旧存在问题。由于它必须先确定美学范畴然后再依照美学范畴深入美学史中考察其发生、发展、变化，因而带有较强的理论预设性。这些美学范畴之所以能够统领美学史的理论依据也是较为欠缺的。正如张弘所说："固然，美学的范畴和命题可以视为审美经验与审美意识的理论形态化，但它们毕竟不是审美经验与审美意识本身。"（张弘：《近三十年中国美学史专著中的若干问题》，《学术月刊》2010 年第 10 期）对此，黄念然提出："不妨尝试一种现象即本体的思考向度（即不妨将各种美学形态视为'现象'，将各种美学思想视为一种对现象的'本体'性思考），这种思考向度其实十分适合中国古典美学的本有特征，现象即本体这种不离不弃的关系可以使研究者更妥帖地处理美学思想与美学形态之间的辩证关系，从而释放出更大的解释学空间。"［黄念然：《中国美学史研究的三大困境》，《福建论坛》（人文社会科学版）2006 年第 8 期］这种近似于"现象学还原"的方式看似比较有新意，但只是一种理论上的新提法而已。如何真正做到面向美学的"本体"，并将其与之前的审美意识、审美文化区别开来，都是需要进一步深入思考的问题。

② 事实上，很早就有学者专门讨论过"审美文化"这一概念，并提出审美文化是"以文学艺术为核心的、具有一定审美特性和价值的文化形态或产品"。（朱立元：《"审美文化"概念小议》，《浙江学刊》1997 年第 5 期）这就把美学研究的对象拓展到整个文化史的领域当中，似乎一切跟"审美""情感""艺术""意象"等相关的文化材料都可以纳入中国美学的研究中来，这对于拓宽美学的研究视野是有很大帮助的，但也有学者对这一研究视角提出了质疑，例如，张弘就提出："此类从外部影响到审美活动的东西，作为基本的背景材料都会有所介绍，而且似乎必不可少，但有关艺术审美自身变迁的来龙去脉，则探讨分析得很不够，给人的印象，似乎审美趣味与审美意识不是在审美行为和审美活动中产生和与形成的，而是来自其他领域的社会活动。"进而他提出了一个重要的问题："试问：艺术审美及其反思到底还有没有自己相对独立的存在？"（张弘：《近三十年中国美学史专著中的若干问题》，《学术月刊》2010 年第 10 期）由此可以看出，张弘教授强调的是美学理论自身的本质性特征，并认为这种本质性特征应鲜明地体现在美学史的写作中。对此，王振复认为，张弘"这一批评值得商榷"，并提出"重要的不是作为预设的研究对象本身，而是研究对象预设之后实际上的怎样研究以及研究得怎样，这也便是历史与逻辑如何统一的问题"（王振复：《中国美学史著写作：评估与讨论》，《学术月刊》2012 年第 8 期）。

的问题。因为无论是审美意识还是审美文化，依旧是理论预设的结果。如果没有关于"什么是美"的观念，我们不可能在众多的历史文献中分辨出哪些思想具有审美意识；同样的，如果没有关于美学思想、范畴的理论框架，我们也无法从众多的文化现象中甄别出哪些是审美文化。所以，上文提出的三类观点中，后两类观点是从第一类观点——研究美学理论——衍生出来的。

从美学理论角度看，重建中国美学史研究的认知性维度，并不是要回归到 20 世纪五六十年代美学"大讨论"的那种关于美的"主/客"问题上去，而是要恢复对于现实生活的直观把握和真实呈现。认知性维度应包含两个层面，一个层面是对客观自然世界的认知，另一个层面是对社会生活的认知。这两个层面都是从个体的感觉经验出发，并以上升为理性为目的，但第一个层面的落脚点在知觉抽象上，它强调的是感觉经验整体性地对自然世界外在形式规律的一种简化把握。由于这种把握求"简"，所以排斥事物的复杂性、多样性。第二个层面则不同，它重视对现实生活实际感觉经验的一种具体的、个别的状态的把握，它不是以意识形态性为认知先导的机械式反映论，而是从感觉经验出发，对现实生活纷繁杂乱的、以偶然性体现的真实的把握。第二个层面是中国当代美学理论所忽视的重要维度，它在整个新时期启蒙话语下被当成艺术工具论而被抛弃，导致真正的现实主义美学并未发展起来，而是转入对实践美学、后实践美学等的关注和讨论中。

认知性维度的确立，至少在美学史研究的对象上能够帮助我们拓宽视野。因为现实生活的复杂性和多样性这一事实使得美学研究的对象不只是纯艺术。人们对现实生活的认知过程本身也内在地包含着对于社会生活的审美性思考。它不仅仅能够让我们对于中国美学有了更为全面的了解，而且能够让我们对社会现实有着深刻的反思，并能够联系当下社会现实做出自己的审美判断。当然，认知性的维度离不开存在论的情感体验和实践意志的作用，但个体感觉经验提供的外在形式以及对现实生活的直觉性把握是美感得以生成的两个重要维度。只有把握好了这两个维度之间的关系，才能够确立美学史研究的对象和边界，才能够更为全面地把握美学的历史发展。

在这里需要引入阿兰·巴迪欧（也译作"阿兰·巴丢"）的非美学①概念，这一概念或许可以为我们中国美学史研究提出一种新的视角。阿兰·巴迪欧"把'非美学'理解为哲学与艺术的一种关系，这种关系既坚持艺术本身就是真理的生产者，而又无需把艺术变成哲学的对象。与美学沉思相反，非美学描述了艺术作品的独立存在所制造出的一些严格内在于哲学的效果"②。如前述，中国美学研究存在的一个重要问题就是美学与哲学之间暧昧不清的关系。而"非美学"恰恰就是在试图扭转传统的那种将美学视为哲学的研究对象或阐释视角，提出了美学具有独立于哲学的主体性。如果说哲学研究的目的是探寻真理，那么在阿兰·巴迪欧看来，艺术作品本身就是真理的生产者，艺术作品所创造出来的真理可能比哲学更为深刻，并会触及哲学研究所触及不到的地方。于是，"艺术并不是哲学的对象或客体，优秀的艺术品往往具有丰富且独特的内涵，它们或明或暗地呈现于文本中"③。虽然阿兰·巴迪欧未明确说出，但"非美学"这一概念已经暗自指明了美学学科独立性所必须恢复的认知性维度：与其说从艺术作品中寻找出真理，不如说艺术作品本身就具有真理性。在这里，美学学科的体验性与哲学学科的认知性相遇。那种超越性、感性化的审美体验已经不再是审美活动的全部，审美活动本身就是对于真理本身的探寻和再现。而恰恰是审美活动这种内在的真理性确保了美学的独立性，从而使美学研究不仅仅是一种视角，而且是一种深刻的认知和再现。

当然，需要注意的是，阿兰·巴迪欧的非美学概念的产生语境与本文所讨论的美学认知性维度是不同的。非美学针对的是西方后现代语境下艺术作品及理论流派中存在的解构真理的倾向，通过强调艺术的真理性特征来捍卫艺术的合法性。而本文所提到的认知性维度问题，针对的是"文革"

---

① 目前学界对阿兰·巴丢这一概念的翻译仍存在分歧，最早对其进行翻译的是河北师范大学毕日升博士，他在其《诗与哲学之争——阿兰·巴丢的非美学初探》一文中，便采用了"非美学"的翻译，但后来他又接受金慧敏教授的建议，将其改为"内美学"。而武汉大学外国语学院博士艾士薇，在其博士论文《阿兰·巴迪欧"非美学"思想研究》中经过考辨和梳理之后认为，还是应该翻译为"非美学"（参见艾士薇《阿兰·巴迪欧"非美学"思想研究》，博士学位论文，华中师范大学文学院，2012，第5~6页）。

② Alain Badiou, *Handbook of Inaesthetics*, trans. Alberto Toscano, Stanford：Stanford University Press，2005，p. XV. 转引自马元龙《非美学：巴迪欧的美学》，《文艺研究》2014 年第 11 期。

③ 艾士薇：《阿兰·巴迪欧"非美学"的基本特征及其超越性》，《天津社会科学》2013 年第 3 期。

结束后美学理论存在论维度的凸显与认识论维度的缺失这一事实所导致的美学史研究所具有的封闭性问题。其对话对象与言说语境的不同导致了其理论有其特殊的适用性，不能照搬。但非美学理论对于艺术主体性的强调，将艺术置于真理生产者的位置上，这无疑恰恰印证了恢复美学理论的认知性维度的必要性与可能性。

当阿兰·巴迪欧注意到了艺术作品本身内在地生产真理这一问题的时候，就对艺术作品的审美欣赏活动提出了另外一层要求，这种要求不是简单强调感性体验问题，而是强调认知能力的问题。具体到美学史研究中，如要重建认知性维度并从中认识到真理，就要将艺术作品的内在真理视为一个事件、一个过程，真理是在这一过程中生产出来的。这就对审美对象的选择提供了一个新的视角和可能。这种美学研究与反映论的最大区别在于，反映论强调的是对客观对象的静态把握，非美学强调的是把握客观真理的动态生成过程。所以，美学史的研究不仅仅要关注那些静态的艺术作品、理论文本，还要关注在整个历史发展过程中作为事件的思想观念及其产生过程。当然，这对美学史研究提出了更高的要求，甚至这种思想倾向与中国当今美学界乃至整个后现代文化语境相背离，但恰恰是因为这种格格不入才使得我们对当前美学的整体状态有所警醒和反思。

美学史研究的认知性维度的重建，不仅可以使我们重新确立美学史研究对象，还能够重新树立曾经缺失的美学学科观念。沃尔夫冈·韦尔施在《重构美学》中就已经从美学认识论的回归这一角度反思了美学学科的当下定位，将美学视为"哲学的主人而不是客人"①，并提出："艺术论内在的多元化，即由艺术单一的概念性分析转变为对艺术不同类型、范式和观念的分析，应该补充以美学外在层面上的多元化，将其学科领域扩大至超艺术的问题上来。"② 顺着这一思路，有学者进一步提出了回归杂美学的观点，并认为"美学的超越不是追求一种超越性，而是超出传统美学，关注生活实践、环境生态以及社会文化。超越美学，不是美学的提'纯'，而是'杂'，成为'杂美学'"③。这种观点对于当代美学学科的开创有着启发意义和指导意义，但这种"杂"的观念或许更适合中国古代美学研究。另外，

---

①　〔德〕沃尔夫冈·韦尔施：《重构美学》，"译者序"，陆扬、张岩冰译，上海译文出版社，2002，第 5 页。

②　〔德〕沃尔夫冈·韦尔施：《重构美学》，"译者序"，陆扬、张岩冰译，第 5 页。

③　高建平：《美学的超越与回归》，《上海大学学报》（社会科学版）2014 年第 1 期。

这种观点并没有更深入地指出如何将杂美学的观念引入研究实践。事实上，美学的从"纯"变"杂"这一转变最为关键的是研究思路的转变，一方面，要努力建构美学理论观念的认知性维度，将认识论重新纳入美学研究的思维框架中来，建立基于个体感觉经验和情感体验的现实主义美学；另一方面，要重新审视美学研究对象，将更多的社会现象和事件作为审美对象，从而研究这一审美活动的意义和价值。

四　美学研究的潜流与美学研究的问题化

如果本文第一个问题仅仅是理论性的问题，那么第二个问题则是在这样的理论视野下的历史观问题，而第三个问题则涉及美学研究的历史化与历史研究的美学化的研究方法问题。美学研究的历史化指将美学思想进行历时性的安排，这是当前美学史梳理的基本方式，而历史研究的美学化则是指将历史文献中审美思潮的产生条件予以美学上的考量，挖掘美学史的潜流。

美学研究的历史化将已经成形、成熟的美学思想、理论体系以年代的方式进行历史化的排序，这种梳理方式是当前美学史的主要方式。虽然不同的历史朝代有着不同的审美文化特征，但以这种方式概括一个时代的美学特征，势必会造成两个方面的遮蔽：一方面，中国美学不同于中国通史和中国哲学史的范式，也不同于一般思想史的范式，而是有其独立的发展脉络和演变规律。以"时代＋思想"的方式概括其时代美学特征很容易遮蔽美学自身具有的不以时代为转移的发展规律；另一方面，这种概括性的判断会遮蔽不同时代之间的内在联系性而凸显了其断裂性，好像不同时代自然地就有不同时代的美学特征，其内在的连贯性未能得到彰显。

不可否认的是，中国美学史的发展是由内和外两方面的合力相互作用来推动的。目前学术界对于中国美学的研究往往更多地涉及美学家、美学思想、美学范畴体系等诸多问题，对于美学史发展规律的研究也往往是从美学的历史材料出发，以思想或范畴体系为基本框架，整合、梳理美学发展的线索。作为一门学科，这是由美学学科体系和范式决定的。但作为美学史而言，其内在线索还应该包括在不同时期不同美学理论家的思想关联。这种关联包括特定时代美学产生的前提及酝酿、生成等。例如，王国维作为古代向近现代转化过程中的一位重要的美学家，其美学理论已经相当成熟，但在这之前，一定有一个相当长的历史酝酿过程。这一过程的发展未必遵循着从美学家到美学家的相互影响、演变发展的模式。这种模式只是美学发展内在逻辑线索的一个显性存在方式，美学发展内在逻辑线索还有一种隐性存在方式，即一位美学家的美学理论与其他方面的思想、概念、范畴之间的联系，而这种联系也暗示着美学史发展内在逻辑线索，只不过是一种隐性的存在方式。这是中国美学史还未开掘的潜流。

美学理论与特定的历史背景有着密切关联，而所谓的"历史背景"往往就是美学理论自身的一部分。例如，目前学术界关于中国美学近代化过程的研究，往往局限到近代美学初创期的几位美学家上，如王国维、梁启超、蔡元培、鲁迅等①。这种研究基于其美学上的学科自觉意识和理论建构意识，固然有非常重要的学术意义，但如果要追溯现代美学产生的前提条件，就必须将历史背景连成一个连贯的线索，从美学的发生理论出发探索晚清乃至宋明时的学术思想是如何为现代美学的产生奠定基础的。正如美感的生成有其内在的生成机制一样，美学的现代发生也有一个从前现代到现代的过程。因而研究现代美学不仅要研究那些具有明确美学意识的思想家和具有现代性的美学理论，还要研究现代美学产生之前的前现代形态是如何为现代奠定基础的。当然，这里可能有很多思想家的思想因未涉及相应的美学范畴、概念，也因未涉及艺术等领域而被美学史所抛弃。而事实

① 学界有关现代美学起源的观点共有十余种。比较有代表性的有如下几种。1982 年刘志一在《学术论坛》上发表《如何评价王国维和蔡元培的美学理论?》一文，提出："中国现代美学诞生于本世纪初。其代表人物，首推王国维，次举蔡元培，他们是奠基人。"1984 年陈永标在《华南师范大学学报》上发表《试论梁启超的美学思想》，认为："王、梁都是我国近代资产阶级美学思想的代表人物。"1990 年金大陆、黄志平在《中州学刊》上发表《王国维、蔡元培与中国现代美学的缘起》，提出："把王国维、蔡元培的研究组合起来看，它们正好是在总体上为中国现代美学营建着基础结构。"1993 年吴中杰在《学术月刊》上发表《开拓期的中国现代美学》，提出，"王国维、蔡元培、鲁迅都是跨越时代的人物，他们在晚清就开始了具有特色的学术文艺活动，五四以后，其成就和影响愈来愈大。他们沟通了中西文化，完成了古今嬗变；由于他们各自的贡献，共同为中国现代美学的建立奠定了坚实的基础"。1999 年周纪文在《济南大学学报》上发表《中国现代美学在新文化运动期间的初步展开》一文，提出："王国维是近代中国美学史上的第一人，他总结了中国古典美，以崇高概念确立了近代美学，并给中国现代美学提供了一个理论起点。与王国维共同完成这一使命的是梁启超，他提出了对美的本质的认识和界定。"2006 年张法在《天津社会科学》发表《美学与中国现代性历程》，提出了中国现代美学的"四种基本模式"。2007 年李欣复、刘洪艳在《西北师大学报》上发表《中国现代美学发生论》，认为"梁启超、蔡元培、王国维、鲁迅及萧公弼等精英人物那里提出和建立的美学思想的内涵、特征统属现代范畴，并各有其不同个性作风特点表现"。

上，作为与社会风尚、文化思潮有极大关联的美学思想，其非艺术领域的思想、文化、体制等一定会对中国美学产生影响。另外，中国古代本来就不存在纯粹意义上的美学，这种杂美学的状态使得构成美学思想的学科主线并不突出，因而美学史研究就更应该注重美学思想的潜流，即美学思想与其他文化思想之间的联系。

仅以中国现代美学的发生这一问题为例。这里首先需要探讨的问题是：中国美学古代与现代如何区别？中国美学古代与现代之别，其内在原因在于个体能力是否足够的问题。而古代人性结构中个体感性地位低下直接导致了古代人审美活动的特点。对于这一问题，邹华在《流变之美——美学理论的探索与重构》有了较为深入的分析："古代人与外部世界处在朴素统一的状态，个体对社会的依附性关系决定了古代人性结构的封闭和狭隘，以及审美意识对中和美的偏重。"[1] 这可以说是对中国古代美学审美活动特征的一种宏观性概括。在《中国美学原点解析》中，邹华将这一观点进行了更为细致的考察，提出了中国美学原点的"四象三圈"理论，并在考察中国古代与现代审美特性的时候，提出"中国当代美学的一个重要任务，就是创造一个空前广大的审美的天地，它一方面要保留和提升古代的审美特性，另一方面又要扩大审美的领域，也就是说，它要求以审美的方式将功利的生活和欲望的人生尽可能广泛地包容进来"[2]。从远古到现代，每一个历史时期都有特定的审美方式，但支撑它的历史背景和理论基础是因时代而变化的。我们考察古代审美意识的时候要注意到古代个体地位不高所导致的其审美关系的可能性限度，从而理解古代美学所造成的审美封闭和残缺以及向现代美学突破的倾向。这并非是纯粹的艺术美学，而是美学史研究的潜流，值得我们关注和分析。

再以理学美学为例，众所周知，理学具有较强的认识论色彩，但这并不意味着理学思想就与美学不相容；恰恰相反，它正是美学研究的题中之义。虽然"理学美学"这一概念得到了学界的基本认可，但具体到理学与美学究竟是以怎样的方式发生关联的，不同学者有着不同的阐释和看法。概而言之，目前对于两者之间关系的阐释主要有两种方式：一种是理学影响美学的影响说，另一种是理学之中有美学的阐释说。宋明理学从思想层

---

① 邹华：《流变之美——美学理论的探索与重构》，清华大学出版社，2004，第2页。
② 邹华：《中国美学原点解析》，中华书局，2004，第23页。

面来看，无疑带有很深的认识论色彩；从其终极追求来看，又带有明确的伦理学色彩。这两个层面，后者是因，前者是果。宋明理学是在儒家伦理学说的基础上进行更为丰富的升华和阐释，使儒家思想成为了一个被表象的客体。它一方面将深入人的主体内部探寻人的道德自觉，揭示人生的终极意义和价值；另一方面突破了儒家伦理的界限展开了形而上的本体论的探讨。在这一过程中，一方面，认知性的维度起到了绝对的作用，它提供了思考伦理问题的框架，使得理学对于现实的强烈实践性被削弱，实践性的冲动回旋在理学所提供的认识论框架中；另一方面，人生的体验和感受作为一种意欲冲动直接作用于对于现实的认知，从而使得理学在理论高远的同时又具有很强的现实主义色彩。因而，如果从超功利的美学理论观的角度来看，理学显然与美学绝缘，但如果将认知性纳入美学理论中，理学本身就是美学，不存在理学影响美学或者理学之中有美学这两种方式。对于理学命题、范畴、理论体系的展开过程，就是对被遮蔽的中国美学思想的另一条线索的呈现。

关于中国古代美学范畴之间组合规律及其文脉的发现

杨继勇[*]

摘要： 从魏晋始，下追其流、上探其源，借当代西方存在论原理以烛照，可发现在中国传统文论及美学之中持续蕴含着显隐两类范畴同构的特质，即对诗性智慧的纵深研究，皆可析出这种二元组合方式及其规律，这属中国特色的决定因素，其历史运行主线即文脉所系。所示方法论能使中国美学研究不为表象所限，索隐启蔽，关注本源，扩展审美视域；当代文论美学建设基于文脉所示原理，才能继承传统而彰显特色，兼容并蓄，强化生机。

关键词： 范畴　显隐同构　《文赋》　《文心雕龙》　审美视域文脉

因为建设中国当代文论和美学，只有基于历史传统规律，才能避免与古代脱节，在发展中彰显中国特色的魅力；又因使历史线索及特性成为反思对象，以索隐启蔽昭示学科建设的未来向度，才是学科自觉的标志。因为"科学只有通过概念自己的生命才可以成为有机的体系"[①]，所以须考察传统文论及美学的范畴起点、范畴之间的关联方式及其历史运行状态，才能寻其文脉规律。

海德格尔说"真理的如此发生是作为澄明和双重遮蔽的对立"[②]，《淮南

---

* 杨继勇，山东大学文艺美学中心博士，安徽工程大学硕士生导师，中国文心雕龙学会会员。

① 〔德〕黑格尔：《精神现象学》上卷，贺麟、王玖兴译，商务印书馆，1979，上卷，第35页。

② 〔德〕海德格尔：《诗·语言·思》，彭富春译，文化艺术出版社，1991，第62页。

子》曰"玉在山而草木润，渊生珠而岸不枯"，这两者的哲学特质共性为遮蔽－澄明共在，即显隐两类范畴二元同构，如以之烛照中国古代文论及美学历史，便可发现其间皆蕴含着显隐范畴同构律。这样命名，是因显性的万有皆是末，但一切观照无不立足显性现实，故将显前置。诸家学说和诸神思潮是否皆含这种同构特质，这是否为古代文论、美学中国传统特色的主因，是本文试图弄清的问题。

一　关于魏晋文论美学经典中范畴之间显隐范畴同构性的发现

若说古代文论及美学的特质是天人合一或和谐，这未免有虚无缥缈的感觉，那是否可概括得更详细和具体呢？秦汉以前，审美学说是丰富的，但文论体系化形成时期当属魏晋，自此以后文论和美学之间依然有着理论及意义上的交互，故有必要将魏晋时期的文论作为切入点而加以考察。

首先，从文论奠基之作《文赋》可析出显隐范畴同构之理。《文赋》在开端即强调"课虚无以责有，叩寂寞而求音"，即创作或鉴赏面临着虚无，文艺活动要立足于万有，澄明其和无、遮蔽的因缘，才可能悟及"石韫玉而山辉，水怀珠而川媚"的诗性之显；这前后显隐反差，也含有其理论范畴的构成原理。此后一句"貌似各说其一、实参乎成文、内在之理一也"，即创造性地将关于自然美的哲学观纳入了创作鉴赏论中，借韫玉－山辉、怀珠－川媚的生态图式，彰显着显－隐范畴共在属性，折射着宇间造化因缘，"美必伏于广大，故石韫玉而山尽含辉，水怀珠而川悉献媚，珠玉不独处也"。若考《文赋》整篇所潜含的方法也可见显－隐范畴同构，其开篇"玄览""叹逝"，以及"对穷迹而孤兴。俯寂寞而无友，仰寥廓而莫承"，"藏若景灭，行犹响起"等即通篇的思想是强调面向隐无悟求诗性，旨在揭示"诗性之显"必须以索隐为起点，即王弼所说的"凡有皆始于无""无形无名者，万物之宗也"（王弼《老子注》）。"水怀珠而川媚"之珠，喻示着无、隐寂、遮蔽等具本源、核心性质的范畴，难以直观，但必有其因缘；怀珠－川媚其间玄机是隐－显范畴同构性，文艺创作是将万有的因缘关联到隐无，显化诗性的过程。其"或沿波而讨源。或本隐以之显……馨澄心以凝思"也在强调通过"澄心"审美，体验显－隐范畴共在，感悟其间关联特性、因缘，映现宇宙自然造化之中隐匿与生成、内－外、遮蔽－澄明等的共在、因缘。

据此可见《文赋》奠基价值，它不仅强调文艺使命该从显性的"诗言志"转向自律的"诗缘情"，而且强调索隐而启蔽，彰显易忽略的被遮蔽的因缘；并以之作为文艺哲学之基础，强调艺术所显诗性依于本源，系于未出场之隐，这不仅以镂金错彩方式补弊，还可确认其文论特性在于强调显隐两类理论范畴共在的因缘且其范畴组合方式是属性同构而非单一的。这是否具普适性，还须再求证于其他学说。

其次，显-隐二元范畴同构也存在于《文心雕龙》之中。刘勰不但继承《文赋》水怀珠而川媚这种审美图式，而且扩展了显隐两类范畴具有因缘的相依之理，进而扩展、演化为隐秀说。"夫心术之动远矣，文情之变深矣……文之英蕤，有秀有隐。隐也者，文外之重旨也者；秀也者，篇中之独拔者也。隐以复意为工，秀以卓绝为巧……隐之为体，义生文外，秘响旁通，伏采潜发，譬爻象之变互体，川渎之韫珠玉也。故互体变爻，而化成四象；珠玉潜水，而澜表方圆"（《隐秀》）；其"隐之为体"，这和《文赋》开篇"玄览"所寄相似，都是面向本源究文艺之理的本体意识，这是为陆机所论显隐范畴同构原理奠基，也使得刘勰及其后文艺观更看重文艺审美所涉万有和无限、本源之间的因缘关系，强调索隐而启蔽。两者都借怀珠-川媚图示，折射显隐两类范畴的因缘：文-情、内-外、上-下、远-近。刘勰创设运用了二元性审美范畴隐-秀以概括其间诗性智所慧覆盖的艺术关系：隐之为体-义生文外、珠玉潜水-澜表方圆……若从其范畴因缘关系的哲学纯粹性来看，皆可谓显-隐属性范畴同构。该属性不限于《隐秀》残篇，它贯穿在《文心雕龙》乃至六朝文论中，如"沿隐以至显，因内而符外"（《体性》），"造化赋形，支体必双，神理为用，事不孤立，夫心生文辞，运裁百虑，高下相须，自然成对"（《丽辞》），"沿波讨源，虽幽必显"（《知音》），"春秋代序，阴阳惨舒"（《物色》），"情在词外曰隐，状溢目前曰秀"（张戒引文），等等，综上可证《隐秀》所寓显隐范畴及其二元同构属性，与其全书相应，且《文赋》与《文心雕龙》所含，也是全息相应。

《文赋》《隐秀》上述所论，皆借自然生态的图示统摄了珠玉崇拜和以水喻道等意向，寓文道关系宏旨、立意，重在强调文艺依于本源，内涵繁杂而又交互，似难寻脉络，其文艺观是囊括在天地人的审美系统之中而阐发的，而其文艺美学观又基于天人合一的哲学背景。关于隐秀、意境的研究长期以来似难以彻底厘清，若将之分为生态自然、文艺、美学、哲学等层级，则诸项之间无时不在全息相应而意义纠合，难度是剥离某项与相邻意义的关联时易致其意义窄化、抽象；所以创设隐性范畴类别，将其艺术原理的多层次性纳入显 - 隐范畴同构性的逻辑坐标中加以阐析是一种尝试，可证秀的存在前提是显性。秀，动词，会意；上为禾、下象为禾穗摇曳状，本义为谷物抽穗扬花，指人的容貌姿态或景物美好秀丽，重于内在的气韵，如"采三秀兮于山间"（《山鬼》）；用于品评人物，如"五行之秀气也"（《礼记》）；且秀还可释为人生及作品的精华光彩。不同语境中秀应有自然生态、人物外貌、文法修辞以及文论、美学及哲学等层次的内涵，但隐之为体，待秀而明，秀凭隐而显。

最后，《诗品》所含的显 - 隐范畴同构属性。如果说强调上述显隐范畴同构属性观点的《文赋》《文心雕龙》，构成了这种美学思想的开端的话，那么可证钟嵘以降，这种所含同构属性的文脉，在美学中得以持续运行。第一，《诗品》从开端"灵只待之以致飨，幽微藉之以昭告，动天地，感鬼神，莫近于诗"，至"篇章之珠泽，文采之邓林"，其中的珠泽、邓林、内 - 外、幽微、遮蔽、鬼神等，认为诗性应动感、澄明，其间同构和隐秀的审美属性同质可互代，同样是强调自然造化隐而不彰，文艺思想精华秀美，显 - 隐属性关系对应同构。上述若干对诗性范畴共同折射着的哲学潜质即显隐同构性。相形之下潜质之外的那些其他属性则似模糊不清的轮廓而已。第二，《诗品》的显 - 隐同构性，还现于强调"篇章之珠泽，文采之邓林"之显效离不开直寻，即凭诗性智慧而不涉理路，透过表面现象、物理空间而直觉诗意空间所潜的启蔽之缘、艺术真实，此乃得意忘言在诗学领域的反映，因而"索隐"即直寻万有背后"无形无名者"之隐是非逻辑推理式的。这与"文外重旨"以及海德格尔所论梵高画作《鞋》所用的在场 - 不在场①之显 - 隐观点相似，即"人类的一切知识都是从直观开始，从那里进到概念，而以理念结束"②。可见《诗品》讲究的诗性智慧和上述两者所论相合。可拍案称奇的是魏晋三者所论都使用了怀珠 - 川媚这审美图式，以符号隐喻显 - 隐同构之理，这是二元共时共在的组合方式，且名之为显 - 隐范畴同构律。据此，可将魏晋文论美学范畴分为显隐两大类，

---

① 〔德〕海德格尔：《诗·语言·思》，彭富春译，第 27 页。
② 〔德〕康德：《纯粹理性批判》，邓晓芒译，人民出版社，2004，第 544 页。

那么所谓显－隐二元同构，既是显隐两类范畴的二元同构，也指显隐两类性质的共时、共在而同构。这种理论特质所强调的因缘、同构关系是非平面的诸元耦合、隐喻、意联、交互的组合方式，异于一般形式逻辑、辩证法所论的二元对立。

二　先秦文论美学及审美经验中也存在
显－隐两类范畴同构原理

首先，上述显－隐范畴同构原理，其理论依据和背景与玄佛哲学相关。任何理论都是特定文化环境中生成的，上述三者之"怀珠"－"川媚"式观点既有据于"上善若水"（《老子》），也有据于"道不可闻，闻而非也；道不可见，见而非也；道不可言，言而非也"（《庄子·知北游》）的"不可"，还有据于玄学哲理凭有－无、本－末来探讨本体与实在的关系，也就是说它依据的是万有之显和无形无名的万物所宗之隐的因缘相依之理。如《诗品》开篇从遮蔽之无开始彰显"自然英旨"的诗性，所论怀珠－川媚之秀不过是人的一种感悟，秀所示为去蔽而澄明诗性，是以在场可感显性世界为前提的，秀和显似海上所浮冰山皆基于无限之隐，审美的隐秀折射出哲学的显－隐，不在场之隐即无限而意味着本源；秀美和诗性澄明其更根本性是"隐之为体"和不在场的无限；其理在解释学中为"诗并不描述或意指一种存在物，而是为我们开辟神性和人类的世界"①。纵观当时所存之文章后，刘勰感到遗憾的是"虽奥非隐"、隐秀兼备之文"希若凤麟"（《隐秀》）。篇中是否存"蕴籍有余"之隐，是刘勰的评价优劣的标准而非指晦涩。显－隐二元同构关系不限于理论也折射在现实，如那些士人避开显赫荣华、谈玄归隐。"夫玄学者，谓玄远之学。学贵玄远，则略于具体事物而究心抽象原理。论天道则不拘于构成质料，而进探本体存在。论人事则轻忽有形之粗迹，而专期神理之妙用"②，这是呼应于"夫物之所以生，功之所以成，必生乎无形，由乎无名。无形无名者，万物之宗也"③，即考怀珠－川媚同构所示，与当时关于有－无、本－末的哲学思潮相关。显－隐同构思想，不单源于道家哲学，如"逝者如斯夫"也映射着儒家思想中

①　〔德〕伽达默尔：《真理与方法》，洪汉鼎译，上海译文出版社，1999，第601页。
②　汤用彤：《魏晋玄学论稿》，上海古籍出版社，2001，第23页。
③　楼宇烈：《王弼校释》，中华书局，1980，第195页。

的显－隐同构原理。"南朝四百八十寺，多少楼台烟雨中"（《江南春》），佛法的兴盛使南朝意识形态激荡、交融、升华，为隐－秀、显－隐所寓原理植入中国传统文论而形成其必然性审美特质，提供了历史契机。

魏晋三者所论美感经验之中，其水下之珠处玄隐，貌似无，示无限、体、终极之道，于自然景观及诗意中具统摄力；怀珠－川媚共在，构成了范畴运动的逻辑系统，图示着真理发生的场所，启示着索隐启蔽。三者所论水下之珠所示之隐无，是与其水上秀美景观相应的共时的决定因素，实喻万有本源及审美属性之隐；其人文智慧覆盖的哲学本质也含形而上和形而下的共在。珠之隐、遮蔽即存在者的存在，"通常恰恰不显现，同首先与通常显现着的东西相对，它隐藏不露；但同时它又从本质上包含在首先与通常显现着的东西中，其情况是：它构成这些东西的意义与根据。这在通常意义上隐藏不露的东西或复又反过来沦入遮蔽的东西，或仅仅以伪装显现的东西，却不是这种或那种，而是像前面的考察所指出的，是存在者的存在。存在可被遮蔽的如此之深远，乃至存在被遗忘了，存在及其意义的问题也无人问津"；① 怀珠－川媚乃隐匿与生成共在，启示神思超越物理空间而面向诗性空间时的索隐而启蔽，叩问文艺之显所基于的"真理发生的场所"，彰显"构成这些东西的意义与根据"。

其次，考东方之珠的审美属性。从刘勰《原道》篇中可见文艺之秀美，以及外在的广义之文，此乃人感悟万有所获之表象；表象基于本源，万象系何者所现？悟本源需悟"隐之为体"，即文艺出于始基、终极之道。珠之隐，和其水上万千气象共在，是万有、秩序等的决定因素，但人永远难以直观那水下富有生机的珠本身，似于永难见到艺术、美本身，即"道在不可见，用在不可知"（《韩非子·主道》），诗性空间超越于物理空间，其隐喻性只存在于超验性之中，感其真气而遂通，借佛理而言，即"一本万殊"。通常只能欣赏到无限的艺术品等审美对象之秀，而隐、珠又对应着隐秘的心、意。上述三者原理的二元同构布局，是以"隐之为体"为基，同构于万有之显而展开。若无视索隐、"隐之为体"而偏执显性追求，似难以启蔽而通达。秀、有、明显和隐、无、玄暗，这两类范畴、两类性质，皆同构；因为怀珠－川媚所示系统之中隐待秀而澄明，同时秀依隐而根深，所以其诸多成对的诗性审美范畴，具有耦合性，与显－隐因缘关系及特性同质。

---

① 〔德〕海德格尔：《存在与时间》，陈嘉映等译，三联书店，1987，第 41 页。

最后，文论之中以珠表示道的隐无特性。"一切理解都必然包含某种前见"①，如黄帝过赤水登昆仑所遗玄珠，"惟有象罔得之"，玄珠指显－隐交互幻化，乃"道之真"的典型隐喻（《庄子·天地》）；佛道借玄珠喻道之实体真谛，如"珠者，阴之阳也，故胜火；玉者，阳之阴也，故胜水；其化如神，故天子藏珠玉"（《大戴礼记·劝学》），再如"凡珍珠必产蚌腹，映月成胎，经年最久，乃为至宝……凡蚌孕珠，乃无质而生质……凡蚌孕珠，即千仞水底，一逢圆月中天，即开甲仰照，取月精以成其魄。中秋月明，则老蚌犹喜甚。若彻晓无云，则随月东升西没，转侧其身而映照之。他海滨无珠者，潮汐震撼，蚌无安身静存之地也"（《天工开物》下篇"第十八珠玉"）。归纳其方法论可发现，以上述三者为代表的中国文论及美学体系建构，在核心范畴属性上是将静、不在场、未出场设为理论本质的原点、事物根据，以及审美原则的出发点，为处隐之珠所蕴，是现实中艺术之真的向度。如刘勰《原道》诸层次之文皆显化为气象，统摄于未出场道之隐，生成－隐匿或曰显－隐二元同构之属性显然。"道心惟微，神理设教"，即应据道之精妙或彰显或阐释文艺诗性。其诗性空间不限于物理空间，既折射出人生在场方式的诉求，也具有面向无、体的理论勇气。天人合一之下的显－隐二元同构的诗论，强调自然、艺术、人事可能成为体验对象，和形而上、未出场相应；这一原理与西方所强调的模仿、反映等相较，显得视域更玄远。因笔者已有文证实遮蔽澄明学说精髓来自当代西方存在论哲学，且与中国传统美学精神相似，故此略。②

三　"文外之重旨"中的两类范畴同构之理

"文外之重旨"的原初性，源自化入了上述怀珠－川媚所示图式的"道动于反"之理，如"隐也者，文外之重旨者也；秀也者……隐以复意为工"，且"符采复隐，精义坚深"（《原道》），其"复隐"即"隐"，不限于水下，还可在那玄远的不明之处。刘勰强调，秀意实现之后所化的"文外之重旨"复归于玄，从珠玉潜水的隐之为体始，至其上"澜表方圆"之扩展，再至"若远山之浮烟霭"，空间极致上一切秀复归为境玄，且认为

---

① 〔德〕伽达默尔：《真理与方法》，洪汉鼎译，第347页。
② 杨继勇：《中西方文学艺术原理探秘》，台北，文津书社，2013，第216页。

隐→秀、秀→隐的过程"有似变爻"。玄，即去蔽后的诗性由澄明扩向玄远，或反归于胸臆之隐，此即人类超越之艰。其理具哲学、美学人文精神的诸层启示。第一，强调"文外之重旨"即情在词外，曰隐，这强调突破人审美经验的有限，而不将怀珠－川媚等因果的合理性限于经验及认识客体物质性；所涉思维空间是胸罗宇宙的彼－此、近－远、显－隐之往复。第二，强调"文外之重旨"，可证这化为"象外之象，景外之境""味外之旨"等内外格式的系列审美原则。第三，借此可发现其"远山之浮烟霭""境玄"等，表明隐秀说将境自觉用于审美空间而纳入批评，可证此乃传统文艺美学最高境界"象外之象"的基础，主潮意境说的萌发。第四，从"隐之为体"，到"远山之浮烟霭"，再到非"目击可图"的象外之、词外之、言外之、文外之、画外之等，诸体裁原则的创设即强调诗性空间，无不对应着形而上和形而下的共在，化"反者道之动"为审美智慧，其间的范畴同构原则，至今仍是文论美学中国传统特色的主因、审美判断标准之极致。第五，上述图式特质的多层次，可与二元同构相交叉，组成逻辑坐标，秩序、神思、形式特征上折射着动态性、开放性和不完满性的生命力；也印证了"真理，就其本性而言，即非真理"① 的哲学观在文论及美学的适用。第六，这种审美心理结构方式，潜含了健动、超越有限而生生不息的实践品格。总之，诗化的"文外之重旨"等原则，其本真性即显隐两类范畴二元同构所含动态性、交互性的映现。

四　显－隐范畴二元同构性在古代文论及美学史的持续存在

以下考察、证明理论范畴之间、范畴和体系之间的显－隐二元同构特性，是否在中国古代文论及美学之中持续存在，是否经历史演化，构成了中国传统特质的文脉。

首先，反观汉魏及之前与之相似的美感经验。与上述三部著作一样，在美学思想上具有奠基性的《典论·论文》，在思想立论上也基于显－隐范畴的二元同构。此著作开篇即叹时间是一切现象的必然基础，有限人生之显属五行之秀的呈示，遗憾即生卒年间的人生之外的无限之隐："忽然与万

---

① 〔德〕海德格尔：《诗·语言·思》，彭富春译，第53页。

物迁化，斯亦志士大痛也！融等已逝"，追求文章立言之"显"为"千载之功"；隐无，虽然在字面上没有明示，但"年寿有时而尽"仍在暗示无限的隐无，故应显为文章的"不朽之盛事"，即显－隐二元同构成立。再溯魏晋之前典籍，《淮南子》有"珠玉润泽，洛出丹书，河出绿图""水圆折者有珠，方折者有玉"之说，其《说山》一篇说"玉在山而草木润，渊生珠而岸不枯"，即珠处于隐，是持续酝酿躁动的宁静。汉魏及之前的相关文脉，可由上述两部著作得以印证，析之可见同质。

由此可见虽然不同时代各家文论表达方式有所不同，但透过其内容，多可析出其中潜含的范畴关系，即为显－隐二元同构。黑格尔说，"特殊的个体是不完全的精神，是一种具体的形态，统治着一个具体形态的整个存在的总是一种规定性，至于其中的其他规定性则只还留有模糊不清的轮廓而已。因在比较高一级的精神里，较为低级的存在就降低而成为一种隐约不显的环节；从前曾是事实自身的那种东西现在只还是一种遗迹，它的形态已经被蒙蔽起来成了一片简单的阴影。过去的陈迹已都成了普遍精神的一批获得的财产，而普遍精神既构成着个体的实体"①，据此，显－隐范畴的二元同构原理如具普遍性，那么它就应该存于魏晋以降的文论之中，并据其具体表达便可析出。

其次，探觅魏晋以降文论作品，皆可析出这一同质文脉，即历史演进之中的显－隐二元同构的本真性、普适性依然存在。"决定性的事情不是从循环中脱身，而是依照正确的方式进入这个循环"②，所谓"进入这个循环"，即伟大的精神力量在历史演进中持续潜含显－隐范畴二元同构之质，且在美学所基于的文脉中始终是自律、恒定的。

如谢赫论画时说"若拘以体物，则未见精神；若取之象外，方厌膏腴，可谓微妙也"（《古画品录》），其体物象外即折射着虚－实、显－隐之质；王昌龄论诗时主张"张之于意而思于心，则得其真矣……搜求于象，心入于境，神会于物，因心而得"（《诗格》），其真、神对应隐意，且呈意－境范畴同构之质；尹璠评诗时也说"意新理惬，在泉为珠，着壁成绘，一句一字，皆出常境"（《河岳英灵集》）；杜甫在论创作时认为"诗成珠玉在挥毫"（《奉和至舍人》）；等等，都透视其本真性合于怀珠－川媚意向，可断定其境中含

---

① 〔德〕黑格尔：《精神现象学》上卷，贺麟、王玖兴译，第18页。
② 〔德〕海德格尔：《存在与时间》，陈嘉映等译，第179页。

秀且已植入意境关系，相似、同质。唐宋之后文脉潜行的本真性依然。虽然多家学说在各个具体环节的表达上显现着自由性，本真性也易被转述为多种方式，但整体来说具有显－隐范畴的二元同构，且显现其自律性。此前隐－秀、怀珠－川媚等成对范畴在表达上较少使用，且显隐同构中的"隐"这一元范畴被化解，演化为珠、体、玄、无、真宰、真、冥等，或转述为胸、心、意、题乃至兴趣、神韵、意境等，诸学说虽表述不一，但那异彩纷呈的学说背后仍可析出具有统摄功能的显隐范畴的二元同构即其哲学本质，相形之下本质之外的规定性则似模糊不清的轮廓，如皎然的"诗之至"为"至丽而自然，至苦而无迹""两重意以上。皆文外之旨……盖诣道之极也""情在言外……旨冥句中"（《诗式》），张璪论画则认为"外师造化，中得心源"（《图画见闻志》）；司空图品诗则主张"诗家之景，如蓝田日暖……象外之象，景外之景"，"超以象外，得其环中……是有真迹，如不可知。意象欲出，造化已奇"（《与极浦书》），荆浩曰"子既好写云林山水须明物象之源"（《笔法记》），梅尧臣、欧阳修强调"含不尽之意，见于言外，然后为至矣"（《六一诗话》），苏轼重"出新意于法度之中，寄妙理于豪放之外"（《书吴道子画后》），黄庭坚"有万里之势……得古人道者以为逃入空虚无人之境，见此似者而喜"（《跋画山水图》），张怀所论"因性之自然，究物之微妙，心会神融，默契动静于一豪，投乎万象，则形质动荡，气韵飘然矣"（《山水纯全集》），张戒强调"情在词外曰隐，状溢目前曰秀"（《岁寒堂诗话》），陆游"汝果要学诗，功夫在诗外"（《示儿》），严羽"所谓不涉理路、不落言筌者，上也……如空中之音，相中之色，水中之月，镜中之象，言有尽而意无穷"（《沧浪诗话·诗辨》），等等。需注意的是在演进中不仅表达方式有所变化，而且在简短的话语中难以析出显－隐二元范畴，而需联系其整篇才可析得。再如"天地之间，物各有主……惟江上之清风，与山间之明月，耳得之而为声，目遇之而成色。取之无禁，用之不竭，是造物者之无尽藏也，而吾与子之所共适"（《前赤壁赋》），其造物者之隐，和苏子"共适"的江上清风与山间之明月的万有之显，以及"隐之为体""源奥而派生""深文隐蔚""远山之浮烟霭"所含显隐范畴关系同质。金王若虚认为"论妙在形似之外……而要不失其题"（《南诗话》）；明高濂认为"故求神似在形似之外，取生意于形似之中"（《燕闲清赏笺》）；叶燮认为"诗之至处，妙在含蓄无垠，思致微渺，其寄托在可言不可言之间，其指归在可解不可解之会……于冥漠恍惚之境，所以为至也"，崇"晨钟云外湿"（《原诗》），至王国维认为，意－境仍存和怀珠－川媚所喻之隐－秀之缘，如"不于意境上用力，故觉无言外之味，弦外之响，终不能于第一流"（《人间词话》），"羚羊挂角，无迹可求……水中之月，镜中之象，言有尽而意无穷……沧浪所谓兴趣，阮亭所谓神韵，犹不过道其面目，不若鄙人拈出境界二字，为探其本也"①；黄侃则认为"言含余意，则谓之隐，意资要言，则谓之秀"（《文心雕龙札记》）。去其表而取其本根特质，则精灵、深得、诗之至、旨、珠、源、环中等范畴及其审美图式潜在主旨仍对应隐之属，且映现着内－外、形－神、简约－丰富等二元互动因缘，可通过在场有限而悟尚未出场之隐，据物理空间进而悟诗性空间的意向。在他律的诸多干扰纠缠之下，传统美学精神范畴二元同构特质并未变化，穿越了王朝的历史分期而持续演进，所显魅力恒定而无限。

　　追踪唐宋之后这原理表达方式的历史演变可见较少用珠及怀珠－川媚、秀－隐等方式来表达，其理已被转述为其他，但仍可从所论中析出。"真理的如此发生是作为澄明和双重遮蔽的对立"，即中国传统文论及美学的显－隐范畴同构原理，其理论逻辑构成不是单一的范畴，强调因缘共在，渗透、贯通、依存联结，据一定条件向其相反方面转化，但隐的一方无形无象而处于遮蔽状态难以被认识反映；其审美原则强调超越，启发人们注重诗性时空的索隐启蔽，在基于显性的同时关注潜在的未出场的本源。显－隐范畴的二元同构性即涵摄着共时性、普适性、稳固性、动态性、交互性等生命力特征，此乃诸家展开文论、审美所基的思想平台。

　　上述考察可见唐宋以降的诗论、画论及自然感悟，在表达隐性范畴时所用的称谓发生变化，魏晋时的范畴较少使用而致文脉似神龙见首不见尾，并转述为文－道、内－外、意－境、意－象、有－无、心－物、形－神、风－骨、言－意、文－质、情－理、情－采、情－景、言－意、形－神、虚－实、一－多、真－幻、俯－仰、动－静、虚－静、通－变、奇－正等，其关系皆属异于形式逻辑的非平面、非对立式的耦合，再如美学主潮意－境范畴也是二元同构，因意在心而合隐秀之隐，境在外应着秀，即显隐两类范畴二元同构的特性虽被折射，但其美感经验潜质皆含显－隐关系。至此应确认真理即精神全体所呈与各环节必然性的统一；传统美学基本精神的历史运行即文脉趋向，映现着范畴、逻辑起点及组合式与方法论的相关

---

① 王国维：《王国维文集》卷一，中国文史出版社，1997，第143页。

性。审美万有之象在各环节显现着必然性，其索隐启蔽可谓"星汉灿烂，若出其里"（曹操《观沧海》）。虽然显－隐范畴同构幻化为体现着既感悟物理空间又反思诗性空间，既悟个体心性又悟外在世界的诸多元素，但这些元素依然对应着同构律。此乃文论、美学中国传统所蕴含之文脉。文脉的存在为各种学说思潮及其所取范畴、意象、符号之间的对话提供了可能，使部分与整体之间具有通约性的内在联系。文脉往往呈现为符号间的一些常规的组合关系及历史记忆，总之，它虽似神龙潜行，但既可见首也可见尾。

五　基于文脉的现实反思

上述对隐秀之说融入意境说的寻觅，旨在揭示文脉、显于隐范畴二元同构潜于中国美学思想主潮中，据此可获逻辑与历史相统一的结论：文艺美学史上虽有不同指称、学说、思潮表达的万象，但都基于一条持续潜在、运行不息的主线，哲学上可示为显－隐，自然属性上可为隐匿－生成，诗学上可述为遮蔽－澄明。显－隐二元范畴同构且自立、自律，直至现代其本质仍相贯而要义同源。美和审美皆是人的生命表达；文脉，乃中西审美心理结构、文论及文化特征本质之别。验证显隐两类范畴同构特质的普遍性，也可考察其是否可在其他领域作为审美反思的哲学中介。"艺术的本质是诗。而诗的本质是真理之创建"①，文论作为审美思想结晶，若显－隐范畴同构原理的概括和"真理之创建"关系密切是成立的话，那么就可证其不限于魏晋，即可作为理论载体反推到审美思想史中而得以验证，本研究发现美学史确可析出其运行主线；魏晋后的经典在字面表达上将宏大无限的思想平台隐这一元范畴转述为其他范畴甚至忽略，但显隐这两类范畴的组合的特质依然可间接推演得出。

就继承与创新而言，系统梳理历史是建立新体系所必需的，标榜自己发现了普适性的中华文脉未免自夸，但无视文脉则易忽视普遍性，那将使对美学史审美客体、审美心理及审美经验等的探讨沦为片面、芜杂、失序。忽视了显性的因缘，或偏执于史实的解析罗列，将使中国美学研究画地为牢，造成诸多迷失；若忽视遮蔽之潜在，中国美学研究则易走向纯粹客观或审美的功利性，陷入他律。

---

① 〔德〕海德格尔：《海德格尔选集》上卷，三联书店，1996，第295页。

中国古典美学中自然美的显现模式

杨江涛[*]

杨江涛[*]

摘要： 自然美的呈现在不同的历史时期和文化形态中具有不同的模式，中国古典美学语境中甚为发达的自然审美传统，形成了独特的自然审美模式——显现模式；自德国古典时期以来的现代美学，对自然进行审美时主要采取了一种主客分离的静观模式；当代自然美学语境中则出现了一种互动模式。三种模式对人与自然的审美关系做出了各自的回应。现代美学的静观模式由于狭隘的主体哲学视界使得自然美要么被狭隘化，要么隐而不显，当代自然美学的互动模式由于人与自然的不平等关系也使得自然审美难以深入，而中国古典美学的显现模式则由于具有深厚的存在论根基，故能让自然之美在人与自然和谐共在的一体世界中自行显现，而这一点正是中国古典美学中自然美的显现模式对当代自然美理论的启示所在。

关键词： 中国古典美学　自然美　显现模式

　　自然审美是人类审美实践中的重要一环，然而在现代美学^①理论中，有关自然美的话题却处于一种尴尬的境地，自然何以为美，自然美如何呈现，自然美如何被经验等，诸如此类的话题要么受到了冷遇，要么被给出了牵强的解答，这固然与美学自诞生以来同浓郁的人本主义色彩关系甚密有关，不过这一状况随着当代自然美学和环境美学的兴起，出现了新的变化，有

　＊　杨江涛，文学博士，重庆师范大学文学院讲师。
　①　在本文中，"现代美学"指美学独立以来、以主客二元对立思维为基础的美学形态，德国古典美学是其典型形态。

关自然美的话题成了一个新的理论焦点，自然甚至成了美学倾力关注的一个核心话题。在这一转变过程中，欣赏自然的模式也发生了变化：现代美学中人对自然的欣赏主要是一种主客分离的静观模式，而当代自然美学则形成了一种互动模式，即人与周遭自然环境之间的关系是互动往来的，在这互动往来中，自然之美显露出来。然而，人与周遭自然的互动是否就是自然审美的理想模式？它能否保障自然审美的顺利完成？诸如此类的问题，当代自然美学并没有做出有力的回答。当代自然美学的语境下，自然审美究竟是如何发生的，自然审美的模式是否是恰当的，仍然是需要反思的问题。反观自然审美传统甚为发达的中国古典美学，会得到某种有益的启发。关于自然美，中国古典美学聚集了丰富的智慧，展示了人与自然共在的审美经验，凝成了独具一格的理论话语，贡献了一套独有的自然审美模式——显现模式。对中国古典美学自然审美显现模式的考察和借鉴，将有助于当代自然美学的理论建构。

一

　　自然审美在中国古典美学中拥有深厚的根基，形成了强大的传统。这首先体现在对田园山水等自然事物乃至宏阔宇宙的欣赏之中，对缤纷多彩的自然世界一往情深，引发了一个显而易见的后果——自然成了审美意识的基本元素。值得说明的是，自然事物之美也成了中国古典文艺竭力表现的对象。无论诗词、歌赋，还是绘画建筑，都不仅涌现了大量自然事物，极尽表现自然之能事，而且在艺术中尽力展示自然之精神，追求心灵与自然的以和谐交融为至高境界的审美理想；也就是说，在中国古典美学中，自然审美过于强势，且已经渗透艺术审美的深层，如果脱离自然，艺术审美实践就很难得以展开。其次，自然审美意识的发达凝聚成了古典美学理论的一些核心范畴，诸如"意象""意境""自然""情景交融""心与物游"等，显而易见，它们都是在与自然审美紧密关联的基础之上形成的，这些理论范畴对包括艺术审美在内的整个中国古典美学同样适用。

　　自然审美的强大传统积累了丰厚的自然审美经验。然而，这种以自然为基的审美经验具有什么样的特点？在古典美学中呈示了一副什么样的精神面貌？首先，自然审美展示了人与自然和谐统一的状态。人与自然的平等相处共同构成了一个和谐共生的世界，二者之间的这层关联在对自然事物的欣赏中得到了充分的展示。关于自然审美经验的这层属性,《庄子·齐物论》中"庄周梦蝶"的寓言可谓对其概括性的表达,当人在与作为自然之物的蝴蝶发生审美的关联时,一种物我一体的境界就油然而生。其次,自然审美显示了自然的意义和本来面目。这一点可分从两个方面来说明。一方面,自然审美的过程中,自然本身显示了某种意义和价值,而不是人强加给了自然某种意义和价值;另一方面,这种显示的意义和价值是自然的,即自然作为自然的价值,而不单是自然对人的价值。当然,这两个方面又是一体的,只要是自然显现而非人赋予的价值,那它一定不是单纯地为人存在。中国古典美学中自然审美意象的生成,就是在自然事物和人对接之时,在击目经心的刹那或者品味涵咏之际,活泼泼的形象就跳脱而出,这个形象是对自然事物庸常样态的突破,也是对生活世界的照亮,自然事物以空前的魅力俘获人心,显现了本身的价值。宗白华先生曾经总结道:"'象'如日,创化万物,明朗万物。"[①]亦即,在自然审美的过程中,自然事物以"象"的方式,打破自身有限的物理属性,打破庸常性,打破对人的有用性,打破主客二元对立的日常视界,照亮自身,着上动人的光泽,从而呈现一个活泼泼的生活世界。正是在这个意义上,自然事物显示了其价值所在,此即其本来面目。自然显现美,与其说是人对自然的欣赏,毋宁说是自然对人的召唤,在召唤人前来的过程中,显现了自身的价值,也照亮了人生。由此可见,自然审美中自然显现本身价值的过程,同时也是照亮人生的过程,显现自身和照亮人生是一个过程的两个方面,亦即自然事物在非对象化的视域中显现一个华奕照耀的美的世界。

由上面对中国古典美学中的自然审美经验所做的说明,可以发现一种独特的自然审美模式,即显现模式。在中国文化的传统中,对自然的欣赏基本上是在一个物我交融、人与自然和谐共在的一体世界中展开的。在这样的世界中,人与自然的关系尚未分离,自然尚未被客体化,二者尚处于一种原初的紧密联系之中,人作为自然的一分子深深地融入自然世界,自然世界的价值是包括审美在内的文化活动的价值导向所在,所以对自然的审美活动仍然是以揭示自然世界的本来面目为要义的,而不是以揭示人的独有价值为要义的,这个文化语境里是不大强调人有超越自然之上的独特价值的。这样一来,复归到自然的本然状态,也就是回到了人的家园,自

---

① 宗白华:《宗白华全集》第一卷,安徽教育出版社,1994,第643页。

然世界的状态是人的生活世界的理想所在。在这个自然审美的过程中，自然之美不是人从自然世界挖掘出来的东西，而是自然世界对自身本然状态的一种揭示，即对物我交融的、有情有味的意义世界的揭示。总之，自然美不是人找出来的东西，而是自然显现的自身存在的意义。只不过在这个显现过程中，美照亮自然世界的同时也照亮了人生，因为人生本身就包含在自然世界之中。由上不难看出，中国古典美学中对自然的欣赏是一种存在论意义上的显现模式，自然美就是自然在与人一体的状态中显现的价值，是人与自然和谐共在的生活世界中显现的价值，这种显现是存在论意义上的价值生成，它有别于单向度的人审自然。

二

如果结合现代美学语境中的自然美理论，就会在对比中进一步发现中国古典美学中自然美显现模式的特点。在现代美学体系确立的过程中，自然美没有为自己理直气壮地赢得一席之地，自然美基本上是被边缘化的或被视而不见的。黑格尔的一段话可谓对其经典表述："只有心灵才是真实的，只有心灵才涵盖一切，所以一切美只有在涉及这较高境界而且由这较高境界产生出来时，才真正是美的。就这个意义来说，自然美只属于心灵的那种美的反映，它所反映的只是一种不完全不完善的形态，而按照它的实体，这种形态原已包含在心灵里。"① 在这里，能够直接反映心灵的那种美就是艺术美，它比自然美要高贵得多。显而易见，这种自然美观念体现强烈的主体哲学色彩。如果对这种自然美观念详加考察，就会发现现代美学的自然审美模式。其一，在人与自然的关系中，自然低人一等，因为人有心灵，有自由，而自然没有。人与自然不平等的关系拉开了二者之间的距离，所以人在欣赏自然的过程中，只能采取一个较远的距离。其二，与这种不平等关系同步的是，人与自然之间的对象化。人成为能动的有充分自由和意识的主体，自然则成为一个被打量和观赏的无意识客体，二者之间进一步分离，最终演化成一种主客二元对立的关系。就审美过程而言，二者之间成了单向度的人审自然。其三，对象化进一步加剧了这一点：自然成了等待被宰制的无生命的客体对象，即便有生命的自然物，在被观赏

---

① 〔德〕黑格尔：《美学》第一卷，朱光潜译，商务印书馆，1991，第 5 页。

的过程中也会被看成无生命的客体对象，亦即有机自然的观念被排除在了自然审美的视域之外。至此，可以将现代美学中的自然审美模式概括为主客分离的静观模式。

在具体的自然审美过程中，主客分离的静观模式又是如何发生作用的？欣赏者主要是着眼于自然的哪些方面获得美感经验的？作为人的对立面，自然事物是粗糙的物理实在，引发不了人的愉悦和美感，但是当欣赏者注意到自然事物的整体外观形式时，马上就会产生一种无功利的精神快感。这里，欣赏者主体站在自然事物的对立面，看到了整体的外观形式，也就是康德在"美的分析"中所说的对象的"合目的性的单纯形式"①。这种单纯的外观形式打破了自然法则的限制，触动了人的心灵，所以，在主客分离的静观模式中发生实质作用的，是自然事物的外观形式，而非自然事物的物理实在。自然的物理成分遵循自然法则，呆板死寂，而其外观形式则灵动活现。人在外观形式中获得心灵的愉悦，开启了心灵的自由，外观形式仿佛就是为了让人尽情地把玩自然而人为造出来的一样。由此可见，在静观模式中，欣赏者在静观的过程中是有过滤有提纯的，他剔除掉了自然的物理实在，留下了外观形式，结果静观到的主要是自然的外观形式，比如，对一座山的欣赏，欣赏者站在山外，保持适当的距离，对构成山的土石草木无动于衷，反倒是从山的轮廓形式上体悟到了或秀美或崇高的经验。在这一静观模式中，欣赏者见出的外观形式，是经过主体提纯过滤的结果，借此外观形式获得的心灵愉悦，从根本上来说是主体对自我心灵的激赏，自然事物只不过起到了提供素材和激活它的作用。由此可见静观模式的主体哲学背景和人本主义色彩。

按照这种静观模式，中国古典美学中芜杂的田园、粗糙的山水、参差不齐的花草树木等缺乏外观形式价值的自然事物，都会被排除在自然审美的法眼之外。相应的，自然美也会萎缩进一个非常狭窄的领域。然而，在中国古典美学显现模式的烛照下，自然之美无往而不在，仿佛所有自然的事物都具有审美价值。中国古典传统中，自然世界包括没有生命的无机物，常被视为与人具有同等地位的有生命有气息的机体，它们和人共同构成世界的整全，二者之间并不是审与被审的主客分离关系，二者处于交融一体的无间状态，这就为展示自然之美提供了充分保障。自然之美是显现的一

① 〔德〕康德：《判断力批判》，邓晓芒译，人民出版社，2002，第56～57页。

种价值，它旨在彰显自然的本来样态和存在价值，它不是基于自然某些方面的特质——"合目的"的形式，而是基于自然在物我交融世界中的存在价值。自然事物在与人相碰触、相遭遇时，呈现一个象的世界，这个象的世界突破了自然事物的物理实在性，但也没有滞留于其外观形式，反倒是照亮了人和自然一体的生活世界，最终使自然成为自然，显现了其本真的存在价值。在此，自然显现的美，"是作为无蔽的真理的一种现身方式"。①如果说现代美学的静观模式是基于现代人的主体哲学视域，在此视域下自然事物"合目的"的外观形式才会得以形成，那么中国古典美学的显现模式则扎根于存在论视域下自然和人一体的生活世界中。

三

以上两种自然审美模式对当代自然美学有何启示？先从当代自然美学的一些基本观念谈起。人类中心主义所导致的生态危机是当代自然美学兴起的一个重要契机，所以具有浓郁人本主义色彩的现代美学就成了显而易见的靶子，18 世纪以来确立现代美学体系的一些基本观念遭到了批判，具体到自然美领域来讲，主要涉及以下几点：其一，机械自然观被有机自然观所取代，自然不再是现代美学体系中的被动死寂之物，而是和人一样有生命的存在物。其二，人与自然之间不再是对象化的主客关系，而是一种自然环境将人围绕起来的寓所式关系。其三，自然唤起的经验不再是纯粹的无功利快感，而是可以和人的实际生活经验交融汇合，具有某种程度的功利性。不仅如此，当代自然美学还确立了自己的审美理想：将自然作为自然本身来看待，使围绕在人周遭的自然环境显现自身的价值，最终使人的居所——周遭自然，成为赏心悦目的生活场所。显然，针对这样的自然美观念和审美理想，静观模式已经不合时宜，因为它重在把握自然为人而在的价值。

那么，新语境中的自然审美是如何发生的呢？对这个问题的回答还得回到当代自然美学思想的基点上来。如前所述，自然事物被视为有机的生命体，不再是死寂的等待被人开掘和宰制的客体对象，这就为人和自然的沟通打开了通途，有生命的自然和自由的人在互动往来中形成了审美关系。

---

① 〔德〕海德格尔著，孙周兴选编《海德格尔选集》上册，三联书店，1996，第 276 页。

在这种审美关系中，自然和人是一种朋友关系，人可以找自然这些朋友做互动游戏，人可以在芜杂的自然山水世界中辟出一个个自然风景区作为不同风格类型的朋友，不同的人可以选择不同的心仪对象，甚至可以把它们排出名次和等级，有选择地进行交往互动；甚或嫌弃自然景物不够标致，倾出人力对它们进行改装打扮，使它们更加养眼和风趣，此即一系列不同层级的人造自然景观，它们已从公园绿地、道路景观到庭院植被等多方面地闯进了我们的生活。在这样的审美关系中，人可以走进自然、景区和公园，徜徉其中，悦情怡性，在和自然界的这些老朋友的一次次晤面和互动中获得游戏的快感和身心的愉悦。可以说，这是当代自然美学中自然审美的一种互动模式。

然而，在这种互动模式下，自然所构成的整体环境仅仅是人的寓所，人可以投身其中，全身心地感悟自然之美，也可以从这个自然环境中抽身而出，对自然之美视而不见。这样一来，自然和人之间的关系就显露不平等的痕迹，即自然环境根本上是为人而存在的，自然环境之于人就像众星拱月，潜在的意思即自然环境之美需要由人来开掘，自然无法显现自身的美，只有人才掌握着主动权，自然审美仍然是人主导下的单向游戏。甚至在大众文化盛行的当下，人找自然界的这些朋友进行互动游戏，有可能会蜕变为花钱找朋友寻开心，甚或陷入将朋友降低为商品符号进行消费的歧途。至此，可以发现这种互动模式中遗留下来的人本主义痕迹。从根本上讲，自然环境围绕人的观念仍没有彻底摆脱人与自然二元对立的关系。所以带来的必然后果是，自然环境的外观形式仍不时地浮现，成为自然审美的倚重点，这也是当代自然美学中形式主义一脉的理论依据。由上可见，互动模式的缺陷使得自然成为自然，显现自然本身价值的理想仍然无法充分实现。

不过，中国古典美学中自然美的显现模式为实现这一审美理想提供了转机。中国古典传统中的自然之美不是在主客分离的静观中显现的，而是在自然与人和谐共在的一体世界中显现的，也就是说，它不是主体论视域中基于对自然形式的提纯而来的自我欣赏，而是存在论视域中的价值生成。不仅如此，人与周遭自然要发生深层的审美关联，并非简单地走进景区，走进景观，走进大自然就可以实现，这个走进去表面上看起来是人和周遭自然在互动，但并不一定发生审美的关联，这个走进去只是实现自然审美的一个前提条件，真正的自然审美发生在如下情境之中：欣赏者走进去之

后，在仰观俯察中，在全方位的感受中，在击目经心的刹那，在涵泳品味
的过程中，觉察到一个不同于日常样态的本然样态，自然景观呈现为一个
刹那生灭、变换无穷的"象"的世界，人和自然之间发生了存在论意义上
的关联，发生了深层次的生命交流，彼此投入对方，又为彼此所感动。在
此，自然不是单纯的人的寓所，不是招之即来、挥之即去的朋友，不是兴
起而至、兴尽而去的自然景观和景区，而是与人共同建构了一个活泼泼的
生活世界，自然和人一起在它们共同建构的生活世界中显现了各自的本来
面目和存在价值。也就是说，自然要想成为自然本身，实现其存在价值，
一定要通过显现。而这正是中国古典美学之显现模式的内蕴所在。"基本的
经验世界本来是一个充满了诗意的世界，一个活的世界，但这个世界却总
是被'掩盖'着的，而且随着人类文明的进步，它的覆盖层越来越厚，人
们要作出很大的努力才能把这个基本的、生活的世界体会并揭示出来"①。
在现代社会中，自然本真的价值在很大程度上也是被掩盖着的，而且，"掩
盖生活世界的基本方式是一种'自然'与'人'、'客体'与'主体'、'存
在'与'思想'分立的方式"②。要想把自然世界本真的价值揭示出来，就
必须通过种种努力破除这种"掩盖生活世界的基本方式"，而自然审美活动
恰恰就是这些努力过程中的有效途径，"为了展现那个基本的生活世界，人
们必须塑造一个'意象的世界'来提醒人们，'揭开'那种'掩盖层'的
工作本身成了一种'创造'"③。在这里，塑造意象世界的活动就是审美的活
动，它不把自然视为现实的对象，而视为想象的、有情有信的生命之友，
即遭遇自然之时创造了一个鸢飞鱼跃、灵动无间的世界，使自然鲜活起来，
充满诗意。当然，这个塑造意象世界的活动同时也是自然显现其本真价值
的过程，自然之美仿佛在与人的同息共视中绽放了出来。所幸的是，中国
文化传统中的自然审美本身就是对自然本真价值的一种展示。古典美学中
自然美的显现过程正是这样一种创造过程，正是这样一个塑造意象世界、
复归自然本性、照亮人生的过程。总括地讲，中国古典美学中自然美的显
现模式正可以起到"揭开掩盖层"的作用。

---

① 叶秀山：《美的哲学》，世界图书出版公司北京公司，2010，第 46 页。
② 叶秀山：《美的哲学》，第 46 页。
③ 叶秀山：《美的哲学》，第 47 页。

中国古典美学思维特性的三种界定

李增杰[*]

摘要： 西方美学建基在于主客二分的思维方式的基础之上，中国传统精神文化的思维方式以天人合一为根本特征。中国古典美学的思维特性大致可以分为三种：体验特性、伦理特性、人本特性。体验特性是中国古典美学的方法论，伦理特性是中国古典美学与西方美学相互区分的最为鲜明的根本特点，人本特性是中国古典美学的一以贯之的出发基点与落脚之处。中国古典美学牢固坚守存在论，坚决拒斥认识论；倡扬人学，疏离科学；积极肯定人本性，明确否弃实体性，与西方美学的分析特性、认知特性、客体特性正好形成鲜明对比。

关键词： 体验特性　伦理特性　人本特性　主客二分　天人合一

作为一门现代学科的中国古典美学是否具有独一无二的思维特性？若有，中国古典美学的思维特性的基本特点如何表征？中国古典美学与西方美学的本质差异究竟何在？这些是我们开始研究中国古典美学首先需要明确回答的关键问题。在现代汉语的语境之中，"特性"一词主要意指"某人或某事物所特有的性质"①。这样，思维特性专门指称建立在于概念分析前提之下的认识活动所特有的性质。当然，本文使用思维特性笼统代指中国古典美学的运思特点并不恰当，原因在于，中国传统精神文化的思维路径并非基于西方世界的主客二分的前提之上的认知模式。这里，我们仅在不

---

* 李增杰，首都师范大学政法学院博士研究生。

① 《现代汉语词典》，商务印书馆，2012，第1275页。

太严格的宽泛维度中暂且借用这个具有西方哲学浓厚色彩的惯用定义，大致界定中国古典美学的思维方式与西方美学的思维方式的截然不同的独特属性，以期彰显其在当代的美学中的价值。

总体而言，中国古典美学的思维特性大致可以分为三种即体验特性、伦理特性、人本特性，以此区别西方美学。这样，我们亦可将中国古典美学具体称为体验美学、伦理美学和人本美学。需要指出的是，本文论析的中国古典美学以儒家美学为主要代表，释道美学兼而涉之。如下，分而述之。

一　"道""器"和合的体验模式

"西方美学历来从属于哲学，成为哲学的一个分支，这也决定了它的研究方法往往以概念、判断、推理、演绎以及三段论、二分法等形式为主，表现出过强的思辨色彩。中国古典美学不乏思辨，但更多凭借直觉、感悟和测度，包含大量体验、内省、猜测、臆想的成分，带有非概念、非逻辑的色彩"①。西方美学与中国古典美学的思维特性大异其趣的根本原因主要在于它们隶属的哲学基础全然不同。世所公认，西方哲学是极为典型的主客二分的思维方式。其实，西方哲学在古代希腊诞生之时尚且保留原始混沌的天人合一的素朴观念，然而，在苏格拉底、柏拉图、亚里士多德的理性思维的影响之下，主客二分的思维方式开始出现（自然环境、社会制度、思想传统的复杂因素共同促成主客二分的思维方式的最初产生，此处不详细阐述），自此之后不断完善，至笛卡尔明确提出"我思，故我在"的心物二元论命题之时才最终确立，并且贯穿西方哲学的漫长发展的全部过程中。

主客二分的思维方式的基本特点是，将人类自身作为主体，将世界万物作为客体，严格区分作为主体的人类自身与作为客体的世界万物，作为客体的世界万物必须服从主体之人的主观意志，突出强调主体之人对于自然的改造利用的优越地位，将人类自身的福祉永远作为一切样态的实践活动的原始起点、最高鹄的和终极旨归，从而导致主体之人与客体之物长久处于矛盾冲突的对立之中。对于此点，海德格尔严厉批评道："当人们从一

---

① 姚文放：《中国古典美学的思维方式及其现代意义》（下），《求是学刊》2001 年第 2 期，第 78 页。

个无世界的我'出发'，以便过后为这个我创造出一个客体及一种无存在论根据的与这种客体的关系之际，人们为此在的存在论'预先设定'的不是太多，而是太少了。……当人们'首先'局限于'理论主体'，过后再补上一部'伦理学'，'按其实践方面'来补全这个主体，课题的对象就被人为地教条地割裂了。"① 传统维度的西方哲学的最大失误即在于完全抛离鲜活生动的存在论的现实视域，仅仅从机械固化的认识论审视宇宙，往往习惯预先设置先入为主的专断观念，生硬呆板地将原本自足的自然世界统统纳入人类思维的考辨之中加以估价，以期满足实用功利的一己之私。因此，海德格尔终其一生一直坚持在存在论的视域之下深入反思西方传统形而上学的思想弊端，自觉批判西方哲学仅仅从"现成性""专题把握""符合论"的狭隘维度审视世界的惯常做法。在其看来，"如果没有此在生存也就没有世界在'此'"②。自古以来，人类主体与世界万物从来均是共属一体的，是价值自立的两个"主体"，两者之间的地位平等，责任平均，义务平摊，隐秘存在"我与你"（马丁·布伯语）的不可分割的亲缘关系。西方传统形而上学彻底遗忘、无法把捉、完全疏离"存在的意义"的根本原因，恰恰在于过分倚重人类主体的知性形式，总是习惯从存在者的实体向度考辨事物，不能洞见存在论的超越向度的人类主体与世界万物原本融合的本真关系，以致只能单纯借助"真理和不真"的认识论的认知框架予以规定，必然导致对于自然的肆意宰制。"凡处于知性理解之外的，以及要超出知性理解之外的，知性也就必然把它说成是'生造强加'"③。在此，建基在于主客二分思维方式基础之上的知性理解的理论霸权暴露无遗。凡是超出人类思维的先验构架解释模式的客观事物，一枝独大的知性理解均予拒斥，由此导致人类主体对于自然的平庸肤浅的平板印象。正是在此前提之下，西方哲学的理论分析、逻辑推理、精神演绎的认识活动方才得以创设成功。

与此相反，中国传统精神文化的思维方式以天人合一为根本特征："中国古代美学中人和自然不是对立的关系，而是一种亲和的关系，人与物同化，物为人寰，宇宙自然不是人以外的外在世界，而是人在其中的宇宙整

---

① 〔德〕马丁·海德格尔：《存在与时间》，陈嘉映、王庆节译，三联书店，2014，第360页。

② 〔德〕马丁·海德格尔：《存在与时间》，陈嘉映、王庆节译，第414页。

③ 〔德〕马丁·海德格尔：《存在与时间》，陈嘉映、王庆节译，第360页。

体。审美活功最富于主观的特色。"① 中国古典美学的天人合一的思维方式
与西方美学的主客二分的思维方式完全不同，"西方哲学注重理论建构，多
采用逻辑分析的方法，追求普遍客观的真理；中国哲学没有这种意义的
'哲学'，注重体验、修养，追求经验普遍性的得道为目标"②。在中国传统
精神文化的语境之中，天（文本不同，含义不同）是主要掌管自然万物的
生死命运的最高范畴，意涵众多。无论意义如何变化，天人并不处于主体、
客体的人为划分的对立状态，恰恰相反，两者总是处于异形同构的结构之
中，相互影响，相互感应，相互制衡。这种消泯主客对立的思维方式决定
中国传统精神文化无法进行西方哲学最为擅长的概念析辨，能且只能在具
体存在的现实境域中设身处地地自我体悟，时常凭依超越理性的感性直观
直接把捉不可言说的终极本体、最高境界、澄明觉解。无疑，"感悟式直觉
思维方式不是依靠理性分析、抽象思辨、逻辑推理，而是通过一种诗性方
式，从审美的感性活动中，于自然或艺术的感性体验中，整体地领悟到审
美客体所隐含的意蕴，直觉把握宇宙人生的真谛，达到一种审美的理想境
界"③。中国传统精神文化的哲学根基是万事万理不离凡俗、"道""器"协
和、"洒扫应对即是形而上者"（程颢语）的存在论。相比之下，西方哲学
主要体现为高度发达的认识论（力图寻求彼岸本体的本体论同样基于认识
论的基础之上，只有通过认识论才能把握）。一向作为西方哲学的分支学科
的西方美学，主要通过概念阐释对客观事物的外在形式进行辨析，进而得
出由范畴命题组建而成的美感结论。中国古典美学更多借助对于作为美感
根源的道德本体的直觉体验而瞬间把捉审美现象，"将天、地、人、器融合
为一，以天地人文自然为一体的超越性思想，贯穿于中国哲学始终。这既
是在最根本、根源意义上所追求的形而上学境界，也是中国哲学身心一体、
性命双修的审美境界"④。显而易见，这种式样的感悟直觉并不依赖西方美
学的抽象思辨的认识论，而是依凭天人合一的存在论。

① 韩学君、曾耀农：《"入内"与"出外"的辩证统一——试论中国古典美学的重要特征》
（上篇），《湖南教育学院学报》1994 年第 4 期，第 12 页。
② 李元：《碰撞与创新——中西哲学特色比较研究》，上海社会科学院出版社，2013，第
77 页。
③ 邓桂英：《从"意境"范畴看中国古典美学的基本特征》，《湘潭师范学院学报》（社会科
学版）2002 年第 4 期，第 97～98 页。
④ 李元：《碰撞与创新——中西哲学特色比较研究》，第 88 页。

二　美善交融的伦理特色

"中国文化作为以伦理为本位的文化，决定了中国传统美学在思想取向、内容特征及精神构成等方面，更多呈现出伦理化的特质。伦理价值是中国美学存在的重要根据，它铸造了中国美学情感与理性相统一的精神，形成了中国美学特殊的价值内涵和人文智慧"①。伦理特性是中国古典美学截然区别西方美学的最为鲜明的特征之一，同时也是最能彰显中国古典美学的民族特色的标志之一，这一特性在儒家美学体系之中尤为明显。西方哲学的主客二分的思维方式已经决定西方美学只能从客观事物的外在形式的狭隘维度中片面地进行概念解读，从中得出有关美感的理性结论。"美只能在形象中见出，因为只有形象才是外在的显现"②。由此可见，西方美学是极为典型的形式美学。同时，西方美学的审美评价同样必须从主体出发，以主体之人为价值标准对客观事物进行鉴赏。不过，主体予以审美观照的客体对象却是总在主体之外的外在客体。这样，西方美学又是一种客观美学。

两相比较，中国古典美学的美感源泉向来在于主体之人与先验完满的道德情感。这里仅以儒家美学作为例证。儒家美学的理论核心着重突出美善统一与善对于美的决定作用。《论语》记载的孔子对于《韶》《武》的审美评价，强烈彰显中国古典美学思想的伦理特性："子谓韶，'尽美矣，又尽善也'。谓武，'尽美矣，未尽善也'。"③孔子倡扬的"以仁为美"的美学命题实际是以善为美，亦即是把美善统一作为最高维度的审美理想。换而言之，"中国传统美学的伦理智慧将美善统一作为理想目标，强调艺术和美学与社会的紧密联系，重视艺术的伦理道德教化功能与对人格修养的促进与提升作用，从根本上说是一种特殊的生活智慧或生命智慧。审美伦理化是中国传统美学伦理智慧的实质，其中心问题是促进美与善、审美与伦理、艺术与道德的内在统一，以提高人的道德修养，达到真善美融合的理

---

① 李西建、黄文彩：《中国传统美学的伦理智慧及现代意义》，《人文杂志》2013 年第 2 期，第 45 页。
② 〔德〕黑格尔：《美学》第 1 卷，朱光潜译，商务印书馆，1979，第 161 页。
③ 杨伯峻译注《论语译注》，中华书局，2009，第 3 页。

想境界"①。中国古典美学从来不是西方美学的以外在事物的美感形式为研究对象的哲学美学，而是一种将美学寻索坚固建于道德理性基础之上的"以道德为本质内容"的伦理美学，基本特征是道德体验与审美体验、道德情感与审美情感、道德境界与审美境界的相互统一，终极意义的审美境界集中体现为"乐的境界"。中国古典美学的美感来源并不依赖客观事物的外在形式，而是源自主体之人的社会属性的内在道德。一方面，中国古典美学的伦理特性鲜明显现"以人为本"的人本精神与人类自身的人本特性（不是建于西方哲学的主客二分的思维模式的基础之上的认识论的人本特性，而是建于中国独有的天人合一的思维方式的前提之下的存在论的人本特性）；另一方面，中国古典美学的伦理特性并不关注外于主体的客体物象的美感形式，而是重视形式美发散出来的社会维度的道德意涵。这种作为社会属性的道德本体的具体内涵总是伴随不同时期、不同学者、不同观念的更替演进而微妙变化，先后出现"仁""诚""理""心""天"等形而上概念。中国古典美学的伦理特性着力阐扬最高层级的美学境界，应该是以道德理性为本质核心的尽善尽美，仅仅表现客观事物的形式美感并非属于最为完满的审美状态，自然万物的外在形式是更为根本的道德原则的表征隐喻，必须透过经验现象直接把握事物背后的最高本体（最高的善），努力实现客观实体的审美形式与超验存在的道德理念的美善合一。

"我国古代哲学与西方古代哲学相比却有其鲜明突出的特点，即它不像西方哲学那样侧重于本体规律的探求、实体性范畴的研究，离开人世间的生活作抽象的玄思，而是哲学与伦理道德相结合，把理性精神引导和贯彻到日常现实生活、伦理情感和政治观念之中，侧重于人生意义的探求、功能性范畴的研究。因此，我国古代哲人对美和艺术本质的考察，就不是以纯哲学的而是以哲学和伦理学相结合的方法"②。中国古典美学的审美体验即源于主体之人对与生俱来的道德本体的自我体证。与西方美学的客体美学与形式美学相比，中国古典美学是人本美学与内容美学。中国古典美学的美即是善（善一般意指主体自身的道德理性），善即美（美主要意指完全符合道德理性的善言善行），善亦即美得以产生的终极根源，美亦即善的形

---

① 李西建、黄文彩：《中国传统美学的伦理智慧及现代意义》，《人文杂志》2013 年第 2 期，第 45 页。

② 马龙潜、栾贻信：《美学方法论和艺术本质观——从东、西方古典美学看艺术的审美本质》，《山东大学学报》（哲学社会科学版）2002 年第 4 期，第 4 页。

象显现。美、善紧密关联，共同构建不可分割的有机整体。美善合一是中国古典美学的最具特色的基本特性。总之，西方传统美学思想更为看重客体事物的外在形式，基本属于外向型的美学样态，中国古典美学尤为推崇主体之人与自足完满的道德情感，基本属于内倾型的美学样态。

三 灵肉一体的人本情怀

从上述对于体验特性与伦理特性的分析之中已经可以清晰看出，人本特性始终贯穿中国古典美学的嬗变更易的整体过程中。更为重要的是，体验特性和伦理特性与人本特性天然具有难以割断的密切联系。首先，体验即是人类主体在天人合一的哲学基础的前提之下对世界万物与自身本有的道德本体的自我体验；其次，伦理仅仅属于人类主体的本自具足的道德理性。体验特性与伦理特性恰恰组成中国古典美学的重要两翼，两者均以人本特性为理论轴心，从其身上获得自身的精神内涵。最后，体验特性、伦理特性、人本特性交相关联，从而形成三位一体的总体格局，共同建构中国古典美学的理论体系的整体面貌。

其实，西方美学亦可视为人本美学，以康德美学为主要代表的德国古典美学尤能体现这一特点。康德美学与中国古典美学均是一种人本美学，两者无不高度重视主体之人与人类自身的"在世之在"（being-in-the-world，海德格尔语）的意义价值，将人作为美学思考（广而言之，一切形式的思想学说）的原始起点与逻辑基点。具体而言，康德美学与中国古典美学的契合之处可以概括为以下方面：（1）康德明确指出："道德律作为运用我们的自由的形式上的理性条件，单凭自身而不依赖于任何作为物质条件的目的来约束我们；但它毕竟也给我们规定，并且是先天地规定了一个终极目的，使得对它的追求成为我们的责任，而这个终极目的就是通过自由而得以可能的、这个世界中最高的善。"[①] 在康德思想的体系之中，理论理性、审美判断、宗教信仰的终极目标全部指向"人为自身立法"的道德本体。道德律令不仅具备自我立法的先天属性，绝不需要任何外在的客观事物的附饰陪衬而获得存在，而且是人类自身能够赢获的最高价值。在此方面，康德美学与中国古典美学的理论旨趣相差不大：作为整体的思想体系尤为

---

① 〔德〕康德：《判断力批判》，邓晓芒译，人民出版社，2002，第307页。

推崇道德理性，伦理道德是人类世界的价值标尺，而且，道德理性比理论理性更加优先，善比真更加优先，道德本体比知性认知更加优先。（2）"美是德行－善的象征；并且也只有在这种考虑中（在一种对每个人都很自然的且每个人都作为义务向别人要求着的关系中），美才伴随着对每个别人都来赞同的要求而使人喜欢，这时内心同时意识到自己的某种高贵化和对感官印象的愉快的单纯感受性的提升，并对别人也按照他们判断力的类似准则来估量其价值"①。客体对象的外在美感仅仅作为道德理念的表征显现，以善为美，美善结合，善主美辅。（3）执着固守道德本体与道德本体表现的完全符合道德理性的情感行为，将道德评价与审美评价合二为一，将"道德情感的自我直觉变成美感体验，以道德本心作为审美评价的唯一标准"②。（4）重视内容（主体之人的道德言行），轻视形式（外在客体的美感形式）；重视主体（道德之人），轻视客体（客观事物）；重视理性（道德理性），轻视感性（自然万物）。

表面看来，中国古典美学与以康德美学为典型个案的西方美学在人本特性的这一维度似乎存在相似之处。然而，两者之间在诸多方面仍然存有深刻差异。西方哲学的最为基本的思维方式是主客二分，更多突显主体之人与客体之物的矛盾冲突的对立关系，善于运用概念判断、推理演绎、二分三段的认知模式把捉世界。作为一门西方哲学的分支学科的西方美学自然坚守延续千年的心物二元论的思维模式，陈陈相因的这一做法终究注定西方美学的作为主体的人只能运用理性概念进行思辨，主体之人必然只是认识论的单面维度的抽象符码。在黑格尔的客观唯心主义的思想体系的大厦之中，"概念是自由的原则，是独立存在着的实体性的力量。概念又是一个全体，这全体中的每一环节都是构成概念的一个整体，而且被设定和概念有不可分割的统一性。所以概念在它的自身同一里是自在自为地规定了的东西"③。身具"狡计"（黑格尔语）的理论理性一向优于凡俗平庸的人类自身，饱满真实的生命个体一再强行被迫卷进封闭静止的观念系统的范畴之中，完全丧失朝气蓬勃的生命质感，退化成为远离生活的晦涩概念且任意玩弄的廉价玩物，甚至已被抽空成为干瘪空洞的自我意识。"人的本

---

①　〔德〕康德：《判断力批判》，邓晓芒译，第200页。

②　蒙培元：《中国哲学主体思维》，人民出版社，1990，第291页。

③　〔德〕黑格尔：《小逻辑》，贺麟译，商务印书馆，1980，第327页。

质，人，在黑格尔看来是和自我意识等同的"①。在西方传统形而上学的语境之中，人类主体不过仅是"绝对理念"的"否定之否定"的实现自身的一个环节，主体之人早已沦为被理性至上的命题观念彻底异化的病态产物——"单向度的人"（马尔库塞语）。

　　与之相比，"中国的先哲们擅长从阴阳对立的交感变易运动过程和有机整体的角度来思考一切，保留了相当具体的现实性和经验性的实用理性，意识活动从本质上是关心道德的自觉和道德的实践，哲学上以人为中心讲察自觉的体验和意境的领悟，谈天说地论人离不开伦理的尺度，反映它们在思维中总是从主体的需要出发，他们的宇宙总体论是天人关系互相统摄，以人为中心体察失地之心，究天人之际，通古今之变"②。中国传统精神文化的思维方式牢固建于天人合一的基础之上，主体之人与客体之物一向处于相互依存的整体之中，两者之间毫无隔阂、贯通契合、交相通达。中国古典美学同样认为，主体自身必须置身具体现实的生存境域，积极调动全身感官细腻感受、亲自参与、灵虚直感万物变迁的细微之处，方能体察静默无言的天地大美。中国传统精神文化与中国古典美学全都主张在人类主体与天地万物的双向互动的过程之中确证对方，自然世界的生死枯荣与人类社会的变迁更变的方方面面紧紧联结，两者均以对方存在为自身存在的基本前提，努力实现形上之"道"与形下之"器"的相互贯通。由此而言，与西方美学的人只是沦为主客对立的认识论的图解附庸的历史命运截然不同，中国传统精神文化与中国古典美学的人往往即是运用直观的体认方式感悟世界的存在论的意义维度的多维主体，要之，"中国哲学是以人为中心的人本主义哲学，它所要解决的是人的存在问题，它要建立的人学形上学，即关于人的形而上的存在，因此没有也不需要在别的地方发展出形上原理"③。

结　语

　　李泽厚先生将中国古典美学的主要特征凝练概括为六个方面："高度强

---

① 马克思：《1844 年经济学哲学手稿》，刘丕坤译，人民出版社，1979，第 118 页。

② 韩学君、曾耀农：《"入内"与"出外"的辩证统一——试论中国古典美学的重要特征》（下篇），《湖南教育学院学报》1995 年第 1 期，第 17 页。

③ 蒙培元：《中国哲学主体思维》，第 146 页。

调美与善的统一""强调情与理的统一""强调认知与直觉的统一""强调人与自然的统一""富于古代人道主义的精神""以审美境界为人生的最高境界"①。综上所述的体验特性、伦理特性、人本特性基本符合李泽厚先生总结得出的上述结论。其中，体验特性是中国古典美学的方法论，审美感受正是通过主体之人对自身之内的道德本体的自我体识而最后获得的。伦理特性是中国古典美学与西方美学相互区分的最为鲜明的根本特点，明晰昭示将道德情感、道德体验、道德境界与美感情感、美感体验、美感境界互相融合的理论倾向。美中有善、善中有美、美善合一的伦理特性必会促使中国古典美学成为一种尽善尽美的伦理美学。人本特性是中国古典美学的一以贯之的出发基点与落脚之处，体验特性落实于人，伦理特性内附于人，主体之人是中国传统精神文化与中国古典美学汲汲追索的终极鹄的。中国古典美学的体验特性、伦理特性、人本特性与西方美学的分析特性、认知特性、客体特性正好形成鲜明对比，泾渭分明的这一差别充分说明中国古典美学长久以来牢固坚守存在论，坚决拒斥认识论；倡扬人学，疏离科学；积极肯定人本性，明确否弃实体性。

---

① 李泽厚、刘纲纪：《中国美学史（先秦两汉编）》，安徽文艺出版社，1999，第 22~33 页。

顿悟的美学内涵与意义

摘要：顿悟是一个意蕴丰富的美学基元范畴，在一千多年的历史积淀中，它的内涵和外延不断伸展，最终成为中国文化观念、思维模式和审美意识的深刻表征。它体现着中国古圣先贤的直观思维和整体思维特点，并成为中国传统美学思维中的重要内容，由此引发出的种种关系到顿悟的理论和实证学说，深刻影响着中国古代审美意识和范畴概念的演化生成，从而对中国思想、文化和艺术诸领域产生了广泛而深刻的影响。正是由于顿悟突出体现了一种生命获得升华的美学智慧，决定了它在解决生命美学思考、生命美学实践、生命存在价值等问题上所具有的特殊的美学意义。作为中国传统文化的重要内容，它为后续的哲学与文化发展提供了丰富的思想资源。同时，也在世界宗教、文化和艺术史上深深地打上了具有中华民族特征的审美烙印。

关键词：顿悟　生命美学　美学思维

顿悟是中国传统文化中不可或缺的哲学思想，也是自 20 世纪 80 年代末以来 20 多年中国美学界屡次提及的重要学术范畴。顿悟美学是禅宗美学的核心要义，顿悟以及以顿悟为核心的诸美学范畴一起构建了禅宗美学的主要研究域，同时，顿悟美学也是儒家美学（尤其是宋明时期儒家思想）和道家美学（主要是内丹学部分）的重要组成部分，因而在中国美学史上占有极其重要的地位。

---

[*]　杨涛，文学博士，河北大学工商学院副教授，硕士研究生导师。

一　关于顿悟

（一）顿悟的发生发展

孔孟心法、庄子朝彻论、《周易》是顿悟美学思想产生的三大传统理论渊源，中国传统理论内涵和印度佛学精义相互激荡，进而形成顿悟观念，并逐渐发展成为系统的顿悟思想。在中国文化史上共出现过五次影响较大的顿悟思潮，它们分别是支遁分阶位顿悟说、竺道生大顿悟说、禅宗成熟顿悟说、宋明儒学顿悟说和道家顿悟说。由支道林分阶位的小顿悟说开演到竺道生"不容阶级"的大顿悟说，为中国传统顿悟美学思想发展的第一阶段。此后三百余年，又积淀出慧能"见性成佛"的成熟顿悟说，这也是中国传统文化中顿悟思想发展的顶峰。它包括"直了顿悟"思想在内的祖师禅法，禅宗内部不同派别的顿悟观点，以及禅宗外部的佛学顿悟说如天台宗"圆顿止观"、华严宗"渐修顿悟"、净土宗"渐修顿悟"等内容在内的顿悟思想，是中国传统顿悟美学思想发展的第二阶段。而后，禅宗顿悟思想与儒学逐步融合，发展出了诸如朱熹的豁然贯通说、王阳明知行合一说和王船山对顿悟思想的批判性继承等名目繁多的内容，此阶段为中国传统顿悟美学思想的第三阶段。

顿悟，特别是其实践，发展到元朝时开始萎缩，以至于清后便逐渐湮灭无闻，顿悟实践的没落是我们这个时代顿悟学说所表现的典型特征，它表现着中国传统顿悟美学思想发展的第四个阶段，即湮化阶段。只是这个湮化的土壤里还生长着希望的种子，因为面对着全球化不可遏制的浪潮和蜂拥而来的各个国家和民族的文化现象，中国传统文化的传承和外烁面临的想必不仅是挑战，还有发展的机遇，所以，顿悟思想在以禅学的传出为契机并与西方文化碰撞后有可能会重新焕发出新的生机。

（二）顿悟的主流含义

顿悟语义广泛，派别繁杂，但佛学禅宗六祖的"直了顿悟""顿修顿悟"的修悟一体理论无疑代表着最高妙的顿悟思想，是顿悟理论和实践发展的最高境界。祖师禅法要求修行人直去观月，一念顿悟，而不要指，甚至不提指，不立文字的含义是连提都不提。认为成佛与修行形式无关："若不能洞见本性，就算念佛、诵经、持斋、持戒也都对成佛没益处。念佛得因果，诵经得聪明，持戒得生天，布施得福报，觅佛终不得也。"六祖"顿悟"的提法是有意突出了"见性"二字，认为凡不见性皆是邪法，以此促使人们猛醒，学佛要以见性为先，见性才在是佛学之核心要义。

纵观一千多年来的发生发展史，六祖"顿悟"这颗皇冠上的明珠并非历史现象中顿悟思想发展的主流，反而是竺道生以来的"渐修顿悟"、禅宗神秀大师的"渐修顿悟"以及华严、净土、唯识、藏密等的"渐修顿悟"和儒家"致良知"、道家"由命修性"等类似"渐修顿悟"理论的实践和影响成为了顿悟语义的主流。原因是不言而喻的，上上根人必定不是大多数，一般行人必须借助指才能知道月的存在，不得不采用这种舍本逐末的方式去求知，认为只要把指盯紧了，就能看到月；渐修顿悟和顿悟顿修的根本区别在于前者着眼于过程，而后者则着眼于过程与结果的圆融。

释印顺认为，祖师禅开始时主张一悟百悟、彻底圆满，但传承到后来便因上根难觅而无法延续，不得不采用"安立三关""次第悟入"的方法来进行，这就更能说明了这种渐修的普遍性。但有一个问题是不能忽略的，与讲求顿悟顿修、当下成佛的祖师禅不同，采用渐修顿悟的法门不见得当下或此生一定能够顿悟，它只是种下一个以后可能顿悟的因而已。而且，不同时期、不同地域、不同派别和不同法门对渐修都有自己的特点，即所谓的八万四千法门。这八万四千法门都是指月的指，是中下根人所不得不采用的办法，也是自元以后至今学人的主要修行方法，渐修顿悟诸法门的盛行预示着顿悟思想理论和实践的萎缩。

二 顿悟与审美

学术上关于美的定义很多，但涉及顿悟一域，还是依佛家义理阐述来得精当，因为顿悟一词主要是佛学词语。佛家认为，美是一种错觉，是眼、耳、鼻、舌、身、意六识对于识别对象的缘触，是愉悦的感觉。美不在主体，也不在客体本身，而在于主体与客体的缘触，是由主客的一体性所引发的感知。

从宏观层面上可以把审美对象分为两种情况，即形而上的道与形而下的器。相对而言，前者表现为一种精神上的终极追求，而后者则更具有物质现实性，人对于主体的自我认知与对客观世界的审察，目的是唯一的，那就是宇宙间无法更改的自由、稳定与和谐的存在秩序，这也正是美的本质所在。由对审美对象的言语表述上升为审美文化而为人类所传承，不正代表了人们对其本质认识的不断深化吗？

人类任何文化创造活动，不管是感性的还是理性的，都包含着审美创造的活动，都是（至少部分是）一种审美文化成果。"审美文化既体现为具体的感性的审美事象、审美活动，也体现为理性的美学话语、美学思想；后者往往以思维的、理论的自觉形式表达了人类特定时代和民族的审美意识与理想，这种审美意识和理想与感性的审美事象、审美活动所显示出来的审美意识和理想，亦往往呈前呼后应、互契相合之势，两方面共同汇成和体现着审美文化发展的总景观、总趋势"①。

那么，由此可以认知，形而上的道亦有两分，一为对思维的审美，包括言语可现之美与言语道断之美。笔者以为所思虑的对象皆可列入其中，有的可以镂空而现，皇皇大观；有的则言语道断，只凭意会可得，抽象的美学玄思可以旁证。二为对连思维都无法企及的境界的审美，即心行处灭、思维道断之美，是主体的自我认知、自我体察，是无法以客体出现并被意识到的，是最高境界的审美，这时的审美方式、特征、情境均不同于一般认识。

仪平策认为，这种美超越了现实文化明确的社会理性秩序和外在功利目的，单纯以内在的情感体验和精神享受为特征，以生命的诗意和身心的自由为境界。② 所以，这种具有自由特征的美的形式能够被古代文人视为自我实现的高级形态。中国传统美学用顿悟来表示这种境界，表达了人类对自我完美的心灵需要，对人生永恒意义的不懈追问，对终极审美经验的孜孜探求，因此，顿悟必然成为不可或缺的重要审美批评概念。古今中外，涉及思维道断的审美文章、论著寥寥，而将其单独提出来作为一个全新的美学体系更是未见有过，这无疑会极大地凸显美学中的新问题和新思路。这样，以强烈的探索性、参与性、体验性为特征的思维道断审美文化就为美学提供了一种非常独特的研究视角与途径。事实上，不止于禅宗，也不止于佛学，在儒家、道家等其他研究中我们也可看到这种现象：尽管其教义或许是未曾考虑，甚至是排斥艺术审美的，但人们往往从文化体验与审

① 仪平策：《中古审美文化通论》，山东人民出版社，2007，第3页。
② 仪平策：《走近审美文化人类学》，《东方丛刊》2001年第4期。

美体验的类似性上来发现文化的审美意义。这种体验的类似性便集中表现于传统美学顿悟这种体验之中。① 顿悟不是一般意义上的思维，也不同于理解，而是一种神秘的美。

古代文人笔下的奇山异水可以称之为艺术，但它们在自然界中的实体就不是艺术。黑格尔把自然美排除在美学之外，是必要的，自然美和艺术美有着天壤之别，混在一起要么造成混淆，要么转向对审美主体的研究时造成忽视和回避客体。所以，美学是建立在以人的审查为基础之上的学科，审美主体和审美对象以及所有的客观条件是必要的审美要素。看起来和顿悟思想的某些内涵相一致，但实际上是不同的，因为顿悟已经超越了人的审查这个层次，它是以人为核心，因与万物缘触而生发的虚空破碎、大地平沉但又言语道断、心行处灭的"美感"，提倡达到一种由自己的心性向外开出的境界。所以，作为传统美学的核心范畴，顿悟是在主体不断深化认识"我"的过程中所带来的审美体验，如果从化学的角度来认识顿悟的话，顿悟就是使生命获得了永久的稳定，能够让这颗每时每刻都有些惴惴不安的心随时随地、任何时候都平静、从容的审美体验。

所以，顿悟思维并不是为艺术而艺术的，而是试图通过艺术这种表现手法来达到认识真理的目的，这是顿悟思想在美学中的基本定位。但这并不妨碍我们从个人的审美感性能力出发，对其进行意识上的判断，现总结出顿悟的美感经验论、美学本体论两种主要说法，当然还有审美方式论、美学灵感论、美学方法论等一些认识。

（一）美感经验论

顿悟美感经验的呈现，是由个体对于自性的刹那观照，是通过"妙有"在感性现象中的顿现来实现的，意为见心中之佛即顿悟。从某种意义上说，顿悟是一刹那的感觉，是认识的消解，是由凡入圣的过程。顿有时间层面的含义，悟是一种境界，属于空间概念，而顿悟就是时空的统一，它是个体通过体证的方式对生命的终极审美。顿悟一语所表内涵在本质上属于认识论范畴，是一种对道的颠覆性认识或者更准确地说是体证。这种体证是不能用来解释顿悟经验的，这种经验对于每个人来说都是不一样的证据、独一无二的标本；顿悟是终极审美，审美的极致便是内外一体的顿悟境界。

---

　① 谢思炜：《禅宗的审美意义及其历史内涵》，《文艺研究》1997 年第 5 期。

凡此种种，无一不在诠释着顿悟本身所蕴含的体验或者是经验这一鲜明特征。

（二）美学本体论

顿悟对艺术的影响，不是顿悟的教义，而是顿悟的精神，顿悟的精神就是通过顿悟来理解"空中妙有"的哲学精神和思维方式。顿悟是要成佛成圣的，只听说过艺术境界达到很高的层次，但没有听说过有谁因顿悟艺术而成为圣人从而名播天下，名垂青史的。当人们以这些适合自己的手段去追求顿悟这种最高艺术形式时，这些手段一方面成为了指月的指，另一方面又因为过分执着而成为看月的障碍。《楞严经》将写诗作赋归于"想阴区宇"，认为是想念中精神幻觉范畴的魔镜，警醒世人不可贪著于此；博山元来禅师总结的执于解悟的十三种流弊中也明确说"有以习学诗赋词章，工巧技业，而生狂解"。所以，对艺术和生活里的顿悟现象应持两截看法，一截是关于指的悟，这显然与修证是两回事情；另一截是关于月的悟，这是中国传统文化所提倡的真正的圣人之学。所以，在传统人文学科中，顿悟一词仍是神圣和严肃的，并且是具有一定源流的、独立的，侧重于实证的学术发展体系。在这个意义上又可以说，顿悟一词指向的是美的本体，是美学本体论概念，并可以以此为核心建构一个完整的顿悟美学体系。

总之，顿悟思想对中国古代美学的嬗变产生过很大影响。首先，它突出了主体精神作用，把魏晋以来反映在"文的自觉"上的人的主体意识的觉醒推向了极致；其次，它对明末"童心"说做了思想上的铺垫。最后，顿悟思维方式对中国古代诗歌创作和创作理论，当时以及后来的学术精神，人们生活的各个层面诸如音乐、书法、武学、小说和医学等，都产生过较大、较深的影响。

（三）其他说法

学者周然毅认为，顿悟是一种审美方式，也是一种主观心理体验，有着它自身的整体性与直觉性。主张在刹那间顿入美的永生，进入绝对的自由王国，这个王国，人我的对立已经完全消失，人与外界的对立也已完全消失，生命能够得到绝对的自由[1]。顿悟是对自由的生命境界的追求，是追

---

[1]　周然毅：《禅宗美学研究》，博士学位论文，山东大学历史文化学院，1997，第 1 页。

求的过程和结果的统一，是一种审美生存方式。

艺术创作中的审美体验好像很接近禅宗顿悟，但其实大多只是灵感而已，再多说就是"灵感成片"的境界，是意识层次的体验。祁志祥从悟道成佛的认识论出发，认为渐顿说具有艺术灵感的色彩①，因而启发孕育了美学上的灵感论。还有学者认为顿悟是禅宗思想的方法论，因为中国禅的智慧就体现在悟上，自性是禅宗思想的本体论，顿悟是禅宗思想的方法论。另外，顿悟又是见性的方法。顿悟审美宜孤独玄思，但学会如何审美地、愉悦地、智慧地生存，是人们对顿悟审美文化研究目的及其意涵范围和本质定性的一种新认识，它奠定了学界对于顿悟审美文化研究的一个基本方向和框架。

从美学角度对于顿悟的理解就类似于物理上的多棱镜，每一种认识都是它的一个小的侧面，但它的整体不是简单的相加。设想一下，二维视角下的多个棱面的叠加也只是一个稍大点的面而已，所以，把许多次支离破碎的所谓"渐悟"相加是不可能等于顿悟整体的，只有通过飞跃，才能顿然地全面、具体把握整体的认识，② 学人如果探究到了它的整体那就意味着突破了二维的视角，真正看到了整头大象。

总之，顿悟美学是在魏晋时期佛学玄学化之后开始形成的美学体系，它是关乎生命，更确切地说是关乎人的生死大事的美学，在唐朝时它发展到成熟期，形成了自己独有的美学范畴和思想体系，并在宋、元、明时期继续丰富和完善，最终以阳明心学收尾，极大地丰富了中国的传统美学园林。

三　顿悟美学研究的现实意义

当前学术有偏理论的，有偏实践的，有两相圆融的；中国传统美学是偏于圆融的，本质上是两者兼具，中国传统文化的主流也要求修身和学问的齐头并进，即所谓"格物致知、正心诚意"和"修身、齐家、治国、平天下"这样一种知行合一的理路，不提倡偏离。顿悟虽然含义广泛，但其主流含义仍是传统的和偏于一体的，文字上的研究是一体，是化石；实践

---

① 祁志祥：《似花非花——佛教美学观》，宗教文化出版社，2003，第 121 页。
② 冯契：《冯契文集》第 1 卷，华东师范大学出版社，1996，第 419 页。

中的修证是另一体，活泼泼的，两相印证才显得顿悟美学在整体上的圆融无二。这是中国传统美学文化的特点，也是特色，更是学问生命力的体现。

所以，顿悟美学研究的方向是本文所要极力明确的重要问题，即：是向纯文本化方向发展，还是向理论和实践相统一的方向发展？是要走分别意识化的路子，还是走传统国学理证合一的路子？如果继续运用前者的方法将会导致顿悟研究的意识化、分别化、表面化和文字化，而这是与顿悟本身所要达到的破除意识，走向更深层次的研究是相背离的；把顿悟思维完全导入心理学研究和语言学研究只会越转越远，就像把指月的手指描摹上各种色彩，使之美艳不可指物，但无益于引导学人看到它所指的本来，而且会吸引学人的注意力。如果走后者的理路虽然也有陷入文字相的危险，但如果有实证因素的加入，就会走向顿悟本身所要求的正常的道路。本文尝试在现有研究的基础上，把分别意识导入顿悟的研究规范中来，使之成为中国传统文化研究的一个方面，而不是相反，这是对中西学术规范的认知，是对古人所谓"践履"的复制。

从人类文化的交流史可以看出，文化的同化是双向对流的，单方面的嵌入式或者取代式的观点是畸形的文化观，在现实中是不可能实现的。芮沃寿曾提出过一个"文化综合体"的概念用以否定文化同化现象，可是笔者发现"文化综合体"只不过是文化的一方在同化另一方过程中的一个阶段而已。"文化综合体"是有机的、动态的、灵活的、智慧的，具体到顿悟思想，它会在把西方文化融合成为新的"文化综合体"之后，继续向同化的方向发展，生成更加稳定的新的文化状态或者文化结构，而绝不会一直松散的或者互不兼容的综合，不融合在一块儿。顿悟学说的沉默酝酿与渐成思想过程中的不断变化正反映了它从佛学提供的丰富营养中摄受、孕育、生成以及长大的有机发展历程。这种对于智慧的不懈追求，站在民族的高度来讲，是文化创造的动力，能促文化向前运动；从个人的角度来说，是成贤成圣的愿望，能开民智。儒释道三路合一的顿悟思想文化传统是中华民族生存和发展的智慧之树、灵感之源和创新之本。可以说中国未来的文化发展方向，就是：对内，重新拾起内圣外王、解决生死的往圣绝学，笔者称之为"东学复归"，国内不断兴起的"国学热"就是一个尝试的苗头；对外，在与外来主要文化熔炼后的涅槃重生，即笔者所谓的"西哲向东"，海德格尔所感悟到"有"是"飘摇不定"的，这就是一个极为有利的判断依据。这是顿悟思想变化的新阶段、新趋势，是全球化在文化领域的反映，也是多种文化相互诠释后的涅槃重生。从现实考虑，中国国力的强大是要以展现包容性的文化价值观为核心的，这为顿悟理论思想的再次破茧化蝶提供了现实可能和成长动力。

总之，中国顿悟思想所经历的蜿蜒跌宕、惊心动魄、声势浩大的发展历程，集中展现了传统文化以人为核心维度，以悟为唯一渠道，以回归心灵家园为最高目的的精神追求，因而成为古代文化史上最为瑰丽的华美诗篇。如果顿悟美学思想发展能够以禅学的传出为契机，在与西方文化嫁接后能够如浴火凤凰般再次重生，那么它便能够继续它下一个阶段的传奇。但作为中国传统文化的重要方面，顿悟思想的传出与西方文化的再认识，必定是一个长期而艰苦的过程。

结　论

从传统美学角度，依传统学术规范，以固有话语体系来梳理顿悟美学的发生发展过程，彰显道之"切于身心"的德性及其文化生命内涵，需要当今为学之士为"以身体道""为己之学"付诸努力。而以全部身心的投入来换取对宇宙、人生、真理的体悟与认知，以期能够契入圣贤之心，收获传统文化之精义，并由此获得生活秩序和生命质量的提升，亦为大方之家所孜孜以求的。

就思维特征而言，中国人比较重视直觉性和一体性。东方圣贤修心、养性、做学问之方法不在思维，因思维意识执于语言终不能把握本体，而全在践悟，即静心弃虑，察念攀缘，且与入世种种合一，故其为文常言简而意宏，语疏而旨深。常于神理中务求究竟，自可得意于一时；倘研究日深，当此觉顿明，一切知情意便了无分别。东贤学问身心境界如一，内外浑然，堪为人天师表；以西哲术语框定我之美学精义，虽解读新颖，但无益于正本清源，非其本来面目，有削足之感。

西方美学没能超出感官范畴，其语言和思想也只是停留在物自体上，而终未究竟。仅从西方逻辑角度来理解一种实践境界的实证描述是不能彻底认识中国古代顿悟美学文本的，更无法确知其认识根据。有识西哲认为在探求形而上学的真理方面，语言是苍白无力的。维特根斯坦在其著名的《逻辑哲学论》中说"对于不可说的要保持沉默"，他提倡"离言"，认为只有"离言"才能表达出形而上学，出口便乖。审美的"审"字仍不出六识范畴，不是立体感知，也不能准确描述对悟的体认，但因无有他词代之，权且暂归于审美维度，叫作"观照"，而顿悟则意味着"观照"本身或认识本身的泯灭与消解，这样，"观照"的审美方式就形成了中国独特的悟的审美境界。中国古代先贤不但用眼、耳、鼻、舌、身、意六识来感触宇宙万物，还用心灵之识来悟知天地真理，这种独特的、以悟的方式进行的审美颇异于西方文化，也不同于一般人的认知，但颇契于审美和艺术鉴赏。这种手法表现在具体的艺术作品中，便形成了传统诗画中的悟性意识。顿悟审美文化自有其社会价值和实用价值，但是只有对人、人性、宇宙体现一种终极关怀的探求意识时，才能从深层次发掘出文化中的审美意蕴，而不致流于浮华。

中国美学思想家研究 ◀

《老子》上德论中德性之得与德性之德的关系

孙振玉*

摘要：《老子》上德论包含德性之得与德性之德之间的对话和互补。前者以"有身"为中心，刻画出"宠辱若惊"的德性之在；趋利避害的看是其生存手段。后者以"无身"为中心，逼问出"复归于无""复归于婴儿"的一无所得又归于德的一份虔诚之"畏"；放弃利害偏执的"静观"是其生存方式。

关键词：上德不德　宠辱若惊　复归于婴儿

从上德论开始对老子哲学进行讨论，是因为上德论的论题更贴近人的真实生存。古人说德就是"道在人世"，当然，道是在人世的，这里只是强调说人在对道的感觉中获得自身的具体样态，获得他的德性之在的德性之得和德性之德。德是一个对人来说最切近、最亲切的出发点，似乎较少有理论辨析的味道而专注于人生经验，但是，上德论作为一种哲学的反思并不局限于对生存现象的一般描述，上德论是对生存现象的形而上的系统反思。另外，上德论的探讨也不局限于纯粹概念分析，上德论不可避免地要援引人的感情去说明人的德。因而，在讨论上德论的一般环节之后，总要从人的情感观念来对照人的德性诸环节并加深讨论。这两个相对于上德论的两大环节的重要情感概念就是人的"宠辱若惊"的惊和"人之所畏"的畏。

---

* 孙振玉，哲学博士，山东大学图书馆特藏部馆员。

从上德论建构的一般意义来看，人的德包含两大环节：人生而有得的德性之得与人生而能得的德性之德。

其一，人生而有得："德性之得"。得与德通假。从金文看，得的本义是从手从贝，即得到财物，也表示行有所得。人生就是最大的得。只要人在世，他就有所得，生本身就是大得。一个生命的出生就是他的得，他一生下来就具有了一种得，这是一种伦理的得。然后人在世中得衣食之温饱或失于温饱。衣食温饱对人来说固然是异己之物，但是人的德性之得也同时获得形式。得说的是人在其行中得其财物，然而生作为德性之得不可避免地拥有一种纯粹形式的得，如亲属关系。与实质不同，关系是一种规定，这种外在规定意味着德性之得的真切含义，即是从形式方面而非实质方面来规定的得。比如，作为儿子的得依赖父亲得的规定来确立，父亲的得也依赖儿子得的规定来确立。无论衣食温饱等实质的还是形式的得，德性之得都包含着得失转化的必然命运。得既然是一种人生而有所得，为什么还会有失呢？因为德性之得的得失不由己。其二，得是一种得，不是失，这就说明人能意会这种得失，从而区别得失并可能主动选择得失。这就提示出德性论第一大环节人生而有得的两大规定：一是人总是有所得，得是人的本质；二是人在得中有所得，人能对自己有所得到的过程有所作为。当然，第二个规定还在第一个规定的限制中。第一个规定是说，人在与外界的交换中有所得。更确切说就是人不得不去得，得是一种被给予的得。生的得是父母给予的，伦理的得是关系给予自身的得。人生而有得就是人不能不去得，就像食于饥饱，衣于冷暖，德性之得不由自身而得。德性之得无法选择它的得，如出生何时何地，生于何种关系所固有的实质规定中，否则德性之得就不再具有它的鲜明差异性和它的强力个体性规定，当然，德性之得的个体性还预示着德性本身并不是了无情趣的枯燥塑泥或全无自主性的模糊概念。第二个规定就是说，在这种被给予的得中，人总有他的喜欢或不喜欢、想要或不想要的选择在里面。人对自己得到或失掉什么，总是有所算计，于是能去选择。而且这种选择意味着人总是去为自身去选择。这里就在上德性论第一环节中埋伏了一种属人的可能性的根。

综上，从上德论看人生而有所得，包含两层含义：一方面，自我在反思其有所得，这种得实质上是一种被给予的有所得，于是人不是独立的，也非得失操之在我的。在得之中，身外之物以得失、利害的诸种性向显露，面向德性的人或吸引他或威慑他。在这种生而有得的过程中，人反思他与某些确定的身外之物有牵累。另一方面，也正是因为人在得中能反思，能区别，能选择，在这种被给予的牵累过程中，人总是能为自己去得。但是，为自己去得受到被给予的得的限定。所以自我在这种被动的得中难以实现其自正、自化的自得之得。老子认为，人身包含有两种具体的德性之得：一为人身之出，一为人身之入。他说人出生入死，生不自主，死不自主。也正是立足于此种不自主的人身之得，老子更进一步提出人身是一种有身之患的观点。人在出入之间的确有其确凿的得，因而人能被称为一种德性之在，生的欢娱和衣、食、性、色好似一应俱全，正是这种一应俱全感有可能遮住人身另有其德的可能性和未来性。因此，老子反思感官中的五音、五色、五味对身体的成全和遮蔽的双重功能。更为深刻的是，提出大患不由自主的外在性，证明人身的有限性，这种有限性的实质就是人身之得和德性之在的被动性和褫夺性规定。

与上德论第一环节相对应的德性论情感观念是宠辱若惊（《老子》十三章）的惊。从人对人身有患的沉思开始来分析老子的德论建构，最符合也最切近人的是作为一种哲学意义的德性之在的生存实际。惊怕作为德性之得的感情因素更内在地根植于德性之在，从"惊怕"这一概念入手更能真切理解德性本身，从而揭示德性论的整体框架，为上德论的出场奠定一种感性的基础。宠辱若惊就是上德论意义上的人生而有其得的一种赤裸裸的人生见证。

宠辱之惊具有两个德性论层面，第一层面就是惊之有所惊。惊总是面对一个确定的来自自身之外的对象，在外观上，它或是带来宠或是引来辱。这宠辱来于何时何地，既是清晰的又是不由自主的。在惊的自我展开中，人感受到自己受制于身外之物。一个危险面向自身而来时总是向一个看来独立存在的自己警示：此时此地，你并非独立存在。自我在这种惊惧之中，发现自己与外界的某种牵累脱不了关系。在惊之中，自我把自身不由自主地投向一个身外之物，受它牵动。这个时候，在惊惧中，自我不是找到真正的自己，恢复本原的自己，而是在惊怕之物的褫夺中丧失自己，惊使人魂飞魄散，从而不知不觉中忘记自己，不由自主地背弃自己。

宠辱之惊的第二层面是惊怕本身和惊之何以能惊、怕之何以能怕隐而不显。这是说人天生能惊能怕，而且有能力反思这种能惊的个体能力。人能惊能怕，所以惊之所惊作为世内事物以各式各样的惊恐样态在我面前呈现，并围绕我进行威吓。人能惊怕，所以惊怕之物"被得到"（所惊之物被辨别，甚至得到专题化分析）。这时，惊怕及所以惊怕开始引导对我之所得中的能惊能怕有所反思。原来，无论惊之所惊对德性之在意味着什么，德性之在具有一种本原性的能惊。但是，这种反思还在惊之所惊的威吓中、牵累中和覆盖中不能完全发现并真正拥有那个能惊的自得（自正、自化）。人生而能惊，就是德性自然而然具有惊之能，相对而言，所惊所怕并不就是根植于德性之内的，相反，惊之所惊只是能惊所带出的附属物。老子说人取法天地之理同时也能法乎道，法乎自然。德性之在不得已法于天经地义的道理，有所待地为这种名理而为，在德性之在的活生生展开中，这些经生之理被得到；另外，由于德性之在能于自我展开中自然而然地自在，因而能超脱这些理，以自然这种最高法为范本，有所任自性而为，无所待而为，也即获得一种本原意义的无为。然而，德性之在因其有身的空间性限制往往在惊怕中采取他者立场，将目光聚焦于一个他者的意见上。

由于德性之得总是被给予的，在某种特定条件下，易于背弃自己。因此，德性之得具有它独特的眼光和方法去操持它与外物的关联。"德性之得"的这种自我设置的方式就是一种可以被概括为看的方法。看总是面向事实的看，有时看本身发出一种强势的外在主宰力，反射出对一个看者的赤裸裸的反视甚或干预。看的过程将看者和他的个性外化，固持在看之所看之上。看的法则取自自然物的总则，看世界的理就是看天地的大理，这就像是中国早期墨家思想中对鬼神的顺应，因而看也意味着顺应。看是个体的活动，但是由于看不能实现主动反观，它对看者的这一个体性意义却无视无觉。德性固持于天地之理的名实配称之中，在通行之物之中畅游无阻。看似乎是正在穷尽世界的五音，分隔世界的五色。德性愈是看得多，就愈是在通行之物中扎根固持，看的欲念占满德性的家园。① 在占有和固持中，作为名实配称的常理，不言自明地通行于世，常理的不言自明性最终形成现成理念法则，反过来驾驭德性之在，把人作为它的对象去操持，去规划，去塑造。常理成为德性之在的唯一标准，这一切的过程都是在看这种德

---

① 帛书《老子》德经第四十七章甲乙："不出于户，以知天下。不窥于牖，以知天道。其出也弥远，其知弥少。是以圣人不行而知，不见而明，弗为而成。"见高明《帛书老子校注》，中华书局，1996，第50~52页。王弼注本："不出户，知天下；不窥牖，见天道。其出弥远，其知弥少。"见楼宇烈校《王弼集校释》上册，中华书局，1980，第125~126页。楚简《老子》中此章空缺。这里"其出"就是指德性之在对物理的固持，"其知"是指这种智的单项度化和对德性本身的漠视。

性之得内部完成的，看的理就是现实的尺度，它占有德性之真，将德性本身还原为德性之得。老子在分析五色、五音（《老子》第12章）对人的主宰的时候，警示这种看世界和看自己的手法，如果这种法不在自然的格局中推演，将会让人失去真本性。广义的德性之在的手法是看并不专属于一种生理现象，它的方法论意义就是一种将实质的物如何转化为一种特殊对象的能力，这种能力重新设置了看者与看、看之所看的关系，并将这种活动的法则作为德性之在的内在法则。

以上分析了上德论第一大环节人生而有得即"德性之得"，并以老子宠辱若惊的内在体验加以验证。人生而有其得的德性之在具有它内在的手段，即看，看这种方式再次从方法角度解读德性之在。

上德论第二大环节是人生而能得（德），即"德性之德"，这个德从心，本义是升华或者登高。第一大环节的得的本义为行有所得，而第二大环节的德的本义却转化为一种登高而德。在上德论第一环节已经证明人生而有所得，在其被给予的得中人还能有所选择。在人被给予的得中包含其潜在的能德。老子认为这种德是上德不德。当然这还是一种德。上德不德这个判断，依照老子的无名（言）的本体语境来还原就是德是德。为什么说上德是一种不德之德呢？就是人能在德中自己选择哪些应该或哪些不该德（得）。并非说选择的这样那样的德更重要，而是说能去德这个能最重要。不德即是把第一环节中的得即死生、富贵、荣辱、利害都推掉了，不是说上德论第一环节这些得在事实上根本不存在，而是说它们存在不存在已经所谓。老子建构涤除论就是意图穿透上德论第一环节中的得的被给予性，为玄鉴另一种德创建可能的话语权。涤除论使得世内事物自身的直接现实性整个沉陷，陷入一片黑暗，这黑暗对一个独立个体来说并非毫无指望。只是德性之我为了玄鉴自身那个独立的彻底挣脱被给予的德性之我的时候，把世内事物整体的直接现实性地关在德性真我的门外了。因而老子说"反者，道之动"，反回自身往往意味放弃某些得而去另有所德。因而推出上德不德的德性论。从法自然的意蕴中领会无为，人通过无为的方式找到德性真我，无为就是不在他者的规划中为，而是自己为自己为，因而推出"无为而无不为"命题。上德不德所提升出的这种不德之德就是无为而为。这是为一个绝对自得的德性之德的复归而去为，去德，因而说人生而能德。人生而能德就是德性之在的本质，这德性的在只是在自然的地基上展开其真实性，否则，这种德得不到它自身的理由。说德是天生之德，就是说那是自然的德，之所以无法继续追问德的理由就是因为德的地基就是自然，因而德找到一个不再依赖外在确定对象来规定自身存在之理的德，德所昭示的一种个体性的德的意义就是这样产生的。

从第一环节看第二环节，第二环节说的能德就是一种彻底的自得。因此上德论所要证明的东西首先不是一个道德问题而是一个绝对能德的个体性问题。

与上德论第二环节相应的德论情感体验概念是人之所畏的畏。老子说，"人之所畏，不可不畏"。① 就是说人难逃其畏。人必然要畏，畏是人的德性。但是畏与宠辱之惊有所不同，惊总是有所惊，惊怕的眼光总是找寻一个具体的对象，再者，人不得不去惊去怕。在惊怕中，显示我之得受外界的牵累。然而人之所畏本来的含义却是一无所畏，无所对、无所待而畏。畏就是德性自身在畏，它就在自身驻足，不向外走。在惊的自我演历中，总是显示我与身外之物有牵连；在畏的自我演历中，畏将与身外之物的任何牵累置之身外。惊怕总是把世内事物与直接现实性显示给我之得，威逼出人的关注，褫夺人的关注；而畏却把惊之所惊、怕之所怕整个反展于自身，此时世界对人来说一言不发，全无所谓。德性之德能畏，那是因为畏根植于德性自身，生相对于死都是德性之得，那是一种被给予的始发点和终结点，也是惊的对象；畏将生死的时间性涤除在外，并不是时间的流水生生不息地流动，能畏的德性之在要么被投入，要么被抛出，畏作为德性之德能在时间中拒绝它的设置而把自身提升。畏把德性之我的个体性启迪出来。因此上德论的畏概念所展示的还是个体性的自由。

德性之德相对于德性之得，有其着自身的方法，德性之德也具有一种迥异于看的特殊自我实现方法，即观。看是一种目光向外而且强势的过程，并把对象的法强加于自己，在看事物同时忽略自己与事物的本质差别。在老子看来，观和损、反和复归等概念所意味的都是内向性的存在方法。敬畏只是在静观中才以自是其所是的样态展示自身，德的不德内涵同样需要一种反损的、批判的超越之爱来照亮它的另所获的意义。当观把握住德性自身的合法性时候，观自动从看的固执中挣脱，寻求自主。老子说，"致虚

---

① 帛书《老子》道经第二十甲乙："人之所畏，亦不可以不畏人。"见高明《帛书老子校注》，第316页。王弼注本："人之所畏，不可不畏。"见楼宇烈校《王弼集校释》上册，第46页。郭店楚简《老子》乙："人之所畏，亦不可以不畏。"见荆门市博物馆编《郭店楚墓竹简》，文物出版社，1998，第118页。

极，守静笃，万物并作，吾以观复"。① 观是内心虚静的状态，它意味着一种主动力量的自在，观之所观也不是一种静止的现成物的直接现实性法则，而是物理的反动，是一种特殊的德性本身的重新发现，② 一种能主宰的、外在于德性的他者的销声匿迹。

以上分析老子上德论的第二环节德性之德，并以德性之德的内在要素畏作为佐证，揭示德性的实质是对个体真实性、合法性的追问和认同，这种德性是以观为其手段。

总体上检视老子上德论，它的实质问题就是研究道在人身的哲学问题。在老子看来，人身即道。因为人身天生就是一种德，德也即道在人身。人身在道，就是一种德，因而这种道在人身的生存实质可以被称为德性之在。无论德性之在的德性之得，还是它的德性之德，德性之在的存在意义都表明了人不是孑然一身存在于世的，而是在世界中存在的。得规划出一种世界图景，而德揭示另一种世界图景。德性之在在这两种世界图景中转化，构成生命的整体。因而通过德性之在的展开所解释的人的问题，就是人的真实意义并不能在一种事实的孤立状态中得以实现，而是要求德性之在去在世界中实现自己。但是，德性之在在世界整体中仍然不可掩埋自身，它也不可以在一种有身的德性之得的生存环节之中失去对自身的反省。因此德性之在在身体的外在性和褫夺性、被给予性中反思性地把握住自己的独立价值，在这种价值的认同中，身体的诸多外部环节被重新设置，只是这种设置再也不是源于或听命于德性之得的命令，而是源于真切的自身性，一种自然的法则。德性之德将人生而有得、行有所得的得转化为一种不德之德，借助一种无为精神，穿透了人生而有得的铁幕，透视到一种德性之真，即上德。这是上德论中的德性之在的首要意义，它表明人在世界整体中能够把握自身性的真。

上德论中的德性之在的哲学具有它的另一层意义。老子在对上德论的透视中发现德性之在内在的分化形式。德性之在的分化形式揭示了上德论

① 帛书《老子》甲乙篇第十六章："致虚极也，守静笃也，万物旁作，吾以观其复也。"见高明《帛书老子校注》，第298页。王弼注本："致虚极，守静笃，万物并作，吾以观复。"见楼宇烈校《王弼集校释》上册，第35~36页。郭店楚简《老子》本甲："至虚恒也，守中笃也，万物旁作，居以须复也。"见荆门市博物馆编《郭店楚墓竹简》，第112页。
② 帛书《老子》甲乙篇第六十五章："玄德深矣，远矣，与物反矣，乃至大顺。"见高明《帛书老子校注》，第143页。王弼注本："玄德深矣，远矣，与物反矣，然后乃至大顺。"见楼宇烈校《王弼集校释》上册，第168页。郭店楚简《老子》无此章。

的基本论旨。德性之在在世界中的展开体现为两大环节，这两大环节既揭示了德性的外部关联又透视了它的内在价值，显然，德性之在的这种分化形式是揭示上德论的必然要求。上德论中的分化图景直接反映了德性之在的分裂之痛。在老子哲学中，人的最高境界正是对一种人身分化的超脱，或者说对人身不完满、不整全的生命形式的一种扬弃。老子认为，人身天生一分为二，一半是有身之患，一半是无身之境。这种人生的观念源于老子哲学的一个命名悖论，老子哲学试图以一种本原语境解决这一人生困境，形成道家哲学的基本思想体系。从上德论角度来看，德性之在首先是一种外向性存在，因为它自我实现的基本方式就是看。正是借助这种看，德性之在实现了一种身心二分的基本格局。看是有自我源头的，但是看的外向执取的规定又迫使看遗忘或质疑这看的源头，以至于看竟然看不见自己，只是在他者的强势中塑造一个非本己的自身。老子提出人在外向性的看中，也即在五音、五色的执取中，感受到丧失自身价值的痛是目盲和耳聋。老子认为这种看的执物趋向正是对某些自身性自觉的遮蔽，因而德性之在在得的驻留中对自身性的本原之真无视无听。就像庄子认为的那样，在某些条件下，人能听地籁却听不见天籁，因为天籁并不依赖耳目直观，更不依赖有欲直观。看直接源于有身之惊，惊在宠辱转化中放置身体，引导身体，惊就像太阳，它把它的威权放射到哪个方向，身体就会像向日葵一样跟向那个方向，它把身体设定在哪里，身体就驻足在哪里。宠辱之惊对身体的关怀指向哪里，身体的看就驻足在哪里。看和惊之所以具有如此明晰的关系，是因为德性之在天生有德（得失之德）。那是一种出入限定的德，它天生具备看的明晰特性，而看又在惊的督促中描画出这种德性之在的历史性。从德性论角度看，德性之在又可能是一种内向性存在，因为它自我实现的基本方式中还具有观。正是在这种观的过程中，德性之在找到一种安身立命的归宿。老子提出"反者，道之动"。他的哲学经常以反为动，这是一种本原性的运动，不是空间运动，这种动充盈了老子哲学中的每一个灵感，也反映在它的反观内视的认知活动中。德性之在的观就是一种相对于看的反观，因为只是在这种反观自照中，一种无身之德、不德之德才能被把握到。无身之无的境界和气度必然引发人的敬畏，因而老子提出"人之所畏，不可不畏"的人生信条，提出人的畏是德性之在的必然产物，正如惊是人的先验规定一样，人同样摆脱不了畏的本原性规定。但是在内向反观中，特别是在一种无欲静观中，观所关注到的东西不是有身之惊，而是一种无身中的敬畏，畏将一种无的本原性在德性之在那里唤醒，因为无将身体的有待性关闭在观的视域之外，观漠视了身体的诸种现实要素，让世界的关联归于一片沉寂。观引导了一种对有身之惊的无为和无畏的觉识，将关注的焦点凝聚在无身的规定上，体现一种德性之在的能在一种自身选择的境地中自我安置的自由，一种能在绝境中重获新生的自由。这种自由的哲学标志就体现在老子那种特属于德性之在的、上德不德的先验规定之上。

以上分析表明，老子上德论对德性之在的认识，一方面将德性之在推入世界之中，让其去发现自身的真，另一方面又是在一种分化的自我展开中复归自身的真。在世界的杂多湮没中，在一种不可逃避的分化之痛中，德性之在紧紧把握它的真。老子哲学的上德论通过对德性之在的内在环节的分化形式的分析，引导出一种面向最高真的关注。在老子思想中，那种真是大道的家，德性之在的分化之痛在此得以终结。人的真理就源于道的真理，人身即道。

王弼《周易注》的通感说
与其美学蕴藉

吴　鹏[*]

摘要: 王弼的《周易注》在解《周易》学史上有着重要的地位,
开启了魏晋南北朝隋唐五代官方《周易》学的阐释途径。《周易注》中
的通感既有象数上的作用,也蕴含了美学的思想。具体而言,通过阐
释《咸》卦的卦辞,将虚与情结合,以达到一种感悟式理解;阐释
《象传》,通过爻所显示的抽象位置与所蕴含的义理之间的关系,构建
了一种体认式的情感。在《周易略例》中也用了相同的思想来说明其
解《周易》体例,在此,达到了"情的识化"与"识的情化",为我
们呈现了一个虽然表现抽象但含义极为丰富且生动而活泼的、紧密结
合的具有天然美感的美学世界。

关键词:《周易注》　通感说　天然美感　《咸》卦　《周易略
例》

《周易》(也称《易》)成书以后,《易》学逐渐形成了以象数注疏为主
的象数派与以义理阐发为主的义理派。一般认为,自王弼后形成的魏晋南
北朝与唐代的官方《易》学理论,是以义理阐发为主的义理派,王弼的独
特的注《易》方式影响了魏晋以来的文化发展与美学走向。但是,尽管偏
向于义理阐发,王弼《易》学仍然建立在对象数理解的基础之上,象数之
间的通感理论在一定程度上也是联系卦体、爻位与卦意之间的纽带,对

---

* 吴鹏,首都师范大学文艺学博士研究生。

《咸》卦的解读亦可看作王弼对通感理论的集中阐释。笔者以为，通感理论在某种程度上可以作为抽象义理与感性形象之间的联系，在《易》的符号与所表达的具体含义乃至其存在的意义之间起到了重要的桥梁作用。

同时，通感也绝对不是建立在纯粹符号与义理之间的联系，无论从具体说明万事万物的构成因素与人和物之间关系的《咸》卦中，还是从说明王弼《易》学理论的《周易略例》中，我们都可以看出，在物物相感，人物相感的同时，通感的活动本身也有情的参与，爻与爻位之间的联系也建立在对这种情的直觉之上，情处于抽象的符号与具体的物象之间，成为它们联系的纽带，它们之间的关系可以被称为"识的情化"，形成了感悟式的理解，同时也就成为了一种带有直觉色彩的美学关系；同样的，在卦体、爻位与其他解《易》的体例之中，情作为他们之间相互感应的关系，作为比附、承应与相生相克的条件，与抽象的符号一起，构成了"体认式的情感"，同时也完成了"情的识化"，最终使《易》的卦爻辞与所蕴含的情感意义形成了一种适中的关系，暗合了审美意识构成的主要条件，从而使《易》所呈现的世界具有了美感的倾向，最终构成了一个带有浓厚审美意味的世界，因此可以说，它们之间是一种带有独特天然美感的美学关系。

一

《咸》卦是《周易》本书的《下经》之首，其在《周易》本经中有着极为重要的地位。其卦象为："《彖辞》曰：'咸，感也。柔上而刚下，二气感应以相与。'"① 从《彖辞》来讲，已确定《咸》卦本身就是八经卦中的《艮》卦与《兑》卦之间的相互作用，二体相互感应的作用，形成了《咸》卦。并且，从卦气上来说，作为阴体的《艮》卦与作为阳体的《兑》卦之间也存在相互感应的关系。《象传》又云："天地感而万物化生。"意思是将万物与阴阳相合的卦气联系在了一起，因此王弼在《周易注》（以下简称《注》）中说"二气相与，乃化生也"，更是明确将阴阳二气确定为万物化生的材料，将抽象的符号赋予了山与水的具体含义，并指出了这一卦所示的卦气的相互感应，是所有天地万物化生的基础条件。

从相互感应的必要性来说，可以追溯到《咸》卦在天地万物中的地位。

① （魏）王弼撰，楼宇烈校释《周易注校释》，中华书局，2012，118 页。

唐孔颖达在《周易正义》①中对王弼所注卦辞解释道："窃谓《乾》《坤》明天地初辟，至《屯》乃刚柔始交，故以纯阳象天，纯阴象地，则《咸》以明人事。人物即生，共相感应。若二气不交，则不成于相感，自然天地各一，夫妇共卦。……即相感应，乃得亨通。"② 孔疏从卦序的角度对从《上经》中的《乾》《坤》到《屯》再到下经《咸》的发展过程进行了叙述。孔疏以为，天与地各象征着纯阳与纯刚的卦气，若二气不想交，则天地闭塞，万物不生，或如自然天地一样，不会有色彩纷呈的世界，更不会有其余的卦象。要么天地各在一端而形成《否》卦，此时天地各于其位，阴阳不交，那么则《咸》卦中的人事更无从说起。从天地人事相比的角度来看，孔疏明确，不仅自然之物相互感应，人与自然、人与人之间也会相互感应，正如卦辞中所用夫妇关系说明的一样，因此，只有物物相互交感，万物才始通，这也是圣人感应万物所具备的物质条件。

同时，《象传》指出，这种相互作用的感应与化生方式并不只存在于自然万物之中，圣人也可以根据自身的条件来感悟其中的道理，圣人的感悟活动也是一种"感悟式的理解"。《易》本经曰："圣人感人心而天下和平。观其所感，而天地万物之情可见矣。"③ 这种感悟式的理解在王弼的《注》中被进一步阐释，其曰："天地万物之情，见于所感也。凡感之为道，不能感非类者也，故引取女以明其同类之意。同类而不相感应，以各其亢所处也。故女虽应男之物，必下之而后取女乃吉也。"王弼指出，从象数上来讲，《象传》本意在于明确感应的方式为类同，不类同的事物是无法相互感应的，因此同阴同阳的卦体只能各自守在己处，故取男女之象以明之。从天人关系而言，这里也确定了感应的本体与感应的方式。王弼业已明确指出了，人与自然也不是处于一种对立的方式，而是能够通过圣人之智以感应的。值得注意的是，感应的本体不在于物本身，而在于万物之情，中国古代的物不仅包括自然事物，而且也泛指人事与人相，通过对于万物之情

---

① 一般认为，孔颖达所作《周易正义》是对于王弼所作《周易注》的阐释。虽然二者在某些地方有所不同，但从中国古代经学两大系统（汉学、宋学）的脉络中可以看出，孔对之的疏还是严格地继承了魏晋以来的学术传统，并集合了魏晋以来的对王弼《周易注》的研究成果及与《周易注》持近似观点之作，故本文在某些方面予以引用，用以说明通感在王弼《周易注》学中的重要地位。

② （魏）王弼注，（晋）韩康伯注，（唐）孔颖达疏，（唐）陆德明音义《周易注疏》，中央编译出版社，2013 年 1 月版，186 页。

③ （魏）王弼撰，楼宇烈校释《周易注校释》，第 118 页。

的感应，天象、人事与物才会和同于同一个世界之中。虽然《易》给予世界以抽象符号上的意义，但是透过符号背后的意义，我们可以感悟、体会到背后的物象与人事，这种直接通过符号所给予的关系，就是一种感悟式的理解。

对《大象传》的阐释则说明了圣人达到《咸》卦这样一种"感悟式理解"的方式，《周易》本经中指出："君子以虚受人。"这里的"虚"按《周易》本经的意思来讲，只是指一种谦虚的状态，犹如在《谦》卦中指出的："人道恶盈而好谦，谦尊而光，卑而不可逾，君子之终也。"① 《谦》的卦德在于君子能有自知之明，不齿下而不违上，认清楚自己的地位，并对上对下都有一种谦虚的态度。但是王弼在其《注》中则提供了另外一种说法，他强调"以虚受人，物乃感应"②。可以看出，王弼以不同意义的虚来注释《易》乃是明显受到了魏晋玄学风气的影响，尤其是《老子》的影响，虚在其《老子注》中为"唯修卑下，然后乃各得其所欲"。联系王的《周易注》，可知达到虚的状态需要人隐蔽自己的欲望，不以其示人，"卑下"是指以一种谦虚的心态来对待百姓的意见，而是在自己的人格境界之中克制欲望，隐蔽其诉求，做到尽量减少自己的主观上的情感。可以说，虚在自我为中介的体验中要求人尽量减少主观上的欲望，更多地融入以化为形态的、万事万物相互转化的世界中去。

但是，虚本身并不是绝对隔绝了对于卦体与所谓"圣人"之间的联系，二者之间仍然建立在情的基础之上，此时的情既非对于万事万物的意志与欲望，也不是人所认识到的外物的状态，王《注》中强调，"天地万物之情，见于所感也"。人与世界通过符号的相互感应乃是虚所致之情，因此王在《老子注》中强调："以虚静观其反复。凡有起于虚，动起于静，故万物虽并动作，卒复归于虚静，是物之极笃也。"③ 如果联系《老子注》中的上下文，可知王弼此注乃是对政治统治者的要求，为获得统治者的最高利益，王弼希望他们能够如同虚无缥缈的道一样，克制自己的欲望，隐藏自己的喜好，以达到虚的境地。但是虚同时也是建立在对万事万物体察的基础之上的。王弼认为，这个世界的本质在于静而不是动，就欲望与意志的主观行为而言，人们要减少此项活动，更多地进入物与物化的情态体会中去。所谓

①　（魏）王弼撰，楼宇烈校释《周易注校释》，第61页。
②　（魏）王弼撰，楼宇烈校释《老子道德经校释》，中华书局，2008，第43页。
③　（魏）王弼撰，楼宇烈校释《老子道德经校释》，第35页。

"绝圣弃智"只是对主体而言的，王弼认为人应该更多地将精力用于对事物体会、感悟中去，而不是建立自己的标准，人体悟的是万事万物之情，这是虚所要达到的最高的境地，也是作为主体所需要的感悟、体会的前提条件。二者在构成了"感悟式理解"的同时，也完成了"识的情化"，二者之间也就构成了美学关系。

从上述论述中可以看出，王弼所理解的《咸》卦中的通感理论具有两个方面的倾向：一方面，抽象的象直接提供了所表达之物，其表达之物并不仅仅限于物象，还另有人事、人与人的关系；另一方面，需要理解象的主体应尽量避免自己的主观介入、主观感受。应该说，此时的通感理论建立在象与抽象的符号之间，具体的象为直觉的观念提供了实在的存在与存在的意义（即卦德），在象与其存在的意义之间并不另外存在一个相应的中介，二者之间的关系以一种直觉的方式体现出来。虚作为感受体会抽象的卦与卦德、卦意之间的纽带，以情为中介，为我们呈现了一个尽管表现抽象但在含义上极为丰富且生动而活泼的、紧密结合的具有天然美感的美学世界。

二

《咸》卦的《象传》与《大象传》从"八经卦"卦体和卦德的角度对整个卦象的通感说进行了阐释，但在具体的爻和爻位的解释中，《咸》卦也规定了通感说的具体的内涵。但是，王《注》的《爻辞》注特点在于灵活地看待象数与义理之间的关系，在碰到象数与义理之间出现明显冲突时，或是象数本身出现矛盾的状况，王弼都会本着义理为主的原则，不拘泥于爻辞中出现的象与数，正所谓"意以象尽，象以言着。故言者所以明象，得象而忘言；象者所以存意，得意而忘象……然则忘象者，乃得意者也；忘言者，乃得象者也。得意在忘象，得象在忘言。故立象以尽意，而象可以忘也；重画以尽情，而画可忘也"[1]。这就破除了汉代以来解《易》尤其是解释爻辞与卦象之间矛盾的难处，使得解释《易》成为了个人对《易》的义理阐发。应该说，这里的爻并不仅仅指爻的刚性与阳性，还指具体的爻的位置与爻爻之间的相互作用，故谈到爻时都包含上述问题。结合魏晋

---

① （魏）王弼撰，楼宇烈校释《周易注校释》，第 285 页。

南北朝文学自觉时代的特色，我们有理由相信，除去了繁复的解《易》体例后，爻本身与其意义之间的关系成为了感悟与体会的工具。这里并不意味着以象数解《易》就排斥了对义理的追求，只是在卦象的背后存在着的僵硬的、繁复的解《易》体例得到了简化，对象以直接的方式呈现出来，而不是被束缚到象上，但并不意味着从象到义理之间没有中介的作用，后文会详细加以讨论。这样，人对于卦体本身的感悟与体会就显得十分的重要，在这里感悟与体会，也就是体认式的思维与情感，就起到了主要的作用。

体认式的思维与情感本身并不单独构成解爻辞的标准，其更重要的构成体认式的思维与情感关系在于，爻与爻之间相互感应的基础是相互之情，以情为纽带的特殊感受使得王《注》在汉学解《易》系统中有着独特的地位。在具体的爻辞之中，对于情的关注简化了对于象辞中出现的具体事物的解释与其存在的意义。王弼认为，只要能够从义理上说清楚几个可能对立的象之情，就可以一劳永逸地解决《爻辞》中难解的现象。在这里，情是一种符号与符号的中介。在此基础之上，象数与义理之间得到了新的统一，这个世界也就成为了有情感的世界，同时能够抽象地表达天象人事的符号也具有了神圣的意义，因此，人们既可以用其来占卜未来，也可以作为阐发义理的工具。天地万物的形象，人间万物之情，都在其中有了氤氲的体现。可以说，王弼的《周易注》对此种以义理阐发为主的解《易》方式贡献良多。更为重要的是，体认式的情感使本是指导人生作用的《易》本经不单纯局限于带有明显神圣色彩的人生智慧，它与对现实人生的体验结合在了一起，完成了"情的识化"，二者之间也就形成了一种美学关系。

从具体的爻辞来说，初爻本为"咸其拇"。如果按照象数来理解的话，就必须分成三部分：其一，确立字面意思，"咸"本为"感"之意，而"拇"是大拇指；其二，从象数上来说，拇指本身是第一指，象征着初爻，从象数上来说，初爻本身与第四爻相应；其三，从义理阐发来说，这就象征着处于感应活动之始的时候，应该比德与外，而不应该把自己的视线狭隘于初位。可以看出，通过以上的结构，才能对爻辞得出一个相对完整的解释。但是，王《注》则打破了这种以象数为中介的模式，它强调："处咸之初，为感之始，所感在末，故有志而已。如其本实，未伤至静。"① "所

---

① （魏）王弼撰，楼宇烈校释《周易注校释》，第118页。

感"本身就是一个活动过程，这个活动的结论可以直接通过第一爻与第四爻的关系得出，并不需要一个一以贯之的解《易》体例，这样一个本是严格的象数系统成为了带有浓厚感悟、体会色彩的义理阐释工具。

王《注》中，对六二爻、九三爻与九四爻的解释在坚持义理阐释的同时，也重视了所感对象之情。同样的，解释《易》的思想也就不关注所释之象数，而偏于对所感悟到的义理进行阐发，情在这里成为了爻与爻之间相互传递的工具。六二爻为"感物以躁，凶之道也。由躁故凶，居则吉也"①。如果按照汉代的解《易》体例，就应该对爻辞"咸其腓"之"腓"做详细的解释，指出"腓"的具体的物象与整个卦的联系，但是王《注》则特别强调了"腓"义理情感的重要性，突出了其"躁"的性质。事实上，"腓"象征的是人的肠胃，人的肠胃在时时刻刻的蠕动，《易》本经用此象征人或事物躁动不安的状态，《易》本经是根据爻位和爻与爻之间的关系来看待"腓"所产生的原因，它认为"腓"处于下之体，以阴居阴，故而躁动不安，成为了极具危险性的一爻。而王《注》则在义理的角度说，"腓"由于其本身的躁动性质，故象征着人因躁动不安而形成凶道，因此人要守其分，明其道，顺从现在所处的情况，才能获得贞吉。从此可以看出躁动这一情感贯穿了王弼解这一爻的全部，因为这种情感，使爻这一本是属于象数的符号直接注入情感之中，最终使得这一爻直觉的状态得以明确地显现，并完成了"情的识化"这一过程。

王弼《注》对九四一爻的解释，则从另外一个具体的爻象说明了通感的情感性质与体认人生之间的关系，并更为详细地叙述了通感与一些象数之间的关系。应该说，自《易》本经成书之后，这一爻就一直存在着象数与爻辞的问题，爻辞"憧憧往来，朋从尔思"中的"憧憧"与"往来"之间的关系究竟是什么？"朋"与"尔思"究竟又有什么关系？汉代之前的升降法与朱子在《周易启蒙》和《周易本义》中所提倡的卦变说，都主张此《咸》卦从《履》卦来，而九四爻正是卦变的变爻，爻辞中的"往来"正是说明了这一卦变的过程，如果纵观整部《易》本经，这种"刚柔往来"的爻辞不占少数，甚至可以合理地推断出，作爻辞的先贤是懂得卦变之说的，否则就无法从任何角度对《易》本经进行阐释。但是，当我们将视线转入王《注》时，就会发现王弼似乎对这种一一对应的卦变关系没有任何

---

① （魏）王弼撰，楼宇烈校释《周易注校释》，第118页。

的兴趣，或者说，整部《周易注》都没有出现任何一个带有卦变色彩的概念，或许正是从这个角度上来讲，清代的学者才将王《注》视为"尽黜象数以尊义理"的标志。从王《注》来看，首先从上下兑、艮二体来叙述相互交感的状态："居体之中，在股之上，二体始相交感，以通其志，心神始感者也。"① 处于上下体相交位置的爻如近水楼台先得月之映照，能位于二体交感作用之始。更为重要的是，王弼认为这不仅是物物相互交感的作用，而且是心神相互交感的状态，与其相互依存的是志，志也就是相互体认的情感因素，二体相互交错的依据就在于对相互之情的认同。如果从王弼所说，其志就在于正，"凡物之始感而不以之于正，则至于害"②。正乃正心之正，因其爻位并不在体之正中，故不可以视其为正位之正。

接着，王《注》又从义理的角度，以通感说为依据，具体地解释"憧憧"与"朋"等象数问题。他指出"始在于感，未尽感极，不能至于无思以得其党，故有'憧憧往来'，然后'朋从其思'"③。可以看出，通过感正来说明此爻所处的尴尬地位，其并未处于上体，故没有尽通感之道，所以没有与其有正应与比附的爻，所以得出了此爻只能在上下体间这一鸡肋的位置徘徊，它一直在寻找自己的伙伴却没有回应。我们应该注意的是它是如何由通感转换到义理上去的，对于正的追求使得这一爻本身超越了符号的意义，正的情感注入其中，直接导致了此爻义理观念的形成。可以说，体认式的思维与情感在此爻的解释中密不可分，这种阐释方式与原有的《易》本经符号的结合，就是"情的识化"的过程，正也并不仅仅是正位，也是中的体现，这也是从王注《易》学中所体现的天然美感中，对于中和状态的追求，中和本身就构成了一层自觉的美的追求。

再者，九五爻与上六爻从心物结合的角度对《咸》进行了具体的规定。对于九五爻而言，王《注》曰："心之上，口之下，进不能大感，退亦不为无志，其志浅末。"④ 从王《注》上下文而言，它是将九四爻视为心体，而将九五爻视为口，此爻爻辞为："咸其脢，无悔。"其中"脢"是指心口之间的位置，通感说以其不能大感，故有"无悔"征兆。上六爻则从反面来

① （魏）王弼撰，楼宇烈校释《周易注校释》，第118页。
② （魏）王弼撰，楼宇烈校释《周易注校释》，第118页。
③ （魏）王弼撰，楼宇烈校释《周易注校释》，第118页。
④ （魏）王弼撰，楼宇烈校释《周易注校释》，第118页。

例证通感并不只是空洞的语言。王《注》曰："咸道转末，故在口舌言语而已。"① 由此可以看出，对于中的追求与天然美感中的"情的识化"再一次结合在了一起，上六爻也从反面体现了对于中的重视，由此可见王弼重视爻所显示的抽象的位置与所蕴含的义理之间的关系，从通感说的内部要求来讲，王弼非常重视其启发作用，重视其中情感的感悟与心灵的体会，这种体会通过符号式的表达，最终使得"情的识化"所作用的天然美感得以形成，同时也在自己的体系中照亮一个带有浓厚审美意味的美学的世界。

三

　　《咸》卦的卦辞，《象》辞在总体上说明了物感的基本内涵，除此之外，王弼最重要的关于物感的理论存于其《周易略例》中，《周易略例》系统说明了王弼解《易》的理论。其中关于《象》《彖》与爻位的"承乘比应"的关系是研究物感理论的基础。从思维方式上来说，解《易》的直观理论与感受、体会的方式如出一辙。王弼在序中强调："承乘逆顺之理，应变情伪之端，用有行藏，辞有险易。观之者，可以经纬天地，探测鬼神，匡济邦家，推辞咎悔。"② "承乘比应"之理本是《易》学象数上的基本观点，王弼在这里将其改造成为了日常生活事物中的直接联系。他认为，认识到这种联系的圣人，大则能够实现儒家的政治理想，小则能够消灭生活中的错误，故爻与爻之间的关系就不仅仅是连接象数之间的抽象概念和符号，而是具有明确含义的义理性表达；而《象传》的作用在于定一卦的思想含义，许慎在《说文解字》中就将"象"一字训为"断也"。王弼在《周易略例》中说："统论一卦之体，明其所由之主者也。"③ 也就是指出《象传》乃是评价、统摄卦辞与爻辞的中心，对于《大象传》与《象传》之间的矛盾现在还众说纷纭，莫衷一是，但是无论采取任何角度、任何方法解释《易》，《象传》的重要地位是毋庸置疑的。

　　对于《象传》的内容与通感的联系，王弼没有直接言明，但是在《周易略例·明象》中叙述《象传》重要的地位时透露过："物无妄然，必由其理。统之有宗，会之有元。故繁而不乱，众而不惑。故六爻相错，可举一

---

① （魏）王弼撰，楼宇烈校释《周易注校释》，第 118 页。
② （魏）王弼撰，楼宇烈校释《周易注校释》，第 269 页。
③ （魏）王弼撰，楼宇烈校释《周易注校释》，第 269 页。

以明也。刚柔相乘，可立主以定也。是故杂物撰德，辨是与非。"① 王弼认为，《彖传》是统领一卦全局的重要文献，六爻相互交错，莫衷一是，而《象传》则可以作为象数与义理上的总结。如果从全局上来讲，前文已从《咸》卦中具体卦爻辞中解释了抽象的象数与义理之间的关系，而《象传》就相当于叙述整个卦的象数之间的义理，从象数中透出的义理都可以从"得意忘象"的角度在《象传》中得到解释，故王弼云："繁而不忧乱，变而不忧惑，约以博存，简以济众，其惟《象》乎?"② 简化了的象数特征在解《易》者那里得到感悟，这样，《易》的抽象概念义理也不纯粹具有抽象性，它本身也与情感体验交织在了一起，形成了感悟式的理解，完成了"识的情化"的过程，在《象传》之中构成了暗合美学特色的元素，最终通过解读《象传》表达，对《象传》的解读也成为王弼解《易》中最看重的一个环节，同时也构成了美学特色的关系。

此外，解《易》还在于爻辞，而爻辞中的感应则是通过情感传递的方式给予的。王弼在《周易略例·明爻通变》一文中说："变者何也? 情伪之所为也。夫情伪之动，非数之所求也。故合散屈伸，与体相乖。形躁好静，质柔爱刚，何与情反，质与愿违。"③ 从上述材料中可以看出，王弼认为，作为象征万事万物变化的爻之所以变动，是由于相互通感到了彼此的情，情是他们变化的动力。而象数作为爻的显现，并不具备让爻变化的本质，象数只是在表现上抽象地显示了这一过程而已。接着王弼又强调，情不仅是爻之所象人事的表现，同时也是其本体，万事万物都通过情这一种具体的观念来通感，比如，爻本身的躁与静之间的性质，爻与爻之间、爻与爻位之间的关系等，都只不过是情的通感的另一种表现。王弼认为，通过情的通感理论，不仅可以消除象数上难解的情况，而且也并不与爻本身的因"乘承比应"关系而导致的一些义理上的问题相互违背，这里情作为一种直观上的关联之物，在爻与爻位之间的关系中，得到了重视。

同时，在《周易略例·明卦适变通爻》中，王弼也在爻本身的角度证明了这一点。王弼曰："夫应者，同志之象也；位者，爻之所处之象也；承乘者，逆顺之象也；远近者，险易之象也；内外者，出处之象也；初上者，

---

① （魏）王弼撰，楼宇烈校释《周易注校释》，第269页。
② （魏）王弼撰，楼宇烈校释《周易注校释》，第274页。
③ （魏）王弼撰，楼宇烈校释《周易注校释》，第274页。

始终之象也。"① 这就是王弼具体解爻时所用的思想，应该说其"承乘比应"的关系在汉代就已出现，其起源甚至可以追溯到更早的时代，但是无论如何，使得对爻位与爻的理解直接上升到义理层面的，恐怕王弼是第一人。从原义上来讲，"承乘比应"的关系应该承接的是象数之间的关系，而非直接的义理，王弼则直接将其提升，连接到具体的事物上。我们也清楚地看出，无论是"同志"还是"顺逆"，"远近"或是"内外"，都是带有明显情色彩的词语，这也就说明了，物象本身并不是单纯的物象，而是带有了直觉色彩的情感体悟。王弼《易》学所照亮的，并不是一个纯粹物质的世界，而是一个带有亲情伦理与感悟色彩的世界。

最为明显的是王弼对于象的理解。他在《周易略例·明象》中说："象生于意而存象焉，则所存者乃非其象也。言生于象而存言焉，则所存者乃非其言也。然则忘象者，乃得意者也；忘言者，乃得象者也。得意在忘象，得象在忘言。故立象以尽意，而象可忘也。重画以尽情，而画可忘也。"② 言象意之间的关系一直是中国哲学讨论的问题之一，王弼认为象与意之间并不存在对立的问题，就算是最为抽象的符号，也能通过感悟、体会的方式把握画象之人的意思，这个中介就在于，象不是抽象的象，而是一种饱含了情感体悟的象，对于天象的感悟与人间的情感暗合在了一起，形成了"感悟式的理解"，完成了"情的识化"的过程。因此可以说，王弼为象注入了更为明白清楚的情感，则这个象也就不再是象数之象，而是义理的表达物，如果从美学角度来讲，也就是审美之象了。

综上所述，以王弼开创的解《易》体系在魏晋南北朝唐代后对文化、美学等方面产生了重要的影响，其所阐释的通感说具体体现了中国古代审美意识在《易》学中的反应，可以看出，这种理论以极为特殊的方式对《易》本经中原本起到卜筮作用的卦爻辞进行了重新阐释，使得抽象的象数、象数的存在状态与义理之间形成了一种适中的关系，暗合了审美意识构成的主要条件，从而使原本是起到卜筮作用的《周易》本经与自汉代以来形成的利用《周易》阐释宇宙人生合一的解释模式得以更新，形成了一种独特的美学关系。

具体而言，在可以被视为阐释通感特性的《咸》卦中，符号之间的通

---

① （魏）王弼撰，楼宇烈校释《周易注校释》，第 274 页。
② （魏）王弼撰，楼宇烈校释《周易注校释》，第 285 页。

感分为两个层面。在《卦辞》与《象传》中，王弼认为人体会、感悟事物乃是"咸"之道，人体悟的是万事万物之情，而要通过感悟、体会符号来体会到这种情感，就需要虚，它是为体会情所能达到的最高的境界，也是作为主体所需要的感悟体会的前提条件。二者间在构成了"感悟式理解"的同时，也完成了"识的情化"，二者之间也就形成了美学关系；在爻位与爻辞的关系上，王弼重视爻所显示的抽象的位置与所蕴含的义理之间的关系，非常重视其启发作用，重视其中情感的感悟与心灵的体会，这种体会通过符号式的表达，形成了一种体认式的情感，使得"情的识化"成为可能。同时，对于集中阐释王弼解《易》体例的《周易略例》也从"明爻""明象"等方面体现，王弼的解《易》过程不仅是简单地对哲学义理的阐释，而且也在无意中契合了中国古代美学的发生路径，最终照亮一个带有浓厚审美意味的美学的世界。

朱熹的美善观

房玉柱*

摘要：朱熹的美学思想博大精深，其关于美善的论述更为精辟。朱熹的美善观与内容美、形式美、德行、人格美密切相关。美者，声容之盛；善者美之实。美是言功，善是言德。善是人的资质好，美是善充满全身而不假外求。朱熹的美善观是在孔子、孟子关于美善论述的基础上发展起来的。朱熹也追求美善的统一，但由于到了宋代时，中国社会进入封建社会的后期，市民经济高度发达，封建统治日趋精密，在哲学和美学领域里出现了"道的理化"和"德的利化"。于是，朱熹在追求美善统一的同时，更强调善，主张以善制美。这表明朱熹的美善观更加封闭和保守，而作为古代审美理想的和谐美开始衰落。

关键词：朱熹 美善观 道的理化 德的利化

朱熹是继孔子、孟子、董仲舒之后儒学领域的又一位大师，其思想影响了中国六百多年。朱熹的美学思想博大精深，其关于美善的论述则尤为精辟。朱熹的美善观与内容美、形式美、德行、人格美等密切相关，但由于宋代哲学和美学发展的特点，朱熹在追求美善统一的同时，更强调善。这与中国封建社会后期的发展密切相关。宋代以后中国社会进入封建社会的后期，封建统治日益精密，市民经济高度发展。居间性是中国美学思想的一个特征，也是朱熹美学思想的特点。居间性源自上古宗教中的自然崇拜与祖先崇拜，自然崇拜与祖先崇拜在哲学领域里表现为道和德，道和德

---

* 房玉柱，文学博士，陕西学前师范学院中文系讲师。

此消彼长构成了居间性发展的内在动力。居间性是道和德之间的一种张力状态，居间性有两个特征：一是逆向居中，二是原位返回。在中国封建社会前期，即在先秦时期，居间性处于萌芽时期和形成阶段。到了中国封建社会中期，即汉唐时期，居间性具有更多的开放性和包容性，此时原位返回虽然存在，但占据主流地位的是逆向居中。到了中国封建社会后期，即宋代以后，居间性呈现僵化和封闭化的特点，此时逆向居中虽然存在，但占主流地位的是原位返回，道和德之间的分离倾向加强。在朱熹的美善观上，此时美和善的逆向居中虽然存在，但原位返回倾向加强，美和善之间的分离倾向加强，朱熹虽然追求美善统一，但是为了维护封建统治和遏制人的欲望，主张以善制美。朱熹关于美善的论述是在孔子和孟子的基础上做出的，但比孔子和孟子更加保守。

一 美善与内容美、形式美的关系

在朱熹看来，美是形式美，善是内容美。朱熹认为，美是"声容之盛"，善是"美之实"。朱熹说："美者，声容之盛。善者，美之实也。舜绍尧致治，武王伐纣救民，其功一也，故其乐皆尽美。然舜之德，性之也，又以揖逊而有天下，武王之德，反之也，又以征诛而得天下，故其实皆有不同。"① "声容之盛"指的是乐的节奏和形式，即形式美；"美之实"则是与乐相关的事情，即内容美。朱熹追求形式美与内容美的统一，但更强调内容美。朱熹的美善观主要是继承了孔子的美善观，并将之发扬光大。孔子主张尽美尽善，《论语》中说："子谓《韶》，'尽美矣，又尽善也'。谓《武》'尽美矣，未尽善也'。"②《韶》是舜时期的乐，舜以禅让而取得天下，故而尽善尽美；《武》是武王时期的乐，武王以征伐而取得天下，故而尽美未尽善。这里的"善"是"美之实"，是隐藏在《韶》乐背后的事实，即创作《韶》乐的时代背景与政治环境。就形式美而言，二者皆美，但就内容美而言，则《武》稍逊一筹。这主要是因为舜和武王取得天下的方式不同。朱熹认为，美如人生得好看，朱熹说："美如人生得好，善则其中有德行耳。以乐论之，其声音、节奏与功德相称，可谓美矣，善则

---

① （南宋）朱熹：《四书章句集注》，中华书局，2012，第68页。
② 阮元校刻《论语注疏》卷3，《十三经注疏》下册，中华书局，1980，第2469页。

是那个美之实。"①拿人来说，美就像人生得漂亮一样，是一种形式美，而善指的是人有德行，指的是内容美，即善是内在美，美是外在美。

内容美和形式美是美学研究的重要内容，与之相对的概念是美的内容与美的形式。内容美与形式美都属于审美的形态，二者的着眼点在于美。而美的内容与美的形式则是构成内容美与形式美的要素。内容美指的思想、内容等内在东西所呈现的审美特性，美的内容是在具体形象中所体现的人的本质力量。形式美指的是在自然、社会和艺术中各种形式因素（色彩、线条、形体、声音等）有规律的组合所呈现的审美特性，而美的形式则指的是体现合规律性、合目的性本质内容的那种自由的感性形式，如色彩、线条、形体、声音等感性因素，它是显示人的本质力量的感性形式。而朱熹在追求美善统一的同时，更强调内容美，即在内容美与形式美之间，更重视内容美。这是由其理学家的基本立场所决定的，理学家更重视人的内在修养，即沿着诚意—正心—修身—齐家—治国—平天下的路子发展的。

在中国封建社会后期，居间性中的两个因素即道和德之间的关系发生了变化，道向形而上的方向发展，具有更多的超越性，出现了"道的理化"的趋势，人们以理来代替道。而德则向形而下的方向发展，具有更多的世俗性，出现了"德的利化"的趋势，人们重视德的功利性。在美善关系方面，善的形而上性加强，美的形而下性加强，即世俗性增强。这与宋代的社会发展密切相关，宋代的市民社会得到进一步的发展，人们更加重视当下的世俗生活，人的欲望膨胀，北宋的汴梁城和南宋的临安，经济都很发达，原始儒学难以适应社会的发展，北宋理学家对原始儒学进行了改造，以便控制人心，维护封建统治秩序。而源于上古先民信仰中的居间性，有了松动的迹象，表现在朱熹的美善观方面则是美和善的分离倾向加强，朱熹虽然强调美善统一，但已不同于孔子的美善统一，朱熹更强调善，即在内容美与形式美之间更强调内容美。

二　美善与德行的关系

朱熹的美善观与德行相关，美是言功，善是言德。功指的是事功，德

---

① （南宋）朱熹著，黎靖德编，王星贤点校《朱子语类》卷 133《本朝七》，中华书局，1986，第 3168 页。

指的是德行。朱熹说："美是言功，善是言德。如舜'九功惟叙，九叙惟歌'，与武王仗大义以救民，此其功都一般，不争多。只是德处，武王便不同。"① 就事功而言，舜治理天下，武王诛杀纣王，二者都是美的。而就德行而言，舜是性之，武王是反之，性之是先天形成的，是自然而然的意思，反之是经过后天训练而成的，在德行的境界上，即在善方面，舜比武王高一个层次，舜由禅让而取得天下，武王靠征伐而取得天下，二者得天下的方式不同，故而在尽善的程度上是不一样的。故而，《韶》尽美尽善，《武》尽美而未尽善。

舜和武王都是儒家所尊奉的圣人，在朱熹看来，二者的德行层次是不同的，故而，尽善的程度不同。舜的德行较精，武王的德行较粗。汤和武王都是反之，都是后天修炼而成的，但二者气质不一样，汤较细致，武王较粗，这从汤和武王的战前动员令可以看出。朱熹说："以《书》观之，汤毕竟反之工夫极细密，但以仲氏称汤处观之，如'以礼制心，以义制事'等语，又自谓'有惭德'，觉见不是，往往自此益去加功。如武王大故疏，其数纣之罪，辞气暴厉。如汤，便都不如此。"②武王"辞气暴厉"，与汤尚有一定的距离，更不用说与舜的距离了。在具体的事功方面，商汤灭夏，流放了夏桀，而武王伐纣，则诛杀了纣王，传说牧野之战，流血漂橹，二者德行不一样，处理问题的方式就不一样。换作文王，可能是另外一种做法，文王的德行高，可能在文王的德行的感召下，纣王集团会发生众叛亲离，自然而然地土崩瓦解，这比较符合儒家的中庸之道。但是，武王的做法与当时的时代背景与政治环境相适应。文王也会使用武力，文王戡黎就是明证。舜也如此，舜曾征三苗。朱熹并不反对战争，对舜征三苗和文王戡黎都是赞同的。舜以揖让而取得天下，武王靠征伐而取得天下，这并不表明舜比武王高明。朱熹说："德有浅深。舜性之，武王反之，自是有浅深。又舜以揖让，武以征伐，虽是顺天应人，自是有不尽善处。今若要强说舜武同道，也不得；必欲美舜而贬武，也不得。"③舜和武王的德行虽有深浅之不同，舜的德行较深，武王的德行较浅，而且尽善的程度也不一样，但要说舜和武王同道是不对的，想要赞美舜而贬低武王也不行。这表明朱熹在追求美善统一的同时，更强调善，美指的是事功，而善指的是德行。

---

① （南宋）朱熹著，黎靖德编，王星贤点校《朱子语类》卷 25《论语七》，第 635 ~ 636 页。
② （南宋）朱熹著，黎靖德编，王星贤点校《朱子语类》卷 25《论语七》，第 637 页。
③ （南宋）朱熹著，黎靖德编，王星贤点校《朱子语类》卷 25《论语七》，第 633 页。

在事功方面，舜和武王都是美的，在德行方面，舜尽善，武王未尽善。

在事功与德行方面，朱熹更重视德行。朱熹曾经和主张事功的陈亮进行论战。陈亮是朱熹的好友，也是朱熹的论敌。陈亮认为汉唐胜过三代，而朱熹则认为三代胜过汉唐。朱熹在《答陈同甫》中说："来教云云，其说虽多，然其大概不过推尊汉、唐，以为与三代不异；贬抑三代，以为与汉唐不殊。"① 可见，陈亮推崇汉唐，贬抑三代，而朱熹对这种观点是反对的。朱熹说："此汉唐之治所以虽极其盛，而人心不服，终不能无愧于三代之盛时也。"② 汉唐从事功的角度来讲，达到了一个高度。陈亮的立足点在于汉唐的事功，汉唐是中国历史上的盛世，开疆拓土，积极进取。而朱熹的立足点在于德行，其目的在于恢复儒家的统治秩序，统一人心，以对抗北方的金国。朱熹认为，汉唐开国皆出于私意，其区别在于汉高祖私意少一点，而唐太宗则全是私意，他假借仁义以行其私。也就是说，三代开国出自义，出自天理，而汉唐开国出利，出自人欲，这表现在与陈亮的义利之辩上，朱熹说："尝谓'天理''人欲'二字，不必求之于古今王伯之迹，但反之于吾心义利邪正之间。……老兄视汉高帝、唐太宗之所为，而察其心果出于义耶，出于利耶？出于邪耶，正耶？若高帝则私意分数犹未甚炽，然亦不可谓之无。太宗之心，则吾恐其无一念之不出于人欲也。"③ 不能因为汉唐强盛，传世久远，就说汉唐胜过三代，这是以成败论英雄，以"获禽"多少而论之，而汉唐之所以能取得如此的成就，是因为在某些方面暗合了三代之道。三代只是朱熹虚构出来的理想时代，其目的是为了重建儒学。陈亮强调事功，即美，重视汉唐的功业，而朱熹强调德行，即善，向往的是三代的道德人心，朱熹虽然主张美善统一，但更强调善，其美善观可见一斑。

面对激烈的阶级矛盾与空前高涨的民族危机，朱熹试图强调德行，以振奋民族精神。康德认为"美是德性－善的象征"④，是出于一种伦理本位主义对美的界定，善指的是一个人的德行。而朱熹在某些方面与康德相似，也是强调伦理本位主义。康德认为，美是无利害的愉悦，无概念的普遍性，

① （南宋）朱熹：《答陈同甫》，《晦庵先生朱文公文集》卷 36，《朱子全书》第 21 册，上海古籍出版社、安徽教育出版社，2002，第 1585 页。
② （南宋）朱熹：《答陈同甫》，《晦庵先生朱文公文集》卷 36，《朱子全书》第 21 册，第 1588 页。
③ （南宋）朱熹：《答陈同甫》，《晦庵先生朱文公文集》卷 36，《朱子全书》第 21 册，第 1582 ~ 1583 页。
④ 〔德〕康德：《判断力批判》，邓晓芒译，人民出版社，2002，第 200 页。

无目的的合目的性，无概念的必然性。善则带有一定的概念性与功利性。朱熹认为，善是对德行的强调，美则强调事功。儒家追求"三不朽"，即立德、立功、立言，德是根基。《左传》"襄公二十四年"中说："太上有立德，其次有立功，其次有立言，虽久不废，此之谓不朽。"①德行排在事功的前面，立德比立功高一个层次。可见，朱熹重视德行是有传统的，且朱熹则将之进行了发展，认为美是追求事功，善是追求德行。

美是言功，善是言德。朱熹在追求美善统一的同时，更强调善，这是朱熹美学思想居间性中道和德分离倾向加剧的表现。

三　美善与人格美的关系

朱熹的美善观与人格美相关。关于人格美，孟子提出了六种境界，即善、信、美、大、圣、神；而朱熹关于人格美的论述，是在孟子的基础上进行阐发的。孟子说："可欲之谓善，有诸己之谓信，充实之谓美，充实而有光辉之谓大，大而化之之谓圣，圣而不可知之之谓神。"②"可欲之谓善"，"充实之谓美"，是孟子关于美善的论述。关于"可欲"，朱熹认为："可欲，只是说这人可爱也。"③也就是说，善人是大家都喜欢的人，这样的人有大家所喜欢的善的品格。"充实之谓美"指的是善充满全身，就是美。在孟子这里，美比善高一个层次。

善是人的资质好，是一种实实在在的品格。朱熹说，"然所谓善，皆实有之。如恶恶臭，如好好色"④。善是一种真实的品质，但善指的是理而非人。朱熹说："盖此六位为六等人尔，今为是说，则所谓善者，乃指其理而非目其人之言矣，与后五位文意不同。"⑤善是后五种人格美的基础。《周易》中说："元者，善之长也。"⑥善是一个人的基本品质，如同制药的药材与做饭的食料。所谓善人，张载说："善人云者，志于仁而未致其学，能无恶而

---

① （春秋）左丘明著，李梦生译注《左传译注》下册，上海古籍出版社，2004，第790页。
② （战国）孟子著，杨伯峻译注《孟子译注》，中华书局，2010，第310页。
③ （南宋）朱熹著，黎靖德编，王星贤点校《朱子语类》卷61《孟子十一》，第1467页。
④ （南宋）朱熹：《四书章句集注》，第379页。
⑤ （南宋）朱熹：《答张敬夫孟子说疑义》，《晦庵先生朱文公文集》卷31，《朱子全书》第21册，第1355页。
⑥ 黄寿祺、张善文：《周易译注》，上海古籍出版社，2004，第9页。

已，'君子名之必可言也'如是。"①善人就是志于仁而无恶之人。朱熹对于善人的定义与张载一脉相承。朱熹说："人之所同爱而且为好人者，谓之善人。盖善者人之所同欲，恶者人之所同恶。其为人也，有可欲而无可恶，则可谓之善人也。"②善人是大家都喜欢而且是好人的人，有大家所喜欢的善的品质，而无大家所讨厌的恶的品质的人。朱熹打比喻说，"可欲之谓善"就好像一个人有百万贯钱，他却不知道，只知道有钱花，有房子住，有饭吃，有衣服穿就行了，而不管这钱是何营运的，这种人小富即安，没有多高尚的道德追求，也没有什么恶行，只满足于衣、食、住、行等基本的生活保障。善是一个人本有的品质，不假外求，如果外求，那就不是善，朱熹说："去外面旋讨个善来栽培放这里，都是有待于外。"③善是无待于外的，理有善恶之分，所谓善人，就是坚守善之理，而无恶之理的人。善人就是资质好的一般人。

信是善的进一步升华。孟子认为，"有诸己之谓信"。信就是实有之，是实实在在的自己，是人的本性。朱熹说："信者，实有于己而不失之谓。"④ 善是一个人知道了自己有许多美德，但不知道是怎么来的；而信是知道了，而且坚守着。朱熹打比喻说："'有诸己之谓信'，则知得我有许多田地，有许多步亩，有许多金银珠玉，是如何营运，是从那里来，尽得知了。"⑤ 善就像一个人知道家有许多良田和金银珠宝一样，却不知道怎么营运；而信是知道了自己有许多良田和金银珠宝，且知道怎么营运。处于善的阶段的时候，人的美德坚守不牢固；而到了信的时候，美德则更加牢固。朱熹说："然此特天资之善耳，不知善之为善，则守之不固，有时而失之。惟知其所以为善而固守之，然后能有诸己而不失，乃可谓信人也。"⑥ 信是善的进一步发展，善人只是一个好人，而信人则是对善的进一步升华。善是人的资禀好，信是后天修炼的结果。朱熹说："'可欲之谓善'，是说资禀好，是别人以为可欲。'有诸己之谓信'，是说学。"⑦ 可见，朱熹强调的是后天的学习和修养。

---

① （北宋）张载著，章锡琛点校《张载集》，中华书局，1978，第 29 页。
② （南宋）朱熹著，黎靖德编，王星贤点校《朱子语类》卷 61《孟子十一》，第 1468 页。
③ （南宋）朱熹著，黎靖德编，王星贤点校《朱子语类》卷 61《孟子十一》，第 1467 页。
④ （南宋）朱熹著，黎靖德编，王星贤点校《朱子语类》卷 61《孟子十一》，第 1467 页。
⑤ （南宋）朱熹著，黎靖德编，王星贤点校《朱子语类》卷 61《孟子十一》，第 1468 页。
⑥ （南宋）朱熹：《答张敬夫孟子说疑义》，《晦庵先生朱文公文集》卷 31，《朱子全书》第 21 册，第 1355 页。
⑦ （南宋）朱熹著，黎靖德编，王星贤点校《朱子语类》卷 61《孟子十一》，第 1470 页。

美是善充满全身而不假外求，善充内而形外谓之美，当一个人的内在修养达到了一定的地步，表现出来的就是美，所以美不假外求。朱熹说：

> 力行其善，至于充满积实，则美在其中而无待于外矣。①

> "充实之谓美"是就行上说，事事都行得尽，充满积实，美在其中，而无待于外。②

美就是对善的进一步践履，使善充满一个人的全身而不需外求。美是在行动的角度来说的，善是资质好，信是进一步坚守，美则是对善的践履和实践。在这里，美比善高一个层次。大是美的进一步发展，朱熹说："和顺积中，而英华发外；美在其中，而畅于四支，发于事业，则德业至盛而不可加矣。"③ 大就是美畅行于四肢，而且在德行上更上一层楼的表现。大是美塞乎天地之间的一种表现，而且有了光辉和形体，充实而有光辉就是大。大而化之就是圣。朱熹说："大而能化，使其大者泯然无复可见之迹，则不思不勉、从容中道，而非人力所能为焉。"④ 从大达到化境，就会"随心所欲不逾矩"，没有痕迹，合乎中道理性，即"中和之美"。程颐认为"大能成性"就是圣；朱熹说："化其大之迹谓圣。"⑤ 圣是大发展到化境的结果。神则是人格美的最高境界，化而不可知之谓神。在孟子这里，神人是最高境界，在庄子那里则不是这样，庄子认为"至人无己，神人无功，圣人无名"⑥。庄子的最高人格境界是圣人，孟子的最高人格境界是神人，这体现了儒家和道家的分野，儒家强调有，道家强调无。美和善只是人格美的不同层次。在朱熹的美学思想中，有三种人格：君子、贤人与圣人。一般人达到君子的人格就行了，而孔子的学生则是贤人，只有孔子是圣人，孟子只能算是亚圣。朱熹关于人格美的论述是在孟子的基础上产生的，宋代的理学家们很重视孟子，认为儒家的道由尧传给舜，舜传给禹，禹传给

---

① （南宋）朱熹：《四书章句集注》，第378页。
② （南宋）朱熹著，黎靖德编，王星贤点校《朱子语类》卷61《孟子十一》，第1467页。
③ （南宋）朱熹：《四书章句集注》，第378页。
④ （南宋）朱熹：《四书章句集注》，第378页。
⑤ （南宋）朱熹著，黎靖德编，王星贤点校《朱子语类》卷61《孟子十一》，第1470页。
⑥ （战国）庄子著，郭庆藩集释，王孝鱼点校《庄子集释》上册，中华书局，2012，第20页。

汤，汤传给文、武、周公，文、武、周公传给孔子，孔子传给孟子，孟子死而不得传，而宋儒正是沿着孟子的方向前进的。

可见，在朱熹的美善观中，美善一方面与德行相关，另一方面与人格美相关。在美善与德行的关系中，善比美高一个层次；而在美善与人格美的关系中，美比善高一个层次，善是人的资质好，是构成其他人格美的基础，而美是善充满全身而不假外求的。

四　以善制美

在朱熹的美善观中，朱熹主张以善制美。朱熹认为，声、色、味是美，理义是善，朱熹主张以理义之善来制约声、色、味之美。

孟子说："口之于味也，有同耆焉；耳之于声也，有同听焉；目之于色也，有同美焉。至于心，独无所同然乎？心之所同然者何也？谓理也，义也。圣人先得我心之所同然耳。故理义之悦我心，犹刍豢之悦我口。"[①] 理义悦心，就像"刍豢"悦口。朱熹在孟子的基础上做了进一步的论述。味是悦口的，人们对美味有相同的嗜好，易牙所调的味天下都以为美，朱熹说："易牙，古之知味者也。"[②] 不知道易牙所烹调的美味，就等于没有口。音乐是悦耳的，耳朵对音乐也有相同的嗜好，师旷所和之音天下皆以为美，朱熹说："师旷，能审音者也。"[③] 不懂得师旷所和之音乐，就等于没有耳朵。色是悦目的，子都这样的美男子大家认为美，子都源自《诗经·郑风·山有扶苏》："不见子都，乃见狂且。"[④] 子都是天下美男子的标准，《毛传》云："子都，世之美好者也。"如果不知道子都的美则没有眼睛。所以，对于美色，大家都有相同的嗜好。在这里，朱熹对声、色、味之美进行了一定程度的肯定。为什么人们对声、色、味之美都能接受呢？康德认为，人们都有共同感，共同感是构成的审美的基础。康德说："所以鉴赏判断必定有一条主观原则，这条原则只通过情感而不通过概念，却可能普遍有效地规定什么是令人喜欢的、什么是令人讨厌的。但这样的一条原则将只能被看做是共通感，它是与人们有时称之为共通感（sensus communis）的普遍知性有本质

① （战国）孟子著，杨伯峻译注《孟子译注》，第 241～242 页。
② （南宋）朱熹：《四书章句集注》，第 336 页。
③ （南宋）朱熹：《四书章句集注》，第 336 页。
④ 程俊英译注《诗经译注》，上海古籍出版社，2004，第 129 页。

不同的；后者并不是按照情感，而是按照概念，尽管只是作为依模糊表象出来的原则的那些概念来作判断的。"① 有了共通感，我们就可以解释为什么会产生美了。有了共通感，我们就可以解释为什么会产生美了。共通感相当于孟子的"人同此心，心同此理"，这样就构成了审美的必然性。

朱熹在《朱子语类》中对孟子的观点做了进一步的阐释：

> 人之一身，如目之于色，耳之于声，口之于味，莫不皆同，于心岂无所同。"心之所同然者，理也，义也。"目如人之为事，自家处之当于义，人莫不以为然，无有不道好者。如子之于父，臣之于君，其分至尊无加于此。人皆知君父之当事，我能尽忠尽孝，天下莫不以为当然，此心之所同也。今人割股救亲，其事虽不中节，其心发之甚善，人皆以为美。又如临难赴死，其心本于爱君，人莫不悦之，而皆以为不易。且如今处一件事苟当于理，则此心必安，人亦以为当然。如此，则其心悦乎，不悦乎？悦于心，必矣。②

朱熹由眼睛对于色、耳朵对于声、口对于味推出了心对于理义，声、色、味是美，理义是善。子对父要孝，臣对君要忠，忠和孝就是理义，就是至善，是天理，是大家所认同的。割股救亲虽然不符合中庸之道，但其内心出于善，大家以为美，体现了美善的统一。为君王临难死节，也体现理，符合理的东西心就安，就悦。朱熹说："'人心之所同然者，谓理也，义也。'孟子此章……其意谓人性本善，其不善者，陷溺之尔。……盖自口之同嗜、耳之同听而言，谓人心岂无同以为然者？只是理义而已。故曰'理义悦我心，犹刍豢之悦我口'。"③ 善，即是理义，是人们所共同追求的，人有不善的，是由于沉溺于声、色、味之美，喜欢善厌恶是人们的本性，理义悦心如同孔颜之乐，是对善的追求。朱熹说："理，只是事物当然的道理；义，是事之合宜处。"④ 这是对理和义的具体解释，是分开而言的，理是事物当然的道理，义即"宜"，指的是合乎事宜，对义的追求带有适度的意思，表明了对中和之美的追求，对理的追求则是对至善追求的表现。

① 〔德〕康德：《判断力批判》，邓晓芒译，第74页。
② （南宋）朱熹著，黎靖德编，王星贤点校《朱子语类》卷59《孟子九》，第1390页。
③ （南宋）朱熹著，黎靖德编，王星贤点校《朱子语类》卷59《孟子九》，第1390页。
④ （南宋）朱熹著，黎靖德编，王星贤点校《朱子语类》卷59《孟子九》，第1391页。

　　李泽厚认为，审美有三种境界：悦耳悦目、悦心悦意、悦志悦神。悦耳悦目指的是人的耳目的快乐；悦心悦意指的是人的内在心灵的快乐；悦志悦神是人类最高级的审美能力，悦志是对某种合目的性的道德理念的追求，悦神是一种超道德而与无限相统一的精神感受。李泽厚说："悦耳悦目一般是在生理基础上但又超出生理的感官愉悦，它主要培育人的感知。悦心悦意一般是在理解、想象诸功能配置下培育人的情感心意。悦志悦神却是在道德的基础上达到某种超道德的人生感性境界。"① 悦耳悦目是一种感性的愉悦，相当于康德所说的快适；悦心悦意相当于康德所说的优美；悦志悦神相当于康德所说的善，重在强调人的德行。而朱熹的声、色、味之美则处于悦耳悦目的阶段，离悦志悦神还有一定的距离，理义之善则相当于李泽厚所说的悦志悦神。声、色、味之美属于审美的较低层次，理义之善属于对审美的较高层次的追求。朱熹是主张以善制美的，对于声、色、味之美要用理义之善去制约，要抑制人的欲望。朱熹在追求美善统一的同时，更强调善。朱熹说："至善以理之所极而言也"②，"至善"就是理发挥到了极致，就是盛德，是理，而声、色、味之美是气，会损害人的德行，朱熹说："况乎又以气质有蔽之心，接乎事物无穷之变，则有目之于色，耳之于声，口之于味，鼻之于臭，四肢之于安佚，所以害乎其德者，又岂可胜言哉！"③ 声、色、味之美会遮蔽人的心灵，使人沦落，会损害善，这是朱熹以善制美的表现，这是"道的理化"和"德的利化"影响的结果。

　　朱熹的人格具有多面性，在大家的印象中，朱熹俨然一副道学先生的形象，这其实是一种刻板印象。朱熹是一位酒豪，生活也算小康，并非不食人间烟火。故而，他对声、色、味之美的危害是心知肚明的，所以主张用理义之善去制约声、色、味之美。这也与南宋市民经济的发达有关，市民经济的发达，导致的结果是人欲横行，人们沉湎于声色犬马当中，必然会冲击封建秩序，对于激发人们的斗志以图恢复也不利。于是，朱熹主张用理义之善去制约声、色、味之美，这是朱熹美善观的落脚点。

① 李泽厚：《华夏美学·美学四讲》（增订本），三联书店，2008，第 349～350 页。
② 朱熹：《大学或问》，《朱子全书》第 6 册，第 521 页。
③ 朱熹：《大学或问》，《朱子全书》第 6 册，第 508 页。

结　语

　　朱熹的美善观与内容美、形式美关系密切。美者，声容之盛；善者，美之实。这表明美是形式美，相当于漂亮；善相当于内容美，是美之为美的深层原因。在美善与德行的关系中，美是言功，善是言德，美比善在德行上低一个层次。在美善与人格美的关系中，善是人的资质好，美是善充满全身而不假外求，美和善属于人格美的不同层次，善比美低一个层次。但是，最终朱熹主张以善制美，这是朱熹美学思想居间性失去活力的表现。到了宋代以后，中国社会进入封建社会后期，出现了"道的理化"和"德的利化"的趋势，美善的居间性出现了松动的迹象，朱熹虽然追求美善统一，但更强调善，主张以善制美。朱熹美学思想的居间性两个特征中的逆向居中虽然存在，但原位返回倾向加剧，作为中国古代审美理想的和谐美必然衰落。可见，朱熹的美善观与孔子、孟子的相比是保守的、僵化的。正如李泽厚、刘纲纪所编的《中国美学史（先秦两汉编）》所说："强调美与善的密切联系，使得中国古代美学具有崇高的道德精神，高度审视审美的社会作用，处处要求把美感同低级的动物性官能快感区分开来。这是中国古代美学的一个优良传统。但是，在另一方面，这又使得中国古代美学把美等同于善，经常漠视美不同于善的独立价值。"[1]朱熹的美善观在一定程度上漠视了审美的独立价值，虽然在一定程度上适应了时代的发展，但这种美善观于文学发展不利，因为这种美善观是一种伦理本位主义的美善观。

---

　　[1]　李泽厚、刘纲纪：《中国美学史（先秦两汉编）》，安徽文艺出版社，1999，第100页。

中国文艺美学研究 ◀

浅析晋唐之间隐逸精神的变迁与衰落

——对陶潜《归园田居》和王维《山居秋暝》的美学考察

李　瑛[*]

摘要： 如要理解陶渊明的田园之隐与王维的朝市之隐之间究竟是一种怎样的关联，就必须返回中国隐逸文化的源头——巢父、许由、伯夷、叔齐那里，探寻中国古典隐逸精神及其实质。大致地说，巢父、许由开启的是中国隐逸文化的道家传统，而伯夷、叔齐所代表的则是中国隐逸文化的儒家传统。结合陶渊明的代表作《归园田居》和王维的代表作《山居秋暝》，并广泛地辅以对魏晋南北朝与唐代政治与文化的考察，将会发现，晋唐之间，古典隐逸精神由极盛而衰，陶潜是中国古典隐逸精神在巅峰时期的杰出代表，而王维则是这一传统在重大转折时的标志性人物。从陶渊明到王维的变化，反映的是古典隐逸精神的渐趋衰落。

关键词： 陶渊明　王维　隐逸　《归园田居》　《山居秋暝》

几乎是没有疑义，陶渊明（365～427）被视为中国古代隐逸文化的标志性人物和最著名的代言人。然而在持有"大隐隐于朝，中隐隐于市，小隐隐于野"观点的论者看来，似乎王维（701～761）才是中国古代真正意义上的大隐士。长期以来，这两种多少有些矛盾的看法在人们的观念中并存，个中蕴藏着的关于隐逸精神内在变迁的理路，则一直没有得到很好的

---

　　* 李瑛，北京大学《儒藏》编纂与研究中心博士研究生。

开掘和重视。其实，只要我们认真地追溯古典隐逸精神的基本特质，并分别对陶渊明代表作《归园田居》和王维代表作《山居秋暝》进行比较意义上的美学解读，就不难发现二者隐逸精神的实质性差异，并进而理解为什么是他们（而不是别人）在中国隐逸文化史上拥有如此特殊的位置。

一　中国古代隐逸精神之源

虽然"隐逸"含义已是不言而自明的，但为了论述的需要，仍然需要对它的基本字义做一个简略的说明。根据许慎在《说文解字》中的说法，"隐，蔽也"①，"逸，失也。……善逃也"②。段玉裁对许慎的前述释文分别注为："蔽，莽，小貌也。小则不可见，故隐之训曰蔽。"③ "亡逸者，本义也。"④由此可见，"隐""逸"二字结合起来，具有逃离、不可见之义。这种含义本身内在地包含了某个没有明确指明的参照物或者参照系。也就是说，"隐""逸"并非事物自有的特征，相反，只有当特定的对象被用来跟某个（些）参照物或参照系加以比照时，我们才可能会说这个对象具有"隐""逸"的性质。当我们论述到"隐士"这一概念以及"隐逸精神"这一概念的时候，都必须遵循上述前提。就像有学者指出过的一样，"在荒野谋生的人未必都是隐士。……只有当这种活动发生于拒绝仕途发展和逃离公共事务的背景下，或者是出于一种在自我和社会的虚伪价值或腐败影响之间保持距离的愿望，称之为隐士才是合适的"。⑤

对隐逸精神的这一解释可以从据称是中国最早隐士的许由、巢父、伯夷、叔齐那里得到印证。《庄子》有这么一段关于许由的记述：

尧让天下于许由，曰："日月出矣，而爝火不息，其于光也，不亦难乎！时雨降矣，而犹浸灌，其于泽也，不亦劳乎！夫子立，而天下治，而我犹尸之，吾自视缺然。请致天下。"许由曰："子治天下，天下既已治也。而我犹代子，吾将为名乎？名者实之宾也。吾将为宾乎？

① （东汉）许慎撰，徐铉校：《说文解字》，中华书局，1963，第 305 页下。
② （东汉）许慎撰，徐铉校：《说文解字》，第 203 页下。
③ （清）段玉裁：《说文解字注》，浙江古籍出版社，2006 年，第 734 页下。
④ （清）段玉裁：《说文解字注》，第 472 页下。
⑤ 文青云：《岩穴之士：中国早期隐逸传统》，山东画报出版社，2009，第 11 页。

鹪鹩巢于深林，不过一枝；偃鼠饮河，不过满腹。归休乎君，予无所用天下为！庖人虽不治庖，尸祝不越樽俎而代之矣。"①

很显然，在尧决定"让天下于许由"之前后，许由的生活状态并无任何变化，然而如果没有"让天下"这件事情，许由也就不会被称为隐士。在这里，隐士之所以成为隐士，必须有两个先决条件：第一，隐士拥有让自己变得显达的外部客观条件；第二，隐士主观上必须对自己通向显达的可能性保持一种拒斥的态度。这两个条件，缺一不可。如果说《庄子》里描述的许由还算是一位温和的不合作者，那么，《高士传》中的许由以及他的另一位"以树为巢"的隐士朋友巢父，则显然已具有激烈的对抗意味了。《高士传》中说，尧打算让许由担任九州长，许由连听都不愿意听到这样的话，觉得这样的话把自己的耳朵都染污了，于是"洗耳于颍水滨"，他的朋友巢父正牵着一头小牛来河边饮水，见了问是怎么回事，许由说："尧欲召我为九州长，恶闻其声，是故洗耳。"巢父责备道："子若处高岸深谷，人道不通，谁能见子。子故浮游，欲闻求其名誉，污吾犊口！"于是把小牛牵到上游去饮水。② 同样，按照《高士传》里的说法，当许由把尧让天下一事告知巢父时，巢父的态度也是异常激烈的，他斥责道："汝何不隐汝形，藏汝光，若非吾友也！"③许由怪尧之所召，巢父却怪许由隐得不够深。我们会发现，隐逸的标准在巢父那里被提高了：真正的隐士不仅应当在主观上对自己通向显达的可能性保持坚定的拒斥态度，而且他还有义务尽最大的努力去阻止一切让自己变得显达的外部客观条件的形成。

关于伯夷、叔齐的故事则开启了隐逸精神的另一个精神向度。《史记》中《伯夷列传》记载：

伯夷、叔齐，孤竹君之二子也。父欲立叔齐，及父卒，叔齐让伯夷。伯夷曰："父命也。"遂逃去，叔齐亦不肯立而逃之。国人立其中子。于是伯夷、叔齐闻西伯昌善养老，盍往归焉。及至，西伯卒，武王载木主，号为文王，东伐纣。伯夷、叔齐叩马而谏曰："父死不葬，爰及干戈，可谓孝乎？以臣弑君，可谓仁乎？"左右欲兵之。太公曰：

---

① 陈鼓应：《庄子今注今译》上册，中华书局，2009，第22~23页。
② 皇甫谧：《高士传》，商务印书馆，民国二十六年（1937年），第13~14页。
③ 皇甫谧：《高士传》，第12页。

"此义人也。"扶而去之。武王已平殷乱，天下宗周，而伯夷、叔齐耻
之，义不食周粟，隐于首阳山，采薇而食之。及饿且死，作歌。其辞
曰："登彼西山兮，采其薇矣。以暴易暴兮，不知其非矣。神农、虞、
夏忽焉没兮，我安适归矣？于嗟徂兮，命之衰矣！"遂饿死于首阳山。①

不难看出，跟巢父、许由那种纯粹出于个人取向的避世精神不同，伯
夷、叔齐的逃避拥有更为广阔的历史背景和社会现实理由。巢父、许由的
隐逸精神实际上体现的是道家的价值观，它蔑视一切功利价值，转而追求
一种完全任运自然、摆脱任何束缚的自在和自由（即庄子的所谓"逍遥
游"），因此这种隐逸指向的是超越性的近乎纯粹审美意义上的人生态度。
而伯夷、叔齐的隐逸精神则是儒家伦理价值观在特殊境遇下的直接体现，
它展现了非常深厚的入世力度，它实际上是一种道德操守，而不是一种逃
避，这样的隐逸精神背后所蕴含的，是一系列根植于人间的忠、孝、仁、
义等个人品格。

换句话说，中国的隐逸精神在其源头上就不是统一的。虽然巢父、许
由、伯夷、叔齐的隐逸行为大体上都具有隐居不仕、不合作的意义，但巢、
许的选择是主动的人生抉择，而夷、齐的选择则是被动的政治逃避，其间
所存在的动机与观念上的差异，古人早有察觉，所以皇甫谧撰《高士传》
的时候就未录伯夷、叔齐。不过，这丝毫不妨碍人们将巢、许、夷、齐一
并视作隐士、逸民。《红楼梦》里，宝玉将"尧舜不强巢许""武周不强夷
齐"并举②，便可为证。所以，我们今天如果要讨论中国古代的隐逸精神，
也必须同时正视以不合作为基本特征的隐逸在历史上所具有的道家传统和
儒家传统。

二 陶潜：中国隐逸精神巅峰时期的杰出代表

按照美学家宗白华的说法，"汉末魏晋六朝是中国政治上最混乱、社会
上最苦痛的时代"③。这个时期，政权更迭频繁，统治者对异己的残酷镇压，
令士人感到岌岌可危，于是避世隐居成为他们保全自己的手段之一。与此

① （西汉）司马迁：《史记》，中华书局，2009，第 390 页。
② （清）曹雪芹、高鹗：《红楼梦》下册，人民文学出版社，2000，第 1275 页。
③ 宗白华：《美学散步》，上海人民出版社，2001，第 208 页。

同时，士人刚从汉代的烦琐经学中挣脱出来，"人在这里不再如两汉那样以外在的功业、节操、学问，而主要以其内在的思辨风神和精神状态，受到了尊敬和顶礼。是人和人格本身而不是外在事物，日益成为这一历史时期哲学和文艺的中心"①。而正是在这样的背景下，"个性、自由、生命、情感……成为魏晋南北朝时代主题的主旋律，而隐逸生活成为时人普遍认可的能够承载得起这些主题的最佳载体"②。从消极的意义来说，隐逸可以保全自己的生命不受迫害；从积极的意义而言，隐逸又可以体现人的价值。

"隐逸形成风尚，当属魏晋时代。"③陶渊明正是生活在这样一个隐逸之风蔓延且已势不可挡的年代。著名学者王瑶认为，"到隐士的行为普遍以后，道家的思想盛行以后，已经无所谓'避'的问题，而只是为隐逸而隐逸，好像隐逸本身就有它的价值与道理……所以就'不事王侯，高尚其事'了。这套理论盛行以后，隐士地位的崇高，就得到了社会的承认。而且不论社会情形是否令人满意，隐士始终是怀道的，高尚的。于是出处问题就成了士大夫们自己所不能不经常考虑的问题"④。在这一时期，由于隐逸精神得到社会的广泛认同，士人亦自然地多以隐逸为高。因此，在中国古代隐逸文化史上，魏晋南北朝时期实为当之无愧的巅峰时期。

这个时候，在后世人那里曾经一度被广为称道的诸如"亦官亦隐""先隐后仕"等做法，尚不为时人所接受。如《晋书》载：

> 邓粲，长沙人。少以高洁著名，与南阳刘驎之、南郡刘尚公同志友善，并不应州郡辟命。荆州刺史桓冲卑辞厚礼请粲为别驾，粲嘉其好贤，乃起应召。驎之、尚公谓之曰："卿道广学深，众所推怀，忽然改节，诚失所望。"粲笑答曰："足下可谓有志于隐而未知隐。夫隐之为道，朝亦可隐，市亦可隐。隐初在我，不在于物。"尚公等无以难之，然粲亦于此名誉减半矣。⑤

对于邓粲先隐后仕的行为，他的朋友认为这是"改节"，因而对他很失

---

① 李泽厚：《美的历程》，中国社会科学出版社，1984，第113页。
② 霍建波：《宋前隐逸诗研究》，人民出版社，2006年，第84页。
③ 木斋等编著《中国古代诗人的仕隐情结》，京华出版社，2001，第149页。
④ 王瑶：《中古文学史论集》，上海古籍出版社，1982，第51页。
⑤ （唐）房玄龄等撰《晋书》第二册，中华书局，2000，第1434页。

望。邓粲也为此付出了"名誉减半"的代价。同样，时任高职的谢安也遭
到了类似的评价。《世说新语·排调篇》记述：

> 谢公始有东山之志，后严命屡臻，势不获已，始就桓公司马。于
> 时人有饷桓公药草，中有远志。公取以问谢："此药又名小草，何一物
> 而有二称？"谢未即答。时郝隆在坐，应声答曰："此甚易解：处则为
> 远志，出则为小草。"谢甚有愧色。桓公目谢而笑曰："郝参军此过乃
> 不恶，亦极有会。"①

可见，不仅在场的郝隆能够公然讥讽他"处则为远志，出则为小草"，
而且连谢安自己也"甚有愧色"，羞愧难当。这表明当时人们所持的普遍的
观念，还并不认可"朝亦可隐，市亦可隐"。虽然人们对待邓粲、谢安的态
度要远远比巢父对待许由的态度温和得多，但是，仕与隐的基本界限在这
里还是得到了严格的区分。如果我们按照本文第一部分的分析，把古典隐
逸精神理解成一种将隐看作与仕相对立的不合作精神，那么，所谓对隐逸
精神的实质的通俗理解，自然也就是隐而不仕。因此，从这个意义上说，
魏晋南北朝时期占主流地位的隐逸观念，大体上仍然坚守了起源于巢、许、
夷、齐的古典隐逸精神。

理解了如上背景后，我们就能理解了陶渊明由仕入隐的个人选择跟古
典隐逸精神之间有着怎样的内在承继。应该说，陶渊明的乱世之隐，与这
一特定的历史背景是相契合的。他生逢乱世，先后经历了司马道子、元显
的把权，王国宝的干政，王恭、殷仲堪的谋反，桓玄的篡位，以及刘裕政
权的变更。当时的官场处处充满危机，就像他在《感士不遇赋》里所说的
那样，"密网裁而鱼骇，宏罗制而鸟惊"②。作为一名读书人、知识分子，动
荡不安的晋宋时代让陶渊明失去了建功立业的入世条件。在魏晋这么一个
如此高高地标举个人价值的时代，一旦通过仕途实现个人价值的可能性丧
失，也就为陶渊明放弃仕途，选择不合作提供了充分的外部理由。

如果说，客观条件使我们能够更好地理解陶渊明的归隐跟他所属的时
代之间的关系，那么，对于陶渊明个人特质的把握则更能够加深我们对其

---

① （南朝·宋）刘义庆：《世说新语》下册，上海古籍出版社，2007，第 382～383 页。
② （东晋）陶渊明撰，逯钦立校注《陶渊明集》，中华书局，1979，第 147 页。

"孤标傲世"的内在同情。归隐田园与陶渊明的性情、思想是深深契合的。
朱光潜曾经指出，虽然陶渊明的思想发展原本一直处于摇摆之中，"和我们
一般人一样，有许多矛盾和冲突"，但到 41 岁辞去彭泽县令一职归隐田园
后，他已经"和一切伟大诗人一样，他终于达到了调和静穆"①。虽然早就
有学者注意到了陶渊明无论是从他"所处的时代特点、生活环境，以及他
个人的性格来看"，均"受有佛教思想的影响"②，但这毕竟不是陶渊明思想
的主要方面。陈寅恪就认为陶渊明是"舍释迦而宗天师"③，朱自清也说
"陶诗里的思想实在还是道家"④。这一点似乎很容易理解，因为道家的代表
人物老子、庄子就是先秦时期的隐逸人物，道家思想与隐逸精神息息相关，
甚至"毋宁说道家思想渊源于隐士思想，演变为老、庄，或者黄、老，更
为恰当"。⑤ 正如《庄子》中许由对尧让位的态度一样，陶渊明认为"富贵
非吾愿，帝乡不可期"⑥，田园才是他真正企求的归处，在那里，他的内心
充满了回归自然的欢欣：

> 少无适俗韵，性本爱丘山。误落尘网中，一去三十年。
> 羁鸟恋旧林，池鱼思故渊。开荒南野际，守拙归园田。
> 方宅十余亩，草屋八九间。榆柳荫后檐，桃李罗堂前。
> 暧暧远人村，依依墟里烟。狗吠深巷中，鸡鸣桑树颠。
> 户庭无尘杂，虚室有余闲。久在樊笼里，复得返自然。⑦

　　这首诗可以说是陶渊明抒写自己归隐情怀的自况诗。如果说其一首一
尾体现的是诗人对自己迟迟没有归隐的遗恨和反省，那么诗歌中间描写的
大量田园风光则是诗人内心的自然显现。从"旧林""故渊""南野""园
田""方宅""草屋""榆柳""桃李"，到"深巷""桑树"，诗人在这里不
厌其烦地铺陈了一系列的乡野意象，归根结底是为了引出最后的诗眼——

---

① 朱光潜：《陶渊明》，《朱光潜全集》第 3 册，安徽教育出版社，1987，第 256 页。
② 丁永忠：《陶诗佛音辨》，四川大学出版社，1997，第 5 页。
③ 陈寅恪：《陶渊明思想与清谈之关系》，《金明馆丛稿初编》，三联书店，2001，第 229 页。
④ 朱自清：《陶诗的深度》，北大北京师大中文系、北大中文系文学史教研室编《陶渊明资料
　汇编》上册，中华书局，1962，第 288 ~ 289 页。
⑤ 南怀瑾：《禅宗与道家》，复旦大学出版社，1991，第 144 页。
⑥ （东晋）陶渊明撰，逯钦立校注：《陶渊明集》，第 161 页。
⑦ （东晋）陶渊明撰，逯钦立校注：《陶渊明集》，第 40 页。

自然。而"自然"这一概念，恰恰是贯穿先秦道家至魏晋新道家的一个核心范畴。尽管道家所说的自然并不是指自然环境，而是指万物的本性及对本性的顺从，但由于陶潜在开篇即已经声明了"性本爱丘山"，所以这里对归隐生活的描写着力强调自然景物环境，实际上就已经展现了他所理想的那种顺适本性、无所扭曲的生活了。于是，陶渊明的隐逸精神在自然的意义上便可以与道家的隐逸精神融通起来。无论是"户庭无尘杂，虚室有余闲"的闲适，还是"晨兴理荒秽，带月荷锄归"①的劳作，乃至"漉我新熟酒，只鸡招近局"②的聚饮，在陶渊明看来，都是顺乎人的本性的自然之境。按照道家的基本精神，人生的意义不在财富，不在贤能，不在功业，而在这种自然之境里。

所以说，陶渊明的《归园田居》，几乎可以视作巢许式的"高士"自白。无论怎么看，我们都能感觉到陶渊明归隐的真诚。换言之，没有任何外在的压力驱使他非隐居不可（这一点跟伯夷、叔齐完全不同），他的隐居，从根本上说是来自其主体精神上的某种召唤的结果。然而，这并不意味着陶渊明的归隐在任何时候都只能从个体的意义上得到解释。透过《归园田居》对田园生活的一些直接描述，结合诗人"衣沾不足惜，但使愿无违""人生似幻化，终当归空无"的感慨，我们同样不难发现如同留白一般的宏阔深远的诗外之音。试读《归园田居》之二：

> 野外罕人事，穷巷寡轮鞅。白日掩荆扉，虚室绝尘想。
> 时复墟曲中，披草共来往。相见无杂言，但道桑麻长。
> 桑麻日已长，我土日已广。常恐霜霰至，零落同草莽。③

这首诗用了相当长的篇幅来描写他所钟爱的美好的田园生活，最后却以"常恐霜霰至，零落同草莽"句戛然而止，有一种说不出的悲凉意味。显然，用道家的隐逸精神似乎无法解释这种欲说还休的弦外之意。假如我们把陶渊明对"相见无杂言，但道桑麻长"这种怡然自得的淳朴景象的描绘，理解成一位隐者面对田园生活的恬然心境的话，对"零落同草莽"的害怕和担忧则似乎隐隐道出了由于某种壮志未酬而萌生的寂寞、不甘的心

---

① （东晋）陶渊明撰，逯钦立校注《陶渊明集》，第42页。
② （东晋）陶渊明撰，逯钦立校注《陶渊明集》，第43页。
③ （东晋）陶渊明撰，逯钦立校注《陶渊明集》，第41页。

理。就像当时的许多玄言诗一样，陶渊明在这里也许表达了自己对于生命短暂易逝的体验，但他想说而未说的恐怕远不止于此。人生苦短与功名难立的隐忧情绪，在这里兼而有之。陶渊明在内心深处似乎很想做一点事情，以便赋予其生命以意义。"立德也好，立功也好，立言也好，总得尽自己的努力去做。这是儒家的传统，是每一个士子信仰的价值观，陶渊明当然也不例外。"①也就是说，陶渊明骨子里无法摆脱的儒家价值传统，在他的田园诗里依然潜存着。

这种看法在陶渊明的诗里可以找到大量的佐证。在《责子》《命子》以及《赠长沙公》等一些诗中，可以清楚地看到他对功业的推崇和赞许。在他的《癸卯岁始春怀古田舍》里，陶渊明以"先师有遗训，忧道不忧贫"②的诗句自勉；而在他的《饮酒》诗里，陶渊明又回忆道："少年罕人事，游好在六经。"③所有的这些，都可以见出他在主观上已把儒家视为自己所直接师承的正统。最为直接地反映了他根植于儒家的积极进取心态的，是《杂诗》里的"日月掷人去，有志不获骋""猛志逸四海，骞翮思远翥"④等句。在如此众多的诗歌里，我们都能够看到一个鲜活的作为儒家知识分子的陶渊明形象。因此，虽然在《归去来兮辞》里，陶渊明仿佛已经完全道家化了，但从稍后当刘裕篡晋的时候他改名为"潜"这一象征性的举动来看，陶渊明在"不为五斗米折腰"⑤的表象背后的长期隐居行为，实际上只不过是对当时黑暗政权的无声抗议和对刘裕废晋的不满。也就是说，陶渊明的归隐，就像伯夷、叔齐一样，很大程度上也具有表达其在政治上的不合作态度的意义。从他作于刘宋年间《读史述九章》中的"夷齐"篇里对伯夷、叔齐的极度推崇，似乎可略见端倪：

> 二子让国，相将海隅。天人革命，绝景穷居。
> 采薇高歌，慨想黄虞。贞风凌俗，爰感懦夫。⑥

① 王玫：《常恐霜霰至，零落同草莽——解读陶渊明》，《文史知识》2000 年第 5 期，第 31 页。
② （东晋）陶渊明撰，逯钦立校注《陶渊明集》，第 77 页。
③ （东晋）陶渊明撰，逯钦立校注《陶渊明集》，第 96 页。
④ （东晋）陶渊明撰，逯钦立校注《陶渊明集》，第 115 ~ 116、117 页。
⑤ （唐）房玄龄等撰《晋书》第三册，第 1642 页。
⑥ （东晋）陶渊明撰，逯钦立校注《陶渊明集》，第 179 页。

于是，综合前面所述，在陶渊明那里，高蹈世外、任运自然的道家隐逸传统与标举忠义、反抗现实的儒家传统被合而为一了。两种隐逸精神在陶渊明的身上共同表现为对现政权的逃离与不合作，以及个人品格上的洁身自好。儒家传统与道家传统的完美融合，使陶渊明成了古代隐逸精神在魏晋这一巅峰时期的杰出代表，再加上他在文学上的旷世才华，进而成就了他作为"古今隐逸诗人之宗"①的崇高地位。

三　王维：中国隐逸精神由盛转衰的重要标志

无论是巢父、许由所代表的隐逸精神传统，还是伯夷、叔齐所代表的隐逸精神传统，抑或陶渊明对两种隐逸精神传统的整合——尽管他们在价值指向上存在着很大的差别——隐逸的基本特征都未曾改变过。这一基本特征，便是隐入山野，逸出当时的政治权力体系之外。不过，从东晋王康琚《反招隐诗》里提出所谓的"小隐隐陵薮，大隐隐朝市"②开始，对"隐逸"一词的理解和运用就已经开始逐步偏离传统隐逸文化的正统了。这种取向发展到了唐代王维那里，就直接演变成了跟过去对隐逸行为的基本界定完全相违的所谓"吏隐"。于是，不仅隐逸的基本面貌特征荡然无存，而且隐逸的精神实质也由此而进一步被改写了。

有"山水诗佛"之称的王维，不仅在文学史上由于继承了陶渊明的田园诗和谢灵运的山水诗而被归为综合式的山水田园诗派，而且在生活方式上也试图集陶渊明式的隐逸情趣与谢灵运式的仕途宦位于一身，亦官亦隐。在王维的《酬贺四赠葛巾之作》里，他就曾经直接以"隐吏"③自许。

然而，对于他的前辈陶渊明隐居不仕的态度，王维明显表示不赞同。在《与魏居士书》里，王维不无揶揄地说道："近有陶潜，不肯把板屈腰见督邮，解印绶弃官去。后贫，《乞食》诗云'叩门拙言辞'，是屡乞而多惭也。尝一见督邮，安食公田数顷。一惭之不忍，而终身惭乎？此亦人我攻中，忘大失小，不□其后之累也。孔宣父云：'我则异于是，无可无不可。'"④尽管后世有不少人对王维的这种批评观点进行反批评，如清人郑文

---

① （南朝·梁）钟嵘著，曹旭集注《诗品集注》，上海古籍出版社，1994，第260页。
② （南朝·梁）萧统编《文选》，上海古籍出版社，1998，第161页。
③ （唐）王维撰，赵殿成笺注《王右丞集笺注》，上海古籍出版社，1984，第121页。
④ （唐）王维撰，赵殿成笺注《王右丞集笺注》，第334页。

焯反驳道："志士苦节，宁乞食于路人，不肯折腰于俗吏，正是大异人处，此意岂右丞所知？"①不过，王维的观点却在相当程度上代表了隐逸文化在有唐一代所发生的根本性转折和变迁。他所持的"乞食于路人"与"折腰于俗吏"并无差别的看法，可以视作对这种转折和变迁的合理性辩护。

本着"知人论世"的批评原则，就必须指出，王维身处的时代与陶渊明时相比有着天壤之别。王维自己就在《送綦毋潜落第还乡》一诗里指出："圣代无隐者，英灵尽来归。遂令东山客，不得顾采薇。"②如果以此为根据的话，生活在"圣代"的王维实际上就不能说成"隐士"，而至多只是在心境心态上承袭了陶渊明"结庐在人境，而无车马喧，问君何能尔？心远地自偏"③的超然风度。这似乎可以追源至唐代知识分子的整体境遇，就像有些学者所作的评述那样："唐代士人对人生普遍持一种积极的、进取的态度。国力的日渐强大，为士人展开了一条宽阔的人生道路。唐人入仕，较之前代有更多途径。开科取士，唐沿隋旧，而更加发展成熟。……科举之外，尚有多种入仕途径，如入地方节镇幕府等。入仕的多途径，为寒门士人提供了更多的机会。……由于国力强大，唐代士人有着更为恢宏的胸怀、气度、抱负与强烈的进取精神。他们中的不少人，自信与狂傲，往往集于一身。"④在中国古代封建王朝中的这么一个近乎空前绝后的全盛背景下，文人知识分子的精神世界在唐朝与魏晋之间发生了一次深刻的断裂："盖魏晋六朝，天下分崩，学士文人，竞尚清谈，多趋遁世，崇尚释教，不为士人所鄙，而其与僧徒游者，虽不无因果福利之想，然究多以谈名理相过从。及至李唐奠定宇内，帝王名臣以治世为务，轻出世之法。而其取士，五经礼法为必修，文词诗章为要事。科举之制，遂养成天下重孔教文学，轻释氏名理之风，学者遂至不读非圣之文。故士大夫大变六朝习尚，其与僧人游者，盖多交在诗文之相投，而非在玄理之契合。"⑤在这样一种文化环境里，强烈的功名心是士人的共同特征，与官场决绝而隐逸山林者也就得不到时代的共鸣了。王维对陶渊明的批评，实际上并不能从"乞食于路人"

① 北大北京师大中文系、北大中文系文学史教研室编《陶渊明资料汇编》下册，第337~338页。
② 中华书局编辑部点校《全唐诗》（增订本）第二册，卷125，中华书局，1999，第1244页。
③ （东晋）陶渊明撰，逯钦立校注《陶渊明集》，第89页。
④ 袁行霈主编《中国文学史》第二卷，高等教育出版社，1999，第201页。
⑤ 汤用彤：《隋唐佛教史稿》，中华书局，1982，第39页。

与"折腰于俗吏"之间的异同中获得解释，而只能从陶、王的不同时代背景以及与之相适应的两种不同的精神世界上寻找其缘由。

发达的唐朝科举制度，对传统的隐逸精神形成了异常激烈的冲击，其中一个突出的表现就在于统治者以科举形式对隐士的有意网罗。根据美籍华裔史学家邓嗣禹在其《中国考试制度史》一书中的说法，与隐士有关的制举涉及七位唐代皇帝，具体科目多达十三种，名目虽各不相同，其实际目的却都是招"隐"征"逸"，如高宗显庆四年的养志秋园嘉遁之风戴远科、麟德元年的销声幽数科、乾封六年的幽素科、中宗神龙三年的草泽遗才科、景龙二年的藏器晦迹科、玄宗开元二年的哲人奇士隐沦屠钓科、开元十五年的高才草泽沉沦自举科、天宝四年的高蹈不仕科、代宗大历二年的乐道安贫科、德宗建中元年的高蹈丘园科、贞元十一年的隐居丘园不求闻达科、穆宗长庆二年的山人科、文宗太和二年的草泽应制科等。制举的优势在于"天子自诏"，一旦登第即授予官职，比起登第后尚需吏部考试合格方能进用的进士、明经科，对文人知识分子的诱惑显然要大得多。① 于是，隐逸精神本身蜕化了，这个时候，隐逸变成了以隐求显的工具或手段。关于"终南捷径"的这一则典故颇具代表性。

> （卢藏用）始隐山中时，有意当世，人目为"随驾隐士"。晚乃徇权利，务为骄纵，素节尽矣。司马承祯尝召至阙下，将还山，藏用指终南曰："此中大有嘉处。"承祯徐曰："以仆视之，仕宦之捷径耳。"藏用惭。②

这种近于兵家"反常合道"谋略的做法，虽然早有刘备三顾草庐、陶弘景任"山中宰相"等一些著名的先例，但在过去，从来没有人怀疑诸葛亮、陶弘景这些人在隐居时的真诚。毕竟，"天下有道则见，无道则隐"③"邦有道，则仕；邦无道，则可卷而怀之"④的圣人之教是如此地深入人心并曾经作为许多知识分子的信仰。但是，到了唐代，这种信仰开始遭遇危机。

---

① 邓嗣禹：《中国考试制度史》，吉林出版集团有限责任公司，2011，第 57、67~68、93~102 页。
② （北宋）欧阳修、宋祁撰《新唐书》第四册，中华书局，2000，第 3458 页。
③ 杨伯峻译注《论语译注》，中华书局，1980，第 82 页。
④ 杨伯峻译注《论语译注》，第 163 页。

如果说，从先秦至魏晋，无论一个知识分子的隐逸行为秉承的是何种传统，其根本都在于隐而不显、逸而不囿，那么，当隐逸行为成了一种可以作为闻达的手段而有意安排的时候，传统的、古典意义上的隐逸精神实际上就已经一落千丈了。

唐代隐逸精神的低迷，自然也对王维产生了不可忽略的影响。他对贤相张九龄"侧闻大君子，安问党与仇；所不卖公器，动为苍生谋"①的赞美，正是他对自己政治抱负的期许。王维虽然对田园山水亦颇为钟情，甚至一度想学陶渊明那样弃官归隐——"不厌尚平婚嫁早，却嫌陶令去官迟"②，但由于他心向庙堂的念头无法熄灭，最终还是做不到如陶渊明般的"归去来兮，请息交以绝游"③，于是只能一边为官，一边在闲暇之余游山玩水，美其名曰"吏隐"，也即亦官亦隐。为此，他辩解道："孔宣父云：我则异于是，无可无不可。可者适意，不可者不适意也。君子以布仁施义，活国济人为适意；纵其道不行，亦无意为不适意也。苟身心相离，理事俱如，则何往而不适。"④当然，正是由于他的"无可无不可"，心有旁骛，所以山水田园就无法成为他的安顿之处。试看王维的《山居秋暝》这首具有代表性的山水田园诗作：

> 空山新雨后，天气晚来秋。明月松间照，清泉石上流。
> 竹喧归浣女，莲动下渔舟。随意春芳歇，王孙自可留。⑤

平心而论，这首"诗中有画"的山水田园代表作，就艺术本身而言，无疑堪称佳作。宁静优美的山水田园风光，令人陶醉其中，流连忘返。然而，只要将它跟陶渊明的《归园田居》做一个细致的对比，我们就不难发现，王维的《山居秋暝》尽管不乏精致雕琢之功，却落得个假山盆景般的如画境地，终究失却了陶渊明那股天然的清新气象。不仅如此，陶渊明的《归园田居》，"语语如在目前"，而王维的《山居秋暝》，却不免与山水始终隔疏有间，很难体味出其中隐逸的真滋味。

---

① （唐）王维撰，赵殿成笺注《王右丞集笺注》，第 85～86 页。
② （唐）王维撰，赵殿成笺注《王右丞集笺注》，第 187 页。
③ （东晋）陶渊明撰，逯钦立校注《陶渊明集》，第 161 页。
④ （唐）王维撰，赵殿成笺注《王右丞集笺注》，第 334 页。
⑤ （唐）王维撰，赵殿成笺注《王右丞集笺注》，第 122～123 页。

必须承认，每一个具体的精神世界，都必然有它的来源与出处。陶诗和王诗之间的分野，既是两个时代的分野，也是两种个体生存状态的差异。自从辞去彭泽令之后，陶渊明便一直隐居不仕，全身心地投入田园，劳作自给。他与他诗中所描写的景，已浑然融为一体，彼此难解难分。陶渊明的诗，就是陶渊明自己生活的本然写照："方宅十余亩，草屋八九间"①，是他居住之所；"山涧清且浅，遇以濯吾足"②，则是对陶渊明与自然亲密无间的朴素描绘；"欢来苦夕短，已复至天旭"③，则是他面对简单的快乐而发出的由衷慨叹。与此相比，王维却完全不同。"小妹日成长，兄弟未有娶。家贫禄既薄，储蓄非有素。几回欲奋飞，踟蹰复相顾。"④ 这道出了王维的现实顾虑，并导致他最终只能混迹官场。于他而言，田园山水固然可以作为寄情之处，却终非留人之所。所谓的"王孙自可留"，与其说是现实，不如说是一种美好的幻想。于是，冷冷的"明月"，潺潺的"清泉"，乃至包括"竹喧""浣女""莲动""渔舟"等在内的所有乡间美好的事物，都只能为他赏，却非为他所有。

从这个意义上说，归隐之于陶渊明，是其本然，而对于王维来说，却始终只是处于应然的想象状态之中。对于隐逸生活本身，陶渊明是体验的，而王维则是赏玩的。隐逸于陶渊明而言是用自己的整个人生、整个生命去实践的，在王维那里却只是一种艺术范畴下的审美对象而已。简单地说，陶渊明是诗中的元素，王维则充其量只是一名诗作者。如此，则谁是真隐，谁是假隐，已不言而自明。当假隐在大乘佛教信仰的包装下摇身一变而成大隐的时候，最终的结局便无疑是"假作真时真亦假"了。假如我们首先明确，作为一位著名的大乘菩萨，维摩诘居士在佛教传统中从来就不曾被授予过所谓"隐士"的称号，那么，我们也就可以得出一个结论：所谓"隐于朝市"的大隐，如果不是对隐逸概念的偷换，那实际上就意味着古典隐逸精神的日趋衰微和没落。

---

① （东晋）陶渊明撰，逯钦立校注《陶渊明集》，第40页。
② （东晋）陶渊明撰，逯钦立校注《陶渊明集》，第43页。
③ （东晋）陶渊明撰，逯钦立校注《陶渊明集》，第43页。
④ （唐）王维撰，赵殿成笺注《王右丞集笺注》，第73页。

结　语

陶渊明与王维，一个是田园诗的开创者，一个是田园山水诗的集大成者。两人的诗作，虽然题材相似，其间的意旨与趣味却迥然有别。以《归园田居》为代表的田园诗表明，陶渊明是田园生活的同在者，与田园融为一体；以《山居秋暝》为代表的山水田园诗则可以见出，王维是其笔下山水的旁观者，与山水遥遥相隔。这种差异既可以说明两位隐士对待隐逸的不同态度，又体现了两个时代在隐逸精神上的一涨一落之差异。

对于中国古代的隐逸文化史，历来的研究似乎都习惯于以线性的历史叙述模式加以展开，因而主要强调其继承的一面。如果我们把目光更多地聚焦于外来文化对中国传统文化格局的某些生成性影响，就会发现，佛教进入中国乃至在隋唐的繁荣，在某些层面（如隐逸文化层面）对中国固有的文化精神进行了改写。因此，陶渊明与王维的差异，绝不仅仅是"乱世之隐"与"盛世之隐"的差异。唐代以来大隐的后来居上，从政治经济层面上说，一方面意味着政治权力对文人知识分子的文化整合力度的强化，另一方面也反映了随着士族阶层的衰落士族文人知识分子逐渐丧失其独立性。从文化层面上来看，则是由于佛教文化传统的渐趋强势而引起的对先秦以来儒家隐逸传统和道家隐逸传统的否弃。正如禅门偈语所说的："佛法在世间，不离世间觉。离世觅菩提，恰如求兔角。"①从根本上说，佛教是不赞成隐逸的。

因此，晋唐之间，古典隐逸精神由极盛而衰，陶潜是中国古典隐逸精神在巅峰时期的杰出代表，而王维则是这一传统在重大转折时的标志性人物。此后宋元诸朝，虽然仍然偶有"梅妻鹤子"林和靖一类的隐逸人物，但若要考察整个文化精神的变迁，则宋元明清诸代，隐逸文化精神的式微已是不争的事实。

---

① 赖永海主编，尚荣译注《坛经》，中华书局，2010，第61页。

隐士哲学与骑驴诗人小议

——以《孟浩然骑驴图》题画诗文为例

王晓明*

摘要：从先秦起驴进入了中国文学，盛唐之时与诗人建立了密切的联系。贾岛、孟浩然等骑驴诗人与驴背上的诗思成为独特的文化现象，在唐以后的历代诗文中频繁出现。以孟浩然骑驴之典故为蓝本，众多文人绘有《孟浩然骑驴图》并作有题画诗文，其中与杜甫的对举表现他们对清高风骨的赞颂，对放归南山的强调则蕴含着向往归隐的情结，与骑马的对举又体现诗人的悲哀。

关键词：驴　骑驴诗人　《孟浩然骑驴图》　文化内涵

在中国古代诗歌创作中，题画诗是其中的一大类。有的题画诗独立于画面而存在，有的则直接被题写在画面上。自文人画发展起来之后，多是诗、书、画、印合为一体，题画诗也就内在地构成了文人画的一部分。在中国文化史上，骑驴诗人是一特殊的文化现象，诸多士人所创作的《孟浩然骑驴图》反映他们对以孟浩然为代表的骑驴诗人的关注。与此图相伴的是多首（篇）《孟浩然骑驴图》题画诗文，其中蕴含着丰富的思想内涵①。

＊ 王晓明，文学博士。

① 有学者曾就中国的骑驴诗人与韩国的骑牛诗人进行过比较，提出了很有价值的学术观点。如张伯伟《再论骑驴与骑牛——汉文化圈中文人观念比较一例》，《清华大学学报》2000年第1期；张伯伟：《骑驴与骑牛——中韩诗人比较一例》，《韩民族语文学》（第34辑），1999；张伯伟：《中国诗学研究》，辽海出版社，2000。

一 骑驴诗人与驴背上的诗思

《说文解字》曰："驴，似马，长耳；蒙，驴子也。"① 驴"性温驯，富忍耐力，但颇执拗"②，"堪粗饲，耐劳，能担负各种使役"③。顾炎武考证曰："驴之为物……自赵武灵王骑射之后，渐资中国之用。"④《史记》《汉书》中有关驴的记载较少，《后汉书》在与西北游牧民族有关的篇幅中略有提及。唐代，驴在北方地区日渐增多，农户多以其为畜力。从《楚辞》起驴进入文学作品，如"驾蹇驴而无策兮，又何路之能极"（《楚辞·七谏·谬谏》），"骥垂两耳兮，中坂蹉跎，蹇驴服驾兮，无用日多"（《楚辞·九怀·株昭》）。汉代，驴为帝王文士所喜，"灵帝于宫中西园驾四白驴，躬自操辔，驱驰周旋，以为大乐。于是公卿贵戚转相仿效，至乘辎轩以为骑从，互相侵夺，贾与马齐"（《后汉书·五行志》）；"其兽则麒麟角端，騊駼橐驼，蛩蛩驒騱，駃騠驴骡"（司马相如《上林赋》）。正如顾炎武所说，驴"至汉而名，至孝武而得充上林，至孝灵而贵幸"⑤。此后驴又和魏晋风度结合起来，如"王仲宣好驴鸣。既葬，文帝临其丧，顾语同游曰：'王好驴鸣，可各作一声以送之。'赴客皆一作驴鸣"⑥；王济逝，孙楚"哭毕，向灵床曰：'卿常好我作驴鸣，今我为卿作。'体似真声，宾客皆笑"⑦；阮籍骑驴赴任东平太守，"至则坏府舍诸壁障，使内外相望，然后教令，一郡清肃。十余日，复骑驴去"。南朝袁淑写《庐山公九锡文》，尊称驴为"庐山公"。

魏晋和唐初诗人较少骑驴，盛唐之后骑驴诗人多了起来。在白驴、碧驴、贫驴等品种中，蹇驴（狭义指跛足之驴，泛指毛驴）最常见。驴和骑驴诗人组成了一种文化复合体，李商隐在《李长吉小传》（《樊南文集》卷八）中写道："恒从小奚奴，骑距驴，背一古破锦囊，遇有所得，即书投囊"；李贺自己也作诗曰："雪下桂花稀，啼乌被弹归。关水骑驴影，秦风

---

① （汉）许慎：《说文解字》，中华书局，2013。
② 《辞海》，上海辞书出版社，1979。
③ 《中国百科大辞典》，华夏出版社，1990。
④ （清）顾炎武撰《日知录》，清康熙三十四年刻本。
⑤ （清）顾炎武撰《日知录》，清康熙三十四年刻本。
⑥ （南朝·宋）刘义庆著，柳士镇、刘开骅译注《世说新语》，贵州人民出版社，2008，第429页。
⑦ （南朝·宋）刘义庆著，柳士镇、刘开骅译注《世说新语》，第430页。

帽带垂"（《出城》）。贾岛骑驴苦吟的故事更是脍炙人口："尝跨蹇驴张盖，横截天衢，时秋风正厉，黄叶可扫，遂吟曰：'落叶满长安。'方思属联，杳不可得，忽以'秋风吹渭水'为对，喜不自胜。因唐突大京兆刘栖楚，被系一夕，旦释之。后复乘闲策蹇驴访李余幽居，得句云'鸟宿池中树，僧推月下门。'又欲作'僧敲'，炼之未定，吟哦引手作推敲之势，傍观亦讶。时韩退之尹京兆，车骑方出，不觉冲至第三节，左右拥到马前，岛具实对，未定推敲，神游象外，不知回避。韩驻久之曰：'敲字佳。'遂并辔归，共论诗道，结为布衣交，遂授以文法，去浮屠，举进士。"① 从此贾岛在其他诗人笔下就与驴联系起来，如"蹇驴放饱骑将出，秋卷装成寄与谁"（张籍《赠贾岛》），"敲驴吟雪月，谪出国西门"（李洞《过贾浪仙旧地》）。史传中的又一骑驴诗人就是李白②，《唐才子传》载："白浮游四方，欲登华山，乘醉跨驴经县治，宰不知，怒，引至庭下曰：'汝何人，敢无礼！'白供状不书姓名，曰：'曾令龙巾拭吐，御手调羹，贵妃捧砚，力士脱靴。天子门前尚容走马，华阴县里不得骑驴。'宰惊愧，拜谢曰：'不知翰林至此。'白长笑而去。"③ 在骑驴诗人相继出现的同时，郑綮关注的是驴背上的诗思。据载，"唐相国郑綮，虽有诗名，本无廊庙之望……或曰：'相国近有新诗否？'对曰：'诗思在灞桥风雪中驴背上，此处何以得之？'盖言平生苦心也"（《北梦琐言》卷七）。郑綮将驴、骑驴诗人、骑驴作诗纳入一体，使其具有了文艺理论色彩。"灞桥风雪""灞桥驴背"等典故即由此而出，诗人骑驴的形象也被固定下来。灞桥驴背上的典型诗人就是孟浩然。《韵府群玉》中载他"尝于灞水，冒雪骑驴寻梅花，曰，'吾诗思在风雪中驴子背上'"。孟浩然曾说自己"访人留后信，策蹇赴前程"（《唐城馆中早发寄杨使君》）。苏东坡常用其典故写作，如"又不是襄阳孟浩然，长安道上骑驴吟雪诗"（《大雪青州道上有怀东武园亭寄交代孔周翰》），"雪中骑驴孟浩然，皱眉吟诗肩耸山"（《赠写真何充秀才》）。马致远创作了杂剧《风雪骑驴孟浩然》，画家也创作了多幅《孟浩然骑驴图》。

---

① （元）辛文房著，李立朴译注《唐才子传全译》，贵州人民出版社，1995，第309～310页。
② 李白诗中并未写自己骑过驴，清代王琦注的《李太白全集》卷三十六，引《采兰杂志》说，"李白有马，名黄芝"，"中厩之马，代其劳，内厨之膳，给其食"。据后人研究，并未发现天宝三年三月李白辞翰林供奉后骑驴过华阴县之事，只有四月取道上洛郡（即商州）东去，初夏与杜甫会于洛阳，然后往开封的记载（可参见安旗、薛天纬《李白年谱》，齐鲁书社，1982），但此后历代都有李白骑驴的传说，抑或是被自觉或不自觉的添上了骑驴。
③ （元）辛文房著，李立朴译注《唐才子传全译》，第128页。

二 《孟浩然骑驴图》及其题画诗文

《宣和画谱》载北宋内府藏有王维《写孟浩然真》①一幅图，然而没有具体描述画面内容。据史料记载，王维最早画了《孟浩然骑驴图》，他"过郢州，画浩然像于刺史亭，因曰浩然亭。咸通中，刺史郑谓贤者名不可斥，更署曰孟亭"（《新唐书·孟浩然传》）。李复《书郢州孟亭壁》曰："孟亭，昔浩然亭也。世传唐开元间，襄阳孟浩然，有能诗声，雪途策蹇，与王摩诘相遇于宜春之南，摩诘戏写其寒峭苦吟之状于兹亭，亭由是得名。而后人响榻摹传，摩诘所写，迄今不绝。"（《潏水集》卷六）自王维之后诸多画家都绘有《孟浩然骑驴图》，文人雅士亦纷纷为此题诗作文，现将其中一些摘录，详见下表。

《孟浩然骑驴图》题画诗文一览表

作者/题目/出处	诗歌内容
刘克庄《孟浩然骑驴图》（《后村集》卷四）	坏墨残缣阅几春，灞桥风味尚如真。摩挲只可夸同社，装饰应难奉贵人。旧向集中窥一面，今于画里识前身。世间老手惟工部，曾伏先生句句新
王恽《灞陵风雪图》（《秋涧集》卷三十三）	诗瘦清于饭颗山，蹇驴驼入画图间。姓名得挂金銮月，风雪长途是等闲
牟巘《王维画孟浩然骑驴图》（《牟氏陵阳集》卷三）	穷浩然，老摩诘，平生交情两莫逆。也曾携去宿禁中，堪笑诗人命奇薄 只应寂寞归旧庐，此翁殷勤殊未足。作诗借问襄阳老，诗中犹恐忆孟六 悠悠江汉今几秋，一夕神交如在目。分明写出骑驴图，风度散朗貌清淑 更有倜傥一片心，不是相知那得貌。行复行，向何许？酸风吹驴耳卓朔 向来十上困旅尘，驴饥拒地愁向洛。不如乘兴且田园，万山亭前大堤曲 鳜鱼正肥甘蔗美，鸡黍可具杨梅熟。一樽相与寿先生，醉归勿遣驴失脚
宋禧《题张淑厚画三首》之三（《庸庵集》卷九）	骑驴恰似杜陵翁，归向南山路不同。惟有诗人最怜汝，解吟疏雨滴梧桐

---

① 俞剑华注译《宣和画谱》，江苏美术出版社，2007，第225页。

续表

作者/题目/出处	诗歌内容
刘嵩《雪中骑驴口号》（《槎翁诗集》卷七）	京城去三千里，蹇驴动百十鞭。不是浩然踏雪，也同杜甫朝天
方回《孟浩然雪驴图》（《桐江续集》卷二十三）	往年一上岳阳楼，西风候忽四十秋。诗牌高挂诗两首，他人有诗谁敢留 其一孟浩然，解道气吞云梦泽；其一杜子美，解道吴楚东南坼。浩然诗不多，句句尽堪传。天下诗人推老杜，老杜又专推浩然。我亦尝遨江汉边，梅花腊月犹年年。一句新诗学不得，谩饱槎头缩项鳊。雪天谁写诗穷状，冻合吟肩神气王。短褐长夜死不朽，貂蝉何必凌烟上。偶随故人直玉堂，龙鳞不顾婴君王。李太白、贺知章，三郎不识放归云水乡，子美先生饿欲僵。浩然先生不直内厩一疋马，可是蜀栈骑驴山路长
张仲深《题灞桥风雪图》（《子渊诗集》卷二）	长安雨雪大如瓮，马蹄晓蹴东华冻。长安雨雪大如掌，磔磔商车竞来往 先生名利两不干，骑驴底事冲风寒。风鬐猎猎雪种种，三尺蹇驴僵不动 自知清骨为诗瘦，不道玉山和雪耸。君不见长安有客似龟缩，梦魂不到山阴曲。陶家风味党家奢，煮茗烹羔总庸俗。清标何似襄阳老，一片襟怀自倾倒。只因灞桥觅诗忙，非是长安被花恼。豪吟往往凌鲍谢，长才靡靡压郊岛。载披毫素眼生花，悲咤无端动清昊
陈旅《题画图》之四（《安雅堂集》卷一）	群玉山前岁暮天，午晴明月满寒川。骑驴客子清如鹤，恐是襄阳孟浩然
梁寅《题王维所画孟浩然像》（《石门集》卷二）	孟君故人好事者，摩诘当年号潇洒。荐之明主既不能，彩笔徒夸善描写 浐川风急天正寒，灞桥云黄雪初下。蹇驴行行欲何之，妙句直欲追大雅 饭颗山头杜少陵，溧阳水滨孟东野。饥寒一身人共叹，声名千载天所假 南山故庐拂袖归，五侯七贵俱土苴。龙钟如此君莫嘲，平生贵在知我寡
高启《题孟浩然骑驴吟雪图》（《大全集》卷一七）	西风驴背倚吟魂，只到庞公旧隐村。何事能诗杜陵老，也频骑叩富儿门
家铉翁《跋浩然风雪图》（《则堂集》卷四）	此灞桥风雪中诗人也，四僮追随后先，苦寒欲号，而此翁据鞍顾盼，收拾诗料，喜色津然，贯眉睫间，其胸次洒落，殆可想矣。虽然傍梅读《易》，雪水烹茶，点校《孟子》，名教中自有乐地，无以冲寒早行也
杜范《跋王维画孟浩然骑驴图》（《清献集》卷一七）	孟浩然以诗称于时，亦以诗见弃于其主。然策蹇东归，风袂飘举，使人想慨嘉叹，一时之弃适以重千古之称也

作者/题目/出处	诗歌内容
董逌《书孟浩然骑驴图》（《广川画跋》卷二）	孟夫子一世畸人，其不合于时，宜也。当其拥褴襦、负苓箬，陜袖跨驴，冒风雪、陟山阪，行襄阳道上时，其得句自宜挟冰霜霰雪，使人吟诵之，犹齿颊生寒……要辞句清苦，搜冥贯幽，非深得江山秀气，迥绝人境，又得风劲霜寒，以助其穷愁哀思，披剔奥突，则胸中落落奇处，岂易出也。郑綮谓"诗思在灞桥风雪中驴子上，此处何以得之"，綮殆见孟夫子图而强为此哉。不然，綮何以得知此

资料来源：（清）陈邦彦编《御定历代题画诗类》卷四十，康熙四十六年内府精刻本。

三 《孟浩然骑驴图》题画诗文的文化内涵

以上《孟浩然骑驴图》题画诗文主要有三个特点：一是将孟浩然与杜甫对举，二是对孟浩然"放归南山"的仰慕，三是将骑驴与骑马对举，这三者是后世文人对孟浩然之解读的集中概括。实际上他们所塑造的理想化的孟浩然与诗史不甚相符，这种较强的主观倾向具有特定的文化内涵，体现了文士们的文化心理，有必要对此展开进一步探讨。

（一）孟浩然与杜甫对举：清高的风骨

在上面列出的《孟浩然骑驴图》题画诗文中，有多处出现与杜甫对举的有趣现象。杜甫写自己骑驴的诗歌有三首，一是"骑驴十三载，旅食京华春。朝扣富儿门，暮随肥马尘。残杯与冷炙，到处潜悲辛"（《奉赠韦左丞丈二十二韵》），写心怀壮志到长安求仕，却不被重用尝尽世态炎凉；二是"平明跨驴出，未知适谁门。权门多噂沓，且复寻诸孙"（《示从孙济》），写穷困潦倒，只能骑驴到堂孙家蹭饭；三是"自从官马送还官，行路难行涩如棘。我贫无乘非无足，昔者相过今不得。……东家蹇驴许借我，泥滑不敢骑朝天"（《偪侧行赠毕四曜》），写虽已谋得左拾遗之职，生活依然贫困，将官马献出后不得不向邻居借驴。杜甫一生忧国忧民，内心有着对功名的执着、对入仕的渴望，他要"立登要路津""致君尧舜上，再使风俗淳"。在后世诗人眼里，杜甫难免陷入干谒权门之庸俗，而骑驴诗人孟浩然则更具清高的风骨，正所谓"乾坤有清气，散入诗人脾"（贯休《古意九首》之四）。后人常用"清"写孟浩然，如"风度散朗貌清淑""诗瘦清于饭颗山""自知清骨为诗瘦……清标何似襄阳老""骑驴客子清如鹤，恐是襄阳孟浩然""傍梅读《易》，雪水烹茶""辞句清苦"，等等。真山民写诗将孟浩然、杜甫、贾岛进行对比："君不学少陵骑驴京华春，一生旅食长悲辛。又不学浪仙骑驴长安市，凄凉落叶秋风里。却学雪中骑驴孟浩然，冷湿银镫敲吟鞭。梅花溪上日来往，身迹懒散人中仙。有时清霜松下路，松风萧萧驴耳竖。据鞍傲兀四无人，牧子骑牛相尔汝。劝君劝君但骑驴，行路稳，姑徐徐。九折畏途鞭快马，年来曾覆几人车。"（《陈云岫爱骑驴》）在真氏看来，贾岛刻意苦吟，诗风难免萧瑟，杜甫企慕功名，诗风难免浊下，而孟浩然之诗品人品却有溪上梅花、松下清霜般清高气骨。李纯甫也作《灞陵风雪》将孟浩然、杜甫、卢仝进行对比："君不见浣花老人醉归图①，熊儿捉辔骥子扶。又不见玉川先生一绝句②，健倒莓苔三四五。蹇驴驮着尽诗仙，短策长鞭似有缘。政在灞陵风雪里，管是襄阳孟浩然。官家放归殊不恶，蹇驴大胜扬州鹤。莫爱东华门外软红尘③，席帽乌靴老却人。"前几句先写杜甫骑驴醉归，宗文（小字熊儿）、宗武（小字骥子）前来揽辔扶将；再写卢仝为诗为人之奇幽，有"志怀霜雪、操拟松柏"④ 之高格。继而着重称赞在灞桥风雪中骑驴作诗的孟浩然，有诗仙之才与清高之志。《殷芸小说》记载："有客相从，各言所志：或愿为扬州刺史，或愿多赀财，或愿骑鹤上升。其一人曰：'腰缠十万贯，骑鹤上扬州。'欲兼三者。"⑤ 李纯甫此处以骑驴与扬州鹤（升官、发财、成仙之喻）对比，目的是突出孟浩然的风骨。末两句借"东华门""软红尘"之功名利禄来映衬孟襄阳超凡脱俗的气质；席帽指代布衣、乌靴指代官员，李纯甫认为二者并无区别，到头来都一样终老。从以上材料可以看出，后代文人认为杜甫虽然骑驴，但他是"骑驴朝天"，魏阙之心甚强，所以"浩然踏雪"与"杜甫朝天"就形成了鲜明的对比。苏轼之"杜陵饥客眼长寒，蹇驴破帽随金鞍。隔花临水时一见，只许腰肢背后看。心醉归来茅屋底，方信人间有西子"

① 黄庭坚有《老杜浣花溪图引》诗，陈师道据此诗写有"君不见浣花老翁醉骑驴，熊儿捉辔骥子扶"（《和饶节咏周昉画李白真》）。
② 源自卢仝"昨夜村饮归，健倒三四五。摩挲青莓苔，莫嗔惊着汝"（《村醉》）。
③ 源自苏轼"隐居求志义之从，本不计较东华尘土北窗风"（《薄薄酒》其二）。东华门是入宫觐见皇帝之门，北窗语出陶渊明"五六月中，北窗下卧，遇凉风暂至，自谓是羲皇上人"（《与子俨等疏》），指隐逸，与东华门相对。东坡又有《从驾景灵宫》一诗，其注云："前辈戏语，有西湖风月不如东华软红香土。"
④ （元）辛文房著，李立朴译注《唐才子传全译》，第292页。
⑤ 周楞伽辑注《殷芸小说》（卷六），上海古籍出版社，1984，第131~132页。

（《续丽人行》），陈师道之"老杜秋来眼更寒，蹇驴无复随金鞍"（《戏寇君二首之一》），都对杜甫骑驴朝天略有揶揄之意。相比之下，孟浩然则在文士心目中保持着清高的形象，成为骑驴诗人的典范。如上述董逌《书孟浩然骑驴图》所言："孟夫子一世畸人，其不合于时，宜也。当其拥褴襁、负苓箬，陟袖跨驴，冒风雪、陟山阪，行襄阳道上时，其得句自宜挟冰霜霰雪，使人吟诵之，犹齿颊生寒……要辞句清苦，搜冥贯幽，非深得江山秀气，迥绝人境，又得风劲霜寒，以助其穷怨哀思，披剔奥突，则胸中落落奇处，岂易出也。郑綮谓'诗思在灞桥风雪中驴子上，此处何以得之'，綮殆见孟夫子图而强为此哉。不然，綮何以得知此。"陆游也曾说"我似骑驴孟浩然，帽边随意领山川"（《夜闻雨声》），对孟襄阳甚为推重。

（二）放归南山：归隐的情结

在《孟浩然骑驴图》题画诗文中，放归南山之意屡次出现，如"只应寂寞归旧庐……不如乘兴且田园"，"骑驴恰似杜陵翁，归向南山路不同"，"西风驴背倚吟魂，只到庞公旧隐村"，"南山故庐拂袖归，五侯七贵俱土苴"，"策蹇东归，风袂飘举，使人想慨嘉叹"等，其中饱含后人对孟浩然这一隐逸高士的仰慕与赞颂。其实这里存在着某种程度的误解抑或有意的改造，因为孟浩然并非他们所认为的纯粹隐士。这些题画诗文与其说是吟咏孟襄阳，不如说是抒发作者自己的归隐情怀。

《唐才子传》记载："浩然，襄阳人。少好节义，诗工五言。隐鹿门山，即汉庞公栖隐处也……维待诏金銮，一旦私邀入，商较风雅，俄报玄宗临幸，浩然错愕，伏匿床下，维不敢隐，因奏闻。帝喜曰：'朕素闻其人，而未见也。'诏出，再拜。帝问曰：'卿将诗来耶。'对曰：'偶不赍。'即命吟近作，诵至'不才明主弃，多病故人疏'之句，帝慨然曰：'卿不求仕，朕何尝弃卿，奈何诬我！'因命放还南山。"[①] 这就是"放归南山"的由来，其他史料中也有类似记载。孟浩然的确终生未仕，然而从他的诗歌中并不能得出隐逸的结论。他仅有两首诗写鹿门山，《登鹿门山怀古》写他从住所南园去鹿门山游览；《夜归鹿门歌》是他唯一的"归鹿门"之作："山寺鸣钟昼已昏，渔梁渡头争渡喧。人随沙岸向江村，余亦乘舟归鹿门。鹿门月照开烟树，忽到庞公栖隐处。岩扉松径长寂寥，惟有幽人自来去。"孟浩然

---

① （元）辛文房著，李立朴译注《唐才子传全译》，第 123~124 页。

另有三首与鹿门相关的诗，《登江中孤屿赠白云先生王迥》《白云先生王迥见访》《和张明府登鹿门山》，前两首写与住在鹿门的王迥的交游，后一首是和诗。但这些诗歌都不足以作为他长期隐居鹿门的证明。他主要住在襄阳城南的南园："敝庐在郭外，素业唯田园。左右林野旷，不闻城市喧。钓竿垂北涧，樵唱入南轩。书取幽栖事，还寻静者言"（《涧南园即事贻皎上人》）；"中年废丘壑，上国旅风尘。忠欲事明主，孝思侍老亲。归来冒炎暑，耕稼不及春。扇枕北窗下，采芝南涧滨。因声谢朝列，吾慕颍阳真"（《仲夏归南园寄京邑旧游》）。开元二十八年孟浩然"终于冶城南园"（王士源《孟浩然集序》）。从以上他对南园的描述可见，即便没有"放归南山"，若志在隐逸，幽静的南园亦是佳处。但问题在于孟浩然并没有真正对功名释怀过，他说"吾与二三子，平生结交深。俱怀鸿鹄志，共有鹡鸰心"（《洗然弟竹亭》）；又说"粤余任推迁，三十犹未遇……望断金马门，劳歌采樵路。乡曲无知己，朝端乏亲故。谁能为扬雄，一荐《甘泉赋》"（《田园作》）。他在家乡的多年闲居抑或是想避开科举考试，通过积累声望而获得举荐，但没有成功。出于对功业的向往，他四十岁到京师广交朋友，以期博得声名进而入仕，然而由于性格的原因最终没能如愿以偿。于是他在抑郁苦闷中生发归隐之念："跃马非吾事，狎鸥真我心"（《秦中苦雨思归赠裴左丞贺侍郎》），"只应守寂寞，还掩故园扉"（《留别王维》）。但是他的意志又不坚定，所以只能在求仕不得、归隐不甘的矛盾中纠结："欲随平子去，犹未献《甘泉》"（《题长安主人壁》），"欲济无舟楫，端居耻圣明"（《临洞庭》），"犹怜不调者，白首未登科"（《陪卢明府泛舟回岘山作》）。

无论是汲取功名还是退归隐逸，孟浩然都做得不彻底。然而在同时代与后人的心中，他意欲归隐的一面却被逐渐强化，直至重塑出一个不慕功名的纯粹高士孟浩然。比如，"吾爱孟夫子，风流天下闻。红颜弃轩冕，白首卧松云。醉月频中圣，迷花不事君。高山安可仰，徒此揖清芬"（李白《赠孟浩然》），"襄阳城郭春风起，汉水东流去不还。孟子死来江树老，烟霞犹在鹿门山"（陈羽《襄阳过孟浩然旧居》）；又如以上《孟浩然骑驴图》题画诗文中的"放归南山"孟浩然。甚至在他去世后，他的坟墓也在文人笔下被转移到鹿门山："数步荒榛接旧蹊，寒江漠漠草萋萋。鹿门黄土无多少，恰到书生塚便低"（罗隐《孟浩然墓》）；"每每樵家说，孤坟亦夜吟……亲栽鹿门树，犹盖石床阴"（张玭《吊孟浩然》）；"鹿门埋孟子，岘首载羊公"（齐己《过鹿门作》）。而实际上据《新唐书》记载，他的墓址在襄阳东南的凤林山。孟浩然之隐逸形象被强化的原因在于历代文士都心怀归隐情结，这种情结成为他们失意时的心理补偿，获得解脱的精神归宿。鹿门山隐逸气息浓厚，与之相关的骑驴诗人孟浩然没有入仕且写有较多山水田园诗，于是他就顺理成章地成为他们归隐情结得以寄托的偶像，这也是文人将杜甫与孟浩然对举的根本原因。

（三）骑驴与骑马对举：诗人的悲哀

在《孟浩然骑驴图》题画诗文中，出现了驴的对照物——马，如"长安雨雪大如瓮，马蹄晓蹴东华冻"。《说文解字》曰："马，怒也，武也。"在中国传统文化中，马与驰骋疆场、建功立业紧密相关，有诗为证："白马饰金羁，连翩西北驰"（《白马篇》），"功名只向马上取，真是英雄一丈夫"（岑参《送李副使赴碛西官军》）。作为仕途通达之人的坐骑，马比贫寒之士所骑的驴有更显赫的地位，是一种身份的象征。孟郊原先"骑驴到京国，欲和薰风琴"（韩愈《孟生诗》），登科之后则"春风得意马蹄疾，一日看尽长安花"（孟郊《登科后》）。《渑水燕谈录》记载，"（刘称）廉慎至贫，及罢官，无以为归计。卖所乘马办装，跨驴以归。魏野以诗赠行云：'谁似甘棠刘法掾，来时乘马去骑驴'"[1]。骏马意味着在朝、缙绅、富贵，而塞驴则意味着在野、布衣、贫困。古语曰："太上有立德，其次有立功，其次有立言，虽久不废，此之谓不朽。"[2] 虽然立德、立功、立言都可使人生不朽，但三者有等级次序之别。古代文人起先并不甘愿作骑驴诗人，他们同样渴望封侯万里。"匈奴今未灭，画地取封侯"（杨炯《紫骝马》），"当年万里觅封侯，匹马戍梁州"（陆游《诉衷情》），"男儿何不带吴钩，收取关山五十州。请君暂上凌烟阁，若个书生万户侯"（李贺《南园》），即是他们英雄情结的表征。与建立军功、经世治国相比，吟诗作赋就常常被轻视。扬雄认为作文乃"童子雕虫篆刻""壮夫不为"（《法言》）；曹植曰"庶几戮力上国，流惠下民，建永世之业，流金石之功，岂徒以翰墨为勋绩，辞颂为君了哉"（《与杨德祖书》）；韩愈则说"余事作诗人"（《和席八十二韵》）。帝王更是将文学与政治区分对待，《南史·恩倖传》载，"武帝常云：'学士辈不堪经国，唯大读书耳。经国，一刘系宗足矣。沈约、王融数百人，于

---

① 《渑水燕谈录》，中华书局，1981，第88页。
② （唐）孔颖达：《十三经注疏·春秋左传正义》，中华书局影印本，1980。

事何用'"。齐武帝萧颐则告诫其子："及文章诗笔，乃是佳事，然事务弥为根本，可常记之。"① 这就是司马相如和李白在汉武帝、唐明皇时代之不遇的重要原因。

心怀壮志的文人本不愿将主要精力放在作诗上，就如贾岛所言："少年跃马同心使，免得诗中道跨驴。"（《送友人之南浦》）然而他们多数都有着坎坷的仕途、失意的人生。初唐四杰有诗名而无功业，李商隐"虚负凌云万丈材，一生襟抱为谁开"（崔珏《哭李商隐》其二），杜甫"艰难苦恨繁霜鬓，潦倒新停浊酒杯"（《登岳阳楼》），陆游"心在天山，身老沧州"（《诉衷情》），辛弃疾"都将万字平戎策，换得东家种树书"（《鹧鸪天》）。壮年的封侯之志、马上功名日渐无望，于是不得不慨叹"可知年四十，犹自未封侯"（岑参《北庭作》），"大小百余战，封侯竟蹉跎"（陶翰《燕歌行》）。所谓"诗穷而后工"，他们在失落清贫中转向文学创作，成为骑驴诗人。驴有着质朴卑微的形象、倔强坚韧的性格，特别是蹇驴，与失意诗人甚为相合，因而二者建立起密切的联系。驴与骑驴诗人共同构成在野的、被边缘化的、傲岸不羁的文化体，蕴含有怀才不遇的感伤情绪，不得志之士人对其有强烈的心理认同感与精神归属感。以陆游为例，他奉命从南郑（今陕西汉中）前往成都任安抚司参议官（实是一闲散官职），过剑门时作诗曰："衣上征尘杂酒痕，远游无处不消魂。此身合是诗人未？细雨骑驴入剑门。"（《剑门道中遇微雨》）一世英雄被闲置，骑马转为骑驴，其中蕴含了多少辛酸，此诗可以说是骑驴诗人共同的悲剧命运的写照。

从《孟浩然骑驴图》题画诗文中可以看出，后世文人对以孟浩然为代表的骑驴诗人进行了重新诠释，而原本骑驴诗人所承受的苦闷被忽略掉了，这其中蕴含的深层次的文化与心理因素是一个值得继续关注与探讨的话题。

---

① （梁）萧子显：《南齐书》，中华书局，1972。

朱彝尊与浙西词派的困境

韩宝江*

摘要：清代浙西词派在清代文学史上影响深远，纵观其由盛转衰的发展轨迹可以发现，开山朱彝尊个人由流落榛莽到中枢荣宠的特殊经历，直接决定了其词学主张的前后易帜，在实质上篡改了"醇雅"的内涵。中期领袖厉鹗偏嗜雅洁清幽，浮腻薄弱、悠游林泉。清廷高压下两代领袖的文学主张和作品风格，注定了浙西词派走向枯寂窳弱的方向。本文侧重于朱彝尊词风转向的研究与检讨，提出了较有新意的见解。

关键词：浙西词派　朱彝尊　厉鹗　醇雅　清空

清初浙西词派开山朱彝尊、中期领袖人物厉鹗过世之后，词派后继者虽然人数众多，但其中鲜有能够如朱彝尊、厉鹗这样实力的大手笔来继主坛坫。而且，派内作家也大都蜷缩在前人的树荫下，追步朱、厉后尘，没有足够的创新发展能力，导致琐屑馂饤、深陷虚浮狭窄的泥淖而无力自拔。随着时代的前进，浙西词派遂成为众多文学批评家矛头所向，如"三蔽说"就是很有代表性的重磅炸弹。常州词派号准了浙西词派的脉搏，结合时势吹响了时代号角，逐步取代浙西词派的词坛领导地位而崛起。浙西词派内的理论家也认识到自身的缺陷，逐步采取了一些变革手段来应对，收到了一定实效，但终归挽不住白驹西去的车轮。其实，浙西词派的困境与没落，微观上讲，与其开山朱彝尊和中期领袖厉鹗的文学主张关系密切；当然，

---

* 韩宝江，文学博士，北京教育科学研究院副研究员。

宏观上还是无法摆脱当时清廷政权治下社会大环境的桎梏。本文侧重于对朱彝尊词风的研究与检讨，厉鹗词风略有述及，其余部分详见已经发表在全国中文核心期刊《中国文化研究》2014年春之卷的拙文《厉鹗词审美取向的动因》。

中国古代的文学创作在理论和实践上，一直都有崇尚雅正的传统，尤其是作为正统文学的诗词文。先秦儒家诗教观的核心就是雅正，《毛诗序》云："雅者，正也，言王政之所由废兴也。"明确规定了文学在形式上要"温柔敦厚""乐而不淫、哀而不伤"；在内容上强调文章作品的道德教化意义，"《诗三百》，一言以蔽之，诗无邪"，"经夫妇、成孝敬、厚人伦、美教化、依风俗"。这种儒家诗教观对后世文学产生了非常大的影响，也成为雅文学的一个重要内涵。

随着士林文人队伍加入词体创作的行列，正规军凭借他们自身拥有的社会公共地位与强势话语权、文化修养内涵、诗词格律专长等，逐渐剥夺了词在本源上代表的"民意"色彩和定位，而更多地使词体传达出士大夫阶层（所谓官方色彩）的生活情调和审美趣味。朱彝尊的人生旅程就是经历了从民间布衣到士大夫的转身，这一转身对于其个人生活与皇恩荣耀固然是好事，然而对于浙西词派的长远发展而言，可以说是埋下了走向衰落的种子。

一 折节入仕

朱彝尊作为浙西词派的开山人物，其词学主张与其身世的浮沉特别是出仕前后的变化联系紧密。

朱彝尊早年胸怀壮志，渴望恢复，民族意识强烈，"亡国之音，形于言表"①。顺治二年（1645）清兵攻入南京，南明弘光政权灭亡。17岁的朱彝尊作《南湖即事》诗，借景抒发内心不尽的悲凉惆怅："南湖秋树绿，放棹出回塘。箫鼓闻流水，蒹葭泛夕阳。心随沙雁灭，目断楚云长。惆怅佳人去，凭谁咏凤凰？"顺治十四年（1657）作于广东的《崧台晚眺》诗借古喻今之意甚明："杰阁临江试独过，侧身天地一悲歌。苍梧风起愁云暮，高峡晴阁落照多。绿草炎洲巢翠羽，金鞭沙市走明驼。平蛮更忆当年事，诸将

---

① 刘师培：《书〈曝书亭集〉后》。

谁同马伏波？"

朱彝尊26岁时在嘉兴和抗清士人魏璧相识，次年访祁彪佳之子祁理孙、祁班孙兄弟。暗中联络抗清人士、从事抗清斗争。顺治十六年（1659）五月，郑成功、张煌言率军大举入长江，正是朱彝尊与魏耕、钱缵曾、祁理孙、祁班孙等人为首的秘密反清集团联络献策的结果。随后清廷兴大狱追查"通海"事件。康熙元年（1662）因人告密，魏耕、祁班孙等人被捕。六月，魏耕等人被杀于杭州，祁班孙遣戍宁古塔。朱彝尊远遁避祸，投永嘉县令王世显署中做记室，开始了他十余年的游幕生涯。

后相继在山西按察副使曹溶、山西左布政司王显祚、山东巡抚刘芳躅、潞河通永道佥事龚佳育等处为幕，龚佳育调任江宁布政司，朱氏随赴南京。朱彝尊满腹经纶却饥驱万里多年往来幕府，"南踰五岭，北出云朔，东泛沧海"①，备尝困蹇。"予糊口四方，多与筝人酒徒相狎，情见乎词。后之览者，且以为快意之作，而孰知短衣尘垢，栖栖北风雨雪之间，其羁愁潦倒，未有甚于今日者邪。"②

康熙三年（1664）六月北上途经扬州时，朱彝尊访问了时任扬州府推官的著名诗人、诗坛宗主王士禛。时已36岁的朱彝尊在文化圈里依然毫无地位和名望可言，"盖自十余年来，南浮涨桂，东达汶济，西北极于汾晋云朔之间，其所交类，皆幽忧失志之士，诵其歌诗，往往愤时嫉俗，多离骚变雅之体，则其词虽工，世莫或传焉"③。借助王渔洋的赏识和推荐，朱氏开始介入全国级别性质的文化圈。康熙三年（1664）八月进京，凭吊明帝陵，感慨"十二园陵风雨暗，响遍哀鸿离兽"④。康熙四年（1665）朱彝尊与曹溶同出雁门关，作《消息·度雁门关》词：

　　千里重关，凭谁踏遍，雁衔芦处？乱水滹沱，层霄冰雪，鸟道连句注。画角吹愁，黄沙拂面，犹有行人来去。问长途、斜阳瘦马，又穿入，离亭树。

　　猿臂将军，鸦儿节度，说尽英雄难据。窃国真王，论功醉尉，世事都如许！有限春衣，无多山店，酹酒徒成虚语！垂杨老，东风不管，

①　（清）赵尔巽等：《清史稿·文苑传》卷四八四。
②　（清）朱彝尊：《陈纬云红盐词序》，见《曝书亭集》卷四十。
③　（清）朱彝尊：《王礼部诗序》，作于康熙六年（1667）。
④　（清）朱彝尊：《百字令·度居庸关》。

雨丝烟絮。

依然充满着故国之思。这样的思想意识在其诗作中也有所反映，如"乡国不堪重伫望，乱山落日满长途"①，"珍重主人投辖饮，几回把酒意茫然"②，"遗恨空千载，长歌动百忧"③ 等，表达了诗人心志茫然的种种无奈。

康熙六年（1667）词集《静志居琴趣》成，八年作长诗《风怀二百韵》，十一年词集《江湖载酒集》编成，曹尔堪、叶舒崇为序。其中登临怀古的咏史词如《风蝶令·石城怀古》《水龙吟·谒张子房墓》《满江红·吴大帝庙》《卖花声·雨花台》等，抒发了兀傲苍凉、深沉悲壮的历史感喟及故国之思，为朱氏赢得了很高的文坛声誉。康熙十二年（1673）起辑《词综》，十三年岁暮思乡，作《鸳鸯湖棹歌》一百首。十五年《竹垞文类》（二十六卷本）刊行，王士禛、魏禧为之作序。十七年词集《蕃锦集》成，柯维桢作序；《词综》编成，汪森增订四卷并付刊，朱彝尊于卷首作《词综发凡》，汪森作序。十八年（1679）《浙西六家词》合刻于金陵，陈维崧作序。

这段时间里，借着四方游幕的机会，朱氏除了结识官场中人，还在来往途中开阔视野、遍访友人，结交文化界名人如顾炎武、李良年、孙承泽、周筼、沈传方、潘耒、曹贞吉、魏禧、周亮工、汪琬、徐干学、纳兰性德、王士禛、钱澄之、陈祚明、严绳孙、缪永谋、叶井叔等，多有诗词酬唱往来。通过编选《词综》、出版著作、酬唱名流，朱彝尊在文化圈里逐步拥有了较高的地位和声望，大江南北都有其足迹和作品传扬，足谓文名远播。

康熙十七年清廷首开博学鸿词科，户部侍郎严沆、吏科给事中李宗孔等人举荐朱彝尊应试。次年三月，博学鸿词科会试，于一百四十三人中录取五十人，朱彝尊以布衣身份置一等，除翰林院检讨，充《明史》纂修官。此番应试朱彝尊彻底改变了草根身份，可谓否极泰来，得以沐浴浩荡皇恩，《竹垞府君行述》有载其荣耀门楣经历：

　　壬戌除日待宴保和殿，癸亥元日赐宴太和门，十三日赐宴乾清宫，

---

① （清）朱彝尊：《度大庾岭》诗。
② （清）朱彝尊：《题廊下村主人壁》诗。
③ （清）朱彝尊：《舟次皋亭山》诗。

是夜赐内绖者而裹，一十五日侍食保和殿，是日再入保和殿侍宴，二十日召入南书房供奉恩。赐禁中骑马卅日。上自南苑回，赐所射兔，二月二日赐居禁垣景山之北，黄瓦门东南，驾幸五台山，回赐金莲花，银盘茹，寻复赐绖，赐醍醐饭，赐鲥鱼，又赐法酒、官羊、鹿尾、梭鱼等物，皆大官珍品。元旦王父方侍宴，天子念讲官家人，复以肴菜二席特赐，王母冯孺人九拜受之，洵异数也。王父念圣恩深重矢以文章报国。①

"圣祖于三藩未平，大势已不虑蔓延而日就收束，即急急以制科震动一世，巽词优礼以求之，就范者固已不少。即一二倔强彻底之流，纵不俯受衔勒，其心固不以夷虏绝之矣。"② 天下读书人梦寐以求的礼遇落在了朱氏身上，生活环境条件和思想观念从此发生了翻天覆地的变化。不能不说异族君主赏赐的禄位，在相当程度上销蚀瓦解了大明宗室遗脉朱彝尊曾经和本该秉持的强烈抗清心志。在朝野进退、家仇国恨的矛盾交织下，与多数兀兀穷年热衷功名的文人一样，这位曾经投身反清武装斗争的热血青年，抛开了汉满民族之间浓重的对立心结，最终选择了折节安身避祸、俯首归顺新主的处世立场。将所学"货卖帝王家"，匍匐在帝王政体之下，成了"大隐隐于朝"的御用文人。文化遗民们在一代人甚至不到一代人的时间里，颇为乖巧务实地完成了从文化自矜到承认异族新政权的急剧转折。梁启超指出："清兴，首开鸿博，以网罗知名士；不足则更征山林隐逸，以礼相招；不足则复大开明史馆，使夫怀故国之思者或将集焉。上下四方，皆入其网矣。"③

康熙二十年（1681），朱彝尊授日讲起居注官，随侍皇帝左右，记录皇帝言行。二十二年（1683）入值南书房，朱彝尊的清廉和渊博学识深得康熙皇帝的宠爱，特许他在紫禁城内骑马上下班。受玄烨赏赐最为丰厚、风光得意，成为有清一代三百年的旷典。朱彝尊都有诗文详细记录下主子的隆恩：《元日赐宴太和门》《是日再入保和殿侍宴》《二十日召入南书房供奉》《恩赐禁中骑马》《二月初二日赐居禁垣》《银盘菇》《赐鲥鱼》《五月丙子侍宴保和殿恭纪二十四韵》《梭鱼》《除日侍宴乾清宫夜归赋》《元日

---

① （清）朱桂孙、朱稻孙：《竹垞府君行述》，民国二十五年（1936）铅印本。

② （清）孟森：《己未词科录外录》，见《明清史论著集刊》下册，中华书局，1984。

③ 梁启超：《论中国学术思想变迁之大势》，上海古籍出版社，2001。

南书房宴归上复以肴果二席赐及家人恭纪》等，不乏夸耀自得。后两度罢官，致仕归里。朱彝尊的仕途浮沉，荣辱备兼。

二 煽风倡雅

晚明以来，随着统治阶级的日益腐朽没落，士大夫们往往借口解放性灵以恣意放纵，加之"极妩秀之致"的《花庵》《草堂》肆虐，词坛上重又刮起非常浓烈的香艳之风。《倚声初集》是清初的一部大型词选，凡二十卷，合计选词四百六十余家，一千九百十四首，反映了自明代天启、崇祯以降直到清代顺治十七年（1660）这四十年间的词坛创作。其中一大半以上是描写艳情的，其题材之多样、手法之丰富、表现之细腻，都超越前代。

朱彝尊试图对明季以来日益淫哇鄙陋的词风进行反拨，其推尊词体的诸多努力无疑都是值得肯定的。他在《水村琴趣序》中云："余尝持论，谓小令当法汴京以前，慢词则取诸南渡。"朱氏填词以姜夔、张炎为效法对象，原因是姜夔是词史上风雅词派的开创者和主要代表，填词最雅无过姜、张。这主要是针对清初词坛的颓风而发，试图以比兴寄托补救浅陋芜滥之弊，以清虚"醇雅"洗涤纤靡淫哇之陋。通过标举姜张，树立起救弊补偏的旗帜，借以提高词品。朱彝尊与汪森、柯崇朴、周筼等共同编选了浙派的重要词选——《词综》，这一选本鲜明地体现了他宗南宋、主"醇雅"的理论主张。慢词有信息量大、层次变化多、抒情宜于跌宕起伏的特点，朱彝尊倡导南宋、推扬慢词这一词体形式，也许不完全排除明末清初民族衰替时期的民族文化心理积淀的因素存在。

康熙十七年（1678）朱彝尊携带有特殊寓意的选本《乐府补题》入京，并由蒋景祁刊刻，传观于当时聚集京师的名家词人手中，引发了应考词人汹涌澎湃的追咏风潮。朱彝尊在序文中明确指出："诵其词可以观志意所存，虽有山林友朋之娱，而身世之感别有凄然言外者，其骚人《橘颂》之遗音乎？度诸君子当日唱和之篇，必不止此，亦必有序以志岁月，惜今皆逸矣。"就算是朱彝尊心仪《乐府补题》文人雅士的气质、含蓄蕴藉的风格、咏物而不黏滞于物的表现手法，这一举措在当时应该说是冒了较大的政治风险的，其动机看起来让人费解。朱氏此举是暗示了其对大明政权"受命不迁""深固难徙"的"志意所存"，还是以此作为遮掩自己应召赴试、丧失文人气节之羞的半边琵琶呢？或者也许只是为了和各地参加会试的文士名流们共同分享这部埋伏了近三百年的宋遗民词集佳作吧。有一点是可以肯定的，就是在当时敏感的政治形势之下，朱彝尊既然应召进京赴试，排除他以此对朝廷公开挑衅行为的可能性当是毫无疑义的。

阳羡词派领袖陈维崧在《乐府补题序》中指出，"援微词而通志，倚小令而成声"，强调了国破家亡的深沉悲慨赋予这部词集以撼人心魄的感染力。《乐府补题》迅速影响词坛，赴京应考的辇下词人们及其各地同志好友积极唱和，《拟补题》和咏词很快达到了 137 首。朱彝尊的和作词仅仅着力于铺陈勾勒的艺术手法，而在思想主旨上则有意避免或者淡化了原作蕴含的托喻遥深、血泪铸就的故国之思。因为，三十余年的风雨漂泊和困窘流徙，足以促使堪称"俊杰"的朱氏彻底、迅速地转变成为一个清廷治下的"识时务者"。已迈过"知天命"门槛的朱彝尊，绝不会放过对于他而言可能真正是最后一棵救命稻草的闱试，他为这一天在人脉和著述上准备了太久太多。

正如严迪昌先生所言："浙西词宗正是借《补题》原系寄托故国之哀的那个隐曲的外壳，在实际续补吟唱中则不断淡化其时尚存的家国之恨、身世之感的情思。"① 朱彝尊既然已经成为"一队夷齐下首阳"② 的变节之徒中的一员，则其心底对前朝曾经的那份家国民族的感慨愤激之情，只是偶尔在其少数作品中"温柔敦厚"、隐曲委婉地透露出来。因此屈大均讥之为"鸳湖朱十嗟同汝，未嫁堂前已目成"③。顾炎武也批评朱氏："末世人情弥巧，文而不惭，固有朝赋《采薇》之篇而夕有捧檄之喜者。"④ 然而在朱氏本人，贞节已如云烟，只有欣欣然安享沐浴浩荡皇恩的好心情了。

不同于南宋遗老们近乎一致的心志，这些《拟补题》词人的身份和经历多有差异，其和咏词自然也表现出较浓重的个性抒情色彩，流露的心态也是复杂多样的。《拟补题》多写身在江湖（官场）所遇的险诈和浮沉，反映了清初士人入仕后的无奈和惙惙忧悴。蒋景祁指出了当时词风的变化："得《乐府补题》而辇下诸公之词体又一变，继此复拟作'后补题'，益见

① 严迪昌《清词史》，江苏古籍出版社，253 页。
② （清）小横香室主人：《清朝野史大观》卷五《一队夷齐下首阳》，上海书店，1981 影印本。
③ （清）屈大均：《赋寄富平李子》，见《翁山诗外》卷十一，国学扶轮社，宣统二年（1910）刻本。
④ （清）顾炎武：《日知录》卷十九，中国文史出版社，1999。

洞筋擢髓之力。"① 文士们掀起了一个"后补题"唱和的热潮，一时间咏物成为时尚，遗民故老和新朝新贵各自以自己的立场和眼光去解读南宋遗民的咏物词作，并在自己的唱和中反映出各自的社会价值取向。说到底，清政权定鼎已经三十余年，时过境迁，社会形势和遗民心态都已经发生了很多变化，诸位追咏词人不过是借《乐府补题》咏物寄情之水酒，浇洒自家心中化解不开的名利、出处之块垒而已，这才是实质与要害。

三 易帜自保

朱彝尊的论词思想是特定历史时期社会现实和作者个性的真实反映。朱彝尊把姜、张"乐而不淫、雅而不媚、怨而不怒、醇而不烈"的词风奉为准的。康熙十年（1671）左右朱彝尊提出了"变雅"说："词虽小技，昔之通儒巨公往往为之，盖有诗所难言者，委曲倚之声。其辞愈微，而其旨益远。善言词者，假闺房儿女子之言，通之于《离骚》变雅之义，此尤不得志于时者所宜寄情焉耳。"② 突出强调借词来"委曲""寄情""变雅"，一方面反映了词体自身含蓄委婉地表情达意的审美艺术特质，一方面也反映了当时文网严密的环境下文士的惊悚避祸心理。胡寅说："《离骚》者，变风变雅之怨而迫、哀而伤者也。"③ 作于同一时期（康熙十一年）的《江湖载酒集》在内容与情感基调上充满了朱彝尊对身世淹蹇、家国政治的悲怨不平之气，同其倡导的"变雅"说体现出了极高的一致性，"不得志于时，而寄于诗，以宣其怨忿而道其不平也"④。例如《百字令·自题画像》：

> 菰芦深处，叹斯人枯槁，岂非穷士？剩有虚名身后策，小技文章而已。四十无闻，一丘欲卧，漂泊今如此。田园何在，白头乱发垂耳。空自南走羊城，西穷雁塞，更东浮淄水。一刺怀中磨灭尽，回首风尘燕市。草屦捞虾，短衣射虎，足了平生事。滔滔天下，不知知己是谁。

曹尔堪评朱彝尊词："芊绵温丽，为周郎擅场；时复杂以悲壮，殆与秦

---

① （清）蒋景祁：《刻〈瑶华集〉述》，中华书局，1982年影印本。
② （清）朱彝尊：《陈纬云红盐词序》，《曝书亭全集》卷四十。
③ （宋）胡寅：《酒边词序》。
④ （明）王慎中：《王遵岩集·碧梧轩诗集序》。

缶燕筑相摩荡。其为闺中之逸调邪？为塞上之羽音耶？盛年绮笔，造而益深，固宜其无所不有也。"①"变雅"说出自《毛诗序》，"至于王道衰、礼义废、政教失、国异政、家殊俗，而变风变雅作矣"，变风变雅即为"乱世之音""亡国之音"，是为政治上的缺失而发的。

丁炜的《紫云词》编订于康熙二十五年（1686），此时朱彝尊谪官移居宣武门外海波寺街古藤书屋，辑《日下旧闻》《经义考》。朱氏在《紫云词序》中提出了与"变雅"说完全相反的说法："至于词或不然，大都欢愉之辞工者十九，而言愁苦者十一焉耳。故诗际兵戈俶扰，流离琐尾，而作者愈工；词则宜于宴嬉逸乐，以歌燠太平，此学士大夫并存焉而不废也。"年老运转、伴君得意的朱氏今非昔比，数年游迹皇家宫苑轩树、亭池馆阁，身为浙西词派之盟主，名禄兼得。朱氏后期词作与词论缄口不提儿女子之言可以蕴含"变雅"之义，早年《卖花声·雨花台》之类的兴亡之叹已经不见踪影。转以歌颂太平、咏物集句作为词作的主流，其倡导的浙西词派之作遂日渐远离了其原本托喻之深意，仅剩下了琢饰工巧的一具躯壳。

应试同列一等的阳羡词派领袖陈维崧投身到撰修《明史》的公务中，写词已经退居为公务余暇应酬交际的点缀。此前蒋景祁也曾经感慨："古之作者，大抵皆忧伤怨悱不得志于时，则托为倚声顿节，写其无聊不平之意。今生际盛代，读书好古之儒，方当锐意向荣，出其怀抱，作为雅颂，以黼黻治平。"②徐釚在《紫云词序》中说："今天子首重乐章，凡于郊庙燕饷诸大典，其奏乐有声之可倚者，必命词臣豫为厘定。今先生《紫云词》既已流传南北，异日或有如周美成之为大晟乐正者，间采《紫云》一曲播诸管弦，含宫咀商，陈于清庙明堂之上，使天下知润色太平之有助也，不亦休哉。"

朱彝尊和徐釚都提到了词有"歌咏太平""润色太平"的功用，这些新贵们在摆脱了"寒士"身份后对新朝"太平盛世"气象充满了赞许谀颂。"犹是芋也，而向之香而甘者，非调和之有异，时位之移人也"③，芋头还是那块芋头，相国发达后不再觉得"香而甘"；这些前朝遗民新贵发达后，身份地位的变化直接导致其心态和社会立场的变化。身为安居乐业、甘食清禄的清廷命官，如果还愧悔仕清失节、思念故国，无疑是自投罗网、自寻

---

① （清）曹尔堪：《江湖载酒集序》。
② （清）蒋景祁：《荆溪词初集序》。
③ （明）周容：《芋老人传》。

绝路。"吃人家的嘴短"，所以不可避免地要识趣地为新朝涂脂抹粉以报答
皇恩，甚至借此谗事君主以谋取进身之阶。于是朱彝尊感念圣恩、誓以文
章报国，其实，这些富有浓厚"报恩""回馈"因素、失去了人格平等尊严
的应制之作，注定了必然难以具有多高的艺术价值，正所谓"杜陵诗格沉
雄响，一着朝衫底事差"①。

朱彝尊在《群雅集序》中提出了"雅正"说："盖昔贤论词必出于雅
正。是故曾慥录《雅词》，铜阳居士辑《复雅》也。"② 朱氏在编年最晚的
《静惕堂词序》中总结道："彝尊忆壮日从先生南游岭表，西北至云中，酒
阑灯灺，往往以小令慢词，更迭倡和，有井水处，辄为银筝檀板所歌。念
倚声虽小道，当其为之，必崇尔雅，斥淫哇，极其能事，则亦足以宣昭六
义，鼓吹元音。"③ 朱氏认为必须剔除《花间》《草堂》对词坛的流毒，做
到"绮而不伤雕绘，艳而不伤醇雅"④。

所谓"醇雅"本指儒者的气质修养，迁移到文学审美中，指作品蕴藏、
体现出的纯正深厚、高洁抗俗之道德美感。浙西词宗主张的"醇雅"源自
其宗唐的诗学思想，就是要求词人融会六经圣贤之旨于内心，发而为诗词
则内容淳厚雅正，含蓄蕴藉，寓意深长。南宋词人"鄱阳姜夔出，句琢字
炼，归于醇雅"⑤，这种思想基调与表现手法都引发朱氏共鸣。朱彝尊主张
词在抒情述志时，要恪守儒家的"雅正"观念以驱除淫哇秽俗："去花庵草
堂之陈言，不为所役。俾泽瘝涤濯以孤技，自拔于流俗。绮靡矣，而不戾
乎情；镂琢矣，而不伤夫气。夫然后足与古人方驾焉。"⑥

"不戾乎情"也就是维持温柔敦厚，饱受儒家正统思想影响的朱彝尊，
最终抛开了曾经深入骨髓的儒家忠孝节义、出处大节的思想羁绊，曾经积
极参与秘密抗清举事的他转而"温柔敦厚"地应召赴试出仕清廷，并不乏
矜夸其志得意满之作。而且不惜自揾老脸，篡改了早年的论词主张，企图
以新贵猥琐的诠释为其人生转轨寻求理论的注脚。如此其曾经提倡的"醇
雅"含义，伴随着朱彝尊的屈膝一跪而风雅尽失，后期创作实践完全印证

---

① （清）汤大奎：《灸砚琐谈》卷上，盛氏思惠斋，清光绪刻本。
② （清）朱彝尊：《群雅集序》，见《曝书亭集》卷四十。
③ （清）朱彝尊：《静惕堂词序》，见《清名家词》，第1页。
④ （清）沈雄：《古今词话·词评下卷》。
⑤ （清）汪森：《词综序》。
⑥ （清）朱彝尊：《孟彦林词序》，《曝书亭集》卷四十。

了他那"歌咏太平"的"雅正"之论。荣显时歌功颂德，沉沦时消沉牢骚，出仕期间为创作低潮，山水诗乏善可陈。

四 "醇""雅"两失

朱彝尊的人生呈现戏剧化的演进轨迹，仕途两黜，荣辱兼尝。关于失节大体，学术界总有不少学者动辄以"夷夏之辨"的大帽子招摇唬人，一谈失节就冠之以民族狭隘主义、大汉族主义等"罪名"，列举出"客观上看来"的诸多"可以理解"甚或是历史唯物主义者所谓的"积极意义"和"历史贡献"来对质。"蒙元灭赵宋、满清灭朱明"这样涉及异族的鼎革之际，最考验文人风骨。明末殉国而死的人数之多为历代之冠，在当时，一个受了正统教育的士子碰到甲申之变的第一反应就是殉节，此类实例不绝于史简。当沧海横流、风雨如晦之日，"其随世以就功名者固不足道，而亦岂列一二少知自好之士，然且改行于中道，而失身于暮年。于是士之求其友也益难"①。"余见今之亡国大夫，大略三等：或龌龊治生，或丐贷诸侯，或法乳济洞。要皆胸中扰扰，不胜富贵利达之想，分床同梦。"② 作为学术研究对象的历史史实，如果脱离了当时特定历史阶段相应存在甚至占主导地位的精神伦理道德价值观，是否也可以视为历史虚无主义心态的一种折射现象呢？

"落拓江湖，且吩咐，歌筵红粉。料封侯，白头无分"③，中年孜孜以求的功名终于如愿以偿，而且皇恩垂青殊遇罕匹。然而"得"与"失"之间，历来是一笔算不清楚的糊涂账，朱彝尊还是表现出了自悔出仕、晚节不保之愧疚。"呜呼！才士之不遇于世，自古然矣"，"居殊域而心故都兮，夫孰明子之无他"④。康熙二十八年（1689）九月为黄宗羲八十寿辰所作《黄征君寿序》中说："予之出有愧于先生……明年归矣，将访先生之居而借书焉，百家其述予言，冀先生之不我拒也。"表示对黄宗羲守节的敬重和对自己出仕清朝的愧悔。"名利何曾伴汝身，无端被招出凡尘。牵连大抵难休

---

① （清）顾炎武：《广宋遗民录序》，明程敏政《广宋遗民录》，全国图书馆文献缩微中心，1990。
② （清）黄宗羲：《宪副郑平子先生七十寿序》。
③ （清）朱彝尊：《解佩令·自题词集》。
④ （清）朱彝尊：《吊李陵文并序》，《曝书亭集》卷八十。

绝，莫怨他人嘲笑频。"①

出仕新朝的不少文士，"心在江海之上，身居魏阙之下"，既为明朝遗民所斥责和不齿，又为清君臣所憎厌和鄙薄，深陷进退维谷、反复无常的悔愧窘境。钱谦益热衷于功名而留下诌事阉党、降清失节的污名，后又从事反清活动，力图在传统道德观上重建自己的人生价值。吴伟业为了保全家族被迫出仕清廷，受到传统"名节"观念的沉重压迫，深愧平生之志，发出了失节忏悔以求心灵自赎的悲吟，如《自叹》《过淮阴有感》《贺新郎·病中有感》等。李雯以明朝举人出任新朝中书舍人，其诗歌大量抒写内心对失节仕清的愧疚，其诗文集《蓼斋后集》终遭禁毁。也有迷途知返的吕留良，年轻时参加太湖抗清义军，"散万金之家以结客"，兵败后一度苟全赴试科举。后受抗清志士的影响，两辞博学鸿词荐举，削发为僧。

为避文祸，部分作家借助历史故事、以隐晦曲折的方式表达对现实的看法，如圣水艾衲居士《豆棚闲话》第七则《首阳山叔齐变节》有语："我们乃是商朝世胄子弟，家兄该袭君爵，原是与国同休的。如今尚义入山，不食周粟。是守着千古君臣大义，却应该的。我为次子，名分不同，当以宗祠为重。前日虽则随了入山，也不过帮衬家兄进山的意思。不日原要下山。他自行他的志，我自行我的事。""康熙丁巳、戊戌间，入赀得官者甚众，继复荐举博学鸿儒，于是隐逸之士亦争趋辇毂，惟恐不与"②，反映了当时遗民趋利变节的史实。

朱彝尊作为浙西词派的开山人物，由于其出仕新朝的特殊经历，直接导致了其词学主张前后迥异，自相矛盾，对后继者产生不良影响。朱彝尊针对明季以来日益淫哇鄙陋的词风进行反拨，试图以比兴寄托补救浅陋芜滥之弊，以清虚"醇雅"洗涤纤靡淫哇之陋。这些初衷和努力都是积极进步的，然而我们看到，朱氏的这些工作并不彻底，或者说，朱氏仅仅只是凭借其深厚的学识对清初词风做了文字雅化的部分改良。朱彝尊十七岁入赘冯家，配长女福贞。在他二十五岁离乡出游之前，已经育有长子德万（夭折）、长女、次子昆田。虽然当时社会环境有其不同于今的特殊性，朱彝尊迫于生计游幕四方，其个人情感经历看起来并不能够令常人恭维，甚或不齿。

---

① （清）曹雪芹：《红楼梦》中薛宝琴《钟山怀古》诗。
② （清）王应奎：《柳南随笔》卷四，中华书局，1985。

其最早的词集《眉匠词》中之《菩萨蛮》写道："绣衾金缕凤，中有江南梦。夜夜梦欢归，天涯欢不知。"宛然温庭筠、韦庄路数。《江湖载酒集》不乏表现邪狎冶游生活的作品，关于美女及爱情题材的有 50 多首，明确题名为赠妓的词 14 首，明确提及姓名的妓女就有细细、蜡儿、吕二梅、白狗、晁静怜等 11 人，其中涉及晁静怜的词就有《青门引·别晁静怜》《南楼令·倩人寄静怜札》《尉迟杯·七夕怀静怜》《金缕曲·忆静怜》四首。"予糊口四方，多与筝人酒徒相狎，情见乎词"①，朱氏的这些鄙俗艳词明显带有狎玩女性的意味，较之明末词风，充其量只是遣词造句用典方面有些优势之外，并无本质上的不同。同人文士李符却不顾事实而对朱氏大加溢美："竹垞词多艳语，然皆一归于雅正，不若屯田《乐章》，徒以香泽为工者。词而艳能如竹垞，斯可矣。"② 徒增笑料。

退一步说，考虑到清初特定的社会历史环境，朱彝尊又长年游幕四方漂徙不定，对其流连风尘如果还可以置一分理解的话，那么，朱氏《静志居琴趣》83 阙尽抒对妻妹冯寿常（字静志）的苦恋，就格外地难以令人接受了。邹弢《三借庐笔谈》云曾依姐居的寿常"灵心慧质，善谑能吟。居久，因目成焉。夫人知之，促妹归嫁"③。寿常夫婿为乡里富户子弟，婚后生活并不恩爱惬意。不久丈夫去世，盛年寿常为朱氏郁郁而终。朱氏公然践行婚外恋，而且是跟姨妹纠缠不休，汇集了大量情书（小词）公开出版，置妻子于何处？即使在今天依然是违背人情伦常之举，"情杀"妻妹，终生对自己当年的风流之作《风怀二百韵》矢志不弃，"太史欲删未忍，至绕几回旋，终夜不寐"④。虽然有人认为这些情词"有别于一般的侧艳之篇"，以及"那些青楼歌酒席中的狎邪酬作"⑤，朱氏在本质上也异于那些逢场作戏、玩弄女性者⑥。

当然，如果单从文学审美的角度而言，人们不得不承认，朱彝尊凭借其深厚的文字功夫和渊博翰墨，把一段段铭心刻骨的情爱淋漓尽致地描摹出来，旖旎缱绻，给那些作为旁观者的后世一代代读者，尤其是情窦初开

① （清）朱彝尊：《陈纬云红盐词序》，见《曝书亭集》卷四十。
② （清）李符：《江湖载酒集序》。
③ 钱仲联：《清诗纪事·康熙卷》，江苏古籍出版社，1987，第 2731 页。
④ （清）丁绍仪：《听秋声馆词话》卷二，《词话丛编》，第 2591 页。
⑤ 严迪昌：《清词史》，第 248 页。
⑥ 张宏生：《艳词的发展轨迹及其文化内涵》，《社会科学战线》1994 年 5 月。

的初恋、热恋中的青年男女们，以动人心魄的感染和震撼。朱氏对妻妹静志用情至深，明知道德礼教的禁忌、无法跨越的伦理壁垒，只能以清雅隐晦的语言、隐曲婉转的方式，传达出这段欲罢不能、不甘割舍的爱情折磨下的焦灼、烦躁、苦闷、压抑和内心备受煎熬的累累伤痕。

但是，越过了社会伦常堤防的畸形恋情就如芳艳绽放的罂粟花、万劫不复的深渊，外表再美丽也掩不住本质上形同洪水猛兽的危害。朱彝尊沉迷不悔的不伦之恋终归背离了他自己提倡的"清空"境界，陈廷焯所谓"艳词至竹垞，仙骨姗姗，正如姑射神人"① 了无踪影。郭扬尖刻抨击朱彝尊："就思想言，朱只不过是清统治者的帮闲派词人而已。就词艺术言，他的《江湖载酒集》多纪游、吊古、应酬之作，《静志居琴趣》多闺房儿女之音，《茶烟阁体物集》多咏物之作（包括女人的绣鞋在内），内容无甚可取。"② 言辞虽不免激切，却不是完全没有道理和依据的。

五　"清""空"误人

朱彝尊一向主张诗词创作要发自心性真情，不傍古人："良由陈言众，蹈袭乃深耻。云何今也愚，惟践形迹似。譬诸芳蒩甘，舍浆啖渣滓。"③ "老去填词，一半是空中传恨"，"一洗明代纤巧靡曼之习"，其救弊补偏之功不容抹杀。随着康熙十八年朱彝尊以博学鸿词进入仕途，文誉远播、风光一时，彻底告别了此前"短衣尘垢，栖栖北风雨雪之间"④ 的转徙落魄，其创作心理和旨归已经产生巨大的逆转，自觉地"听将令"，作品内容表现出"歌咏太平"的逆转风向以迎合圣意，其词学主张也不露声色地由药治明末"俚俗"的"醇雅"，乖巧识趣地衍变为"范其轶志"的"雅正"。唱和之作在很大程度上是"遗神取形"，"作《乐府补题》诸作倡和，而词体遂变"⑤。朱氏大逆转地重新赋予词以"宜于宴嬉逸乐，以歌咏太平"的定位，这就排斥了苏、辛赋予词以反映重大社会现实功能的开拓，使得词学兜个圈子之后重又倒退回宋代娱乐本色的狭窄老路上去。

---

① （清）陈廷焯：《白雨斋词话》卷四，《词话丛编》，第 3862 页。
② 郭扬：《千年词》，广西人民出版社，1987，第 157 页。
③ （清）朱彝尊：《斋中读书十二首》之十一，见《曝书亭集》卷二十一。
④ （清）朱彝尊：《红盐词序》，《曝书亭集》卷四十。
⑤ （清）毛奇龄：《鸡园词序》。

试想竹垞，早年家道中落困顿，深溺婚外非分之情，浪游万里乞食，无暇顾及风雅；知天命之年俯首称臣、荣辱浮沉，愧悔折节，已失风雅根本。从某种意义上来说，从朱彝尊入试"博学鸿词"的那一刻起，他就彻底丧失了作为文人特别是遗民文人谈论风雅的人格资本。朱氏心为形役、羁绊名利，节义时时噬啮拷问贰臣良知，进退维谷。一颗衣食忧患在前、沉溺名利情色居中、深愧失节其后的汹汹心魂，除了避开伦理纲常经营点故旧学问外，怎么可能还指望他有多少真正清寂寡淡的风雅之论呢？

姜夔的贫苦一生、苦心孤诣，方才悟出了人生与学术"清空"之道的双重真谛。韩经太先生提出了文人"清冷型"人格范式：

> 君子独清的人格美，有其特有的历史悲剧色彩，体现着其心若镜般的虚心和平静，体现着清白死直式的刚毅和坦然，体现着其冰玉其质似的纯洁和高贵，在这里，真有一种混沌未分的原生的整体的美。如果我们需要以最简洁的词语来概括其精神内容，那应该就是：公正、纯洁、平静。这，正是"清"美思想的逻辑起点。①

综之，在民族大义上失节，在伦理道德上失行，具体体现在其词学理论和创作上的言行不一、相去甚远。既然朱彝尊在人格品性上不可能做到"清空"，自然也就不可能真正谈得上阐发什么"醇雅"涵旨了。

朱彝尊《茶烟阁体物集》二卷收咏物词 114 首，浓厚的咏物风习可以上溯到先辈曹溶，曹溶词集中有一首《惜红衣·美人鼻》，朱彝尊有《沁园春》词 12 首分咏美人之额、鼻、耳、齿、肩、臂、掌、乳、胆、肠、背、膝身体部位，美人一身几遍，尽态极妍。这些咏物集句中大多内容贫乏，谈不上有什么深厚寄托。"傥无白石高致，梅溪绮思，第取《乐府补题》而尽和之，是方物略耳，是群芳谱耳。"② 谢章铤指出："宋人咏物，高者摹神，次者赋形，而题中有寄托，题外有感慨，虽词实无愧于六义焉。至国朝小长芦出，始创为徵典之作，继之者樊榭山房。长芦腹笥浩博，樊榭又熟于说部，无处展布，借此以抒其丛杂。然实一时游戏，不足为标准也。乃后人必群然效之。"③ 严迪昌先生批评朱彝尊引导的这场咏物词风，导致

---

① 韩经太：《清淡美论辨析》，百花洲文艺出版社，2005，第 44 页。
② （清）谢章铤：《赌棋山庄词话》卷七，《词话丛编》，第 3415 页。
③ （清）谢章铤：《赌棋山庄词话》卷九，《词话丛编》，第 3443 页。

了"清初词坛所呈现的生气活力日见衰竭，词的志意情趣日趋淡薄"①。

朱、厉都表现出偏重音律的倾向，为求雅而被声律等形式掣肘拘缚，顾调而失意。二人均侧重形式精巧，琢磨字句声律，题材狭窄而意境难能深沉阔大。终至"微少沉厚之意""托体未为大雅"②，背离了"通之于《离骚》变《雅》之义"③的早期主张。朱彝尊既崇六经、又尚博学且交游极广，聚书达八万卷之巨，学问非常人可及，在诗词创作中喜欢引用典故以炫古耀博。因此有人指出："竹垞于诗则求工而勿为富矣，然其诗成处多而自得者少，未必非其学为之累也"④。厉鹗置身扬州二马小玲珑山馆几三十年，得以遍览马氏秘牒珍藏，腹笥浩博，撰成《宋诗纪事》百卷、《辽史拾遗》24 卷等。"鹗词宗彝尊，而数用新事，世多未见，故重其富，后生效之，每以捃摭为工，后遂浸淫，而及于大江南北"⑤。

朱彝尊一以六经为依归，强调"诗言志""诗缘情"，强调以"经史"为核心的学问，俨然站在统治者的角度，突出了浓厚的伦理和教化色彩，难免有以学问代替性情之弊。厉鹗则欣赏"清恬粹雅，吐自胸臆，而群籍之精华，经纬其中"⑥，所取之学自由适性畅情，不加框束而范围阔大，与其悠游洒落之性情相吻合。厉鹗偏嗜雅洁，对后学者不无误导歧途之嫌，"徒字句修洁，声韵圆转，而置立意于不讲……虽不纤靡，亦且浮腻，虽不叫嚣，亦且薄弱"⑦。正如陈廷焯所评："樊榭词拔帜于陈、朱之外，窈曲幽深，自是高境。然其幽深处，在貌而不在骨，绝非从楚骚来。故色泽甚饶，而沉厚之味终不足也。"

浙西词派的末流既缺乏朱、厉的深厚学识功底，无力开辟新的疆域途径，也不能越雷池染指现实社会生活招惹文祸，能做的只有观摩姜、张，步武朱、厉，蜷缩在前人的影子里原地踏步。以其迅速大量粗制滥造、机械模仿而成的、贴上了"浙西词派"的商标的蹩脚作品，最终砸掉了浙西词派这块曾经响当当的金字招牌。当然，除了前述的文网高压，浙西词派的领导层始终没有形成系统的词学理论体系也是不可忽视的一个重要因素。

---

① 严迪昌：《清词史》，第 251 页。
② （清）陈廷焯：《白雨斋词话》卷三，《词话丛编》，第 3835 页。
③ （清）朱彝尊：《红盐词序》。
④ （清）梅曾亮：《刘楚桢诗序》，见《柏枧山房诗文集》卷七，清道光刻本。
⑤ 徐珂：《近词丛话》，《词话丛编》，第 4223 页。
⑥ （清）厉鹗：《汪积山先生遗集序》。
⑦ （清）谢章铤：《赌棋山庄词话》卷十一，《词话丛编》，第 3460 页。

后学者并没有一个切实可以参照的进修阶梯，能做的只是对大师的作品顶礼膜拜、徒事模仿，必然陷进越走越狭窄的泥淖。

当文学回避现实或者无法从现实中汲取创作的泉源与灵感时，便注定走上了日益枯寂的不归路，"后人效之者，不效其读书，而惟是割掇诗词内新异之字，以供临文之攒凑，望之眩目，按之枵腹"①。张惠言词学弟子金应珪指出："近世为词，厥有三蔽。义非宋玉，而独赋蓬发，谏榭淳于，而惟陈履舄。揣摩床笫，污秽中篝，是谓淫词，其蔽一也。猛起奋末，分言析字，诙嘲则俳优之末流，叫笑则市侩之盛气。此犹巴人振喉以和阳春，龟蜮怒嗌以调疏越，是谓鄙词，其蔽二也。规模物类，依托歌舞，哀乐不衷其性，虑欢无与乎情。连章累篇，义不出乎花鸟，感物指事，理不外乎酬应。虽既雅而不艳，斯有句而无章，是谓游词，其蔽三也。"②

当作品的内容陷入狭窄的死胡同，词人们能做的就只剩下搜肠刮肚地挖掘描摹物之形神的写作技巧，铺排僻典故实，刻意雕琢辞藻，务纤巧而浮疏薄，形式远多于意格，徒务雅之外壳而忽视机活力，必然导致镂空凿虚，走向晦涩、堆砌、枯寂，陷入琐屑饾饤甚至庸俗无聊的萎靡词风。陈廷焯批评朱彝尊咏物词"纵极工致，终亦无关风雅"③，谭献批评这些窳弱之作："《乐府补题》别有怀抱，后来巧构形似之言，渐忘古意，竹垞、樊榭不得辞其过。"④浙西词派的后继者们既没有能力凸显立派之初前人为矫正明词弊端而呈现出来的典雅美感，又缺乏朱彝尊、厉鹗等人的博学与才气，终致浙西词派日益走向衰落。

---

① （清）汪师韩：《樊榭山房集跋》。
② （清）金应珪：《词选后序》，见谢章铤《赌棋山庄词话续编》一，《词话丛编》，第3485页。
③ （清）陈廷焯：《白雨斋词话》卷八，《词话丛编》，第3569页。
④ （清）谭献：《箧中词》二，《词话丛编》，第3569页。

钱穆文学美学思想研究

宋　薇[*]

摘要：钱穆的文学研究不仅挖掘文学作品中的审美特色和文化内涵，而且深入经、史、子、集各部探究中国文学及中国文化的精髓，并通过对中西文学的比较阐发出中国文学"情当境而发，意内涵成体"的审美精神。

关键词：钱穆　诗　境界淡与和

钱穆在人文学科中是一位百科全书式的学者，被称为"我国最后一位国学大师"。他一生勤勉，淹通四部，学识渊博，其学问涉及经、史、子、集四部，为通儒之学。正因如此，他对中国文学的思考独具风格，在中西文学比较的基础上着力阐扬中国文学的精义，又从文字和其他艺术形式中找寻内含的文学精神，其学术宗旨在于揭示中国文学背后的文化力量。

一

作为"一代通儒"，钱穆的独特之处在于他的学术能打通经、史、子、集，其学术思想丰富而深刻。而他学术思想的起点就是对中国文学的兴趣与研究。他说："凡余之于中国古人略有所知，中国古籍略有所窥，则亦惟以自幼一片爱好文学之心情，为其入门之阶梯，如是而已。"[①]

---

[*] 宋薇，河北大学教授，博士生导师。
[①] 钱穆：《中国文学论丛》，三联书店，2002，第1页。

　　可见，他对中国文学的爱好是他进行国学和史学研究的入门阶梯。他的学生余英时据钱穆在《宋明理学概述·自序》中的自序总结钱穆的治学轨迹："钱先生最初从文学入手，遂治集部。又'因文见道'，转入理学，再从理学反溯至经学、子学，然后顺理成章进入清代的考据学。"① 而钱穆学术的最初动机在他的一段自述中这样说道："东西文化孰得孰失，孰优孰劣，此一问题围困住近一百年来之全中国人，余之一生被困在此一问题内。"② 而这一动机最后发展为他的"终极关怀"。他毕生治学，分析到最后，是为了解答心中最放不下的一个大问题，即面对西方文化的冲击和中国的变局，中国的文化传统究竟何去何从？

　　钱穆的文学以及其他学术研究的根本原因和最终目的就是中国文化的前途与命运。所以他在探讨文学思想的时候，往往以小见大，不仅挖掘文学作品中的审美精神和独特意蕴，而且掘发经、史、子部中的文学精神和艺术思想，并且善于从中国艺术中找寻中国文学的魅力。他对中国文学及中国文化的论述，以细针密缕之工夫，做平正笃实之文章，而且其研究视角和分析结论极富见地，独成风格。他不仅从文学艺术研究的角度出发，而且从文字学、史学、地理学、文化学、哲学等多角度多视点去丰富自己的文学艺术思想。

　　对钱穆这样一位名播华夏的学术大师，对其学术思想的研究时间相对较短，再加上众所周知的历史原因，大陆起步就更晚，而且研究的角度相对封闭狭窄。近十几年来，学术研究日趋活跃，随着对港台思想家介绍的不断增多，钱穆的著作也大量地由国内出版发行。随着新的材料陆续发现、研究视角的不断转换，钱穆研究正逐步走向深入，从注重介绍的大而化之的研究转向关注钱穆治学范围中的某一方面的细致思考。有关钱穆思想的研究大致包括：

　　第一，对钱穆学术做宏观整体的研究。多涉及他治学的全部范围，按现代学科门类划分，研究范围包括其史学与史学史、哲学及思想史、文化学及文化史、政治学与制度史、文学、教育学、历史地理学等。

　　第二，把钱穆的学术思想放在现代新儒家的研究范围内比较研究。

　　第三，对钱穆学术进行部分的分析研究，包括对钱穆史学思想的研究、

---

① 余英时：《钱穆与中国文化》，远东出版社，1994，第34页。
② 钱穆：《八十忆双亲·师友杂忆合刊》，台北东大图书公司，1983，第33~34页。

对钱穆文化思想的研究、对钱穆政治思想的研究。

第四，对钱穆生平及历史史实的研究。

这些研究或结合中国古代哲学、史学、政治学和文化学理论，或借用当代通行学术话语，构成钱穆学术思想研究的景观。钱穆思想研究取得的成果，显现了学界研究人员的智慧，凝结了他们的辛勤劳动，是本文进行研究所可资借鉴宝贵资料。

但是，不无遗憾的是，对钱穆文学思想的研究几近空白。造成这种情况的原因，一方面固然有历史等多方面的原因，另一方面大抵缘于钱穆在史学和国学研究的巨大影响的遮蔽而造成的认知和研究中的视线死角，似乎认为作为一位国学大师，只会注重考据与义理的研究，而不会寄情于文学艺术，更不可能有深刻的文学、美学见解。

二

在钱穆七十多部专著中，有一本专门论述中国文学审美精神的书，即《中国文学论丛》这本书收录了钱穆在不同时期有关中国文学的讲演稿和他的一些关于中国文学的文论和笔谈。此书的初次付印是在1963年，书名为《中国文学讲演集》，由香港人生出版社出版，后又加入14篇文章，改名为《中国文学论丛》，于1982年由台北东大图书公司出版，北京三联书店于2002年8月出版发行了简体中文版本。

钱穆自幼对文学非常偏好，他在序言中说："自念余幼嗜文学，得一诗文，往往手抄口诵，往复烂熟而不已。然民国初兴，新文学运动骤起，诋毁旧文学，提倡新文学，甚嚣尘上，成为一时之风气。而余所宿嗜，乃为一世鄙弃反抗之对象。余虽酷嗜不衰，然亦仅自怡悦，闭门自珍，未能有所树立，有所表达，以与世相抗衡。"① 由此可见，钱穆对中国文学的兴趣自幼就有，而且在东西文化冲突的日益加剧后，新文化运动的狂风暴雨却丝毫没有减弱他的中国文学情结。他把对中国文学的爱好和他对中国历史和文化的推崇结合在一起，用文学精神去解说中国文化的精髓，通过中西文学比较来张扬中国文化的风采。

在《中国文学论丛》中共收入30篇钱穆论述中国文学及艺术的短文，

---

① 钱穆：《中国文学论丛》，第3页。

其内容主要涉及中国文字、中国文学中的诗、散文，中国艺术以及中国文学和西方文学的比较。在这本书里，始终贯穿着这样的一种精神，那就是中国文学艺术的独特与美丽，中国文化的生生不息和永久活力。

钱穆认为，中国文学的发展与中国文字的独特息息相关，因其特殊的精神和面貌构成中国文学的风景。而"一考中国文字之发展史，其聪慧活泼自然而允贴，即足象征中国全部文化之意味"①。在钱穆看来，中国文字之美体现在它的简单但驾驭繁复与它的空灵又象征具体。在构造上，中国文字"其先若以象形始，而继之以象事（即指事），又以单字相组合或颠倒减省而有意象（即会意）。复以形声相错综而有象声（即形声）。和是四者而中国文字之大体略备。形可象则象形，事可象则象事，无形事可象则会意，无意可会则谐声。大率象形多独体文，而象事意声者则多合体字。以文为母，以字为子，文能生字，字又相生。……注之与借，亦寓乎四象之中而超乎四象之外。四象为经，注借为纬"②。所以，中国文字虽原本于象形，而不为形所拘，虽终极于谐声，而又不为声所限。与其他文字相比，中国文字用线条描绘轮廓态势，传达精神意象，可谓灵活超脱，相胜甚远。在运用上，中国文字是以文字之明定，驾驭语言的繁变。中国文字能消融方言，冶诸一炉。"语言之与文字，不即不离，相为吞吐。与时而俱化，随俗而尽变"③。钱穆同时指出，中国文字虽与语言相接，但是有自己特有的标准，它能够不随语言的变化而变化，反而能"调洽殊方，沟贯异代"。而且，中国文字能以比较少的字数包举甚多的意义，虽然民族文化绵历之久，融凝越来越广，但文字的数量却没有飞速增长，可以用旧形旧字表新音新义。

钱穆认为正是中国文字上的构造、演进和应用之美，使得中国文学有两大特点。"一是普遍性，指其感被之广。二是传统性，言其持续之久"。其最大因缘，可谓即基于其文字之特点。

对中国文学精神的论述是钱穆《中国文学论丛》的重头戏。在这本书里，钱穆从对中西文学的比较出发导出中国文学的审美精神。他从中西文学的演进、取材、文体、欣赏、境界等多个方面对中西文学进行了比较。

从中西文学的文体与题材来讲，中国文学文体以诗为主干，西方文学

---

① 钱穆:《中国文学论丛》，第3页。
② 钱穆:《中国文学论丛》，第3页。
③ 钱穆:《中国文学论丛》，第7页。

则以史诗和戏剧为大宗。中西文学的取材上也各具特色，"西方文学取材，常陷于偏隅，中国文学取材，则常贯于通方。西方文学在取材上总限于时地、注重个别，而中国文学则多抽象，少具体"①。钱穆同时提出，虽然中国文学贵通方，但并非空洞而无物，西方文学虽具体偏隅，但也不是拘墟自封。"盖西方文学由偏企全，每期于一隅中见大通，中土文学，则由通呈独，常期于全体中露偏至"。

造成中西文学不同的原因，就在于其文学演进之不同，中国文学以雅化演进，西方文学以随俗演进。他指出，当中国"风雅鼓吹，斯文正盛"之时，古希腊尚无书籍，"支离破碎，漫无统纪"中国大一统局面愈益焕炳，文化传统愈益光辉，学者顺流争相雅化，史与诗已分途；而希腊则仅以民间传说神话而代官吏之职，其文学为下行随俗。由此可见，中西文学在发源时期就已分途。就如钱穆所说："正以中国早成大国，早有正确之记载，故如神话剧曲一类民间传说，所谓齐东野人之语，不以登大雅之堂也。"②

由于中西文学不同的萌苗，演进、题材和文体，所以对中西文学的欣赏必然不同。他认为，中国文学萌苗于大环境，作者要求欣赏其作品之对象，不在其近身之四周，而在辽阔之远方。其所借以表达之文字，亦与日常所操语言不甚接近。重视时间的绵历甚于空间散布。而西方文学要求欣赏的对象，就在当前的时空。所以"西方文学尚创新，而中国文学尚传统。西方文学常奔放，而中国文学常矜持。……西方文学之力量，在能散播，中国文学之力量，在能控搏"③。

三

梳理中西文学的不同并非钱穆文学美学思想所要阐释的最终目的，正如前面所言，他在对中西文学的对比框架之后的终极目的是揭橥中国文学独具魅力的审美精神和中国文化源远流长的生命力。在中西文学对比中，钱穆对中国文学审美精神的发掘已是呼之欲出。

钱穆认为中国文化的两大柱石是诗史。他指出："所谓诗史，即古所谓

---

① 钱穆：《中国文学论丛》，第 16 页。
② 钱穆：《中国文学论丛》，第 13 页。
③ 钱穆：《中国文学论丛》，第 17 页。

诗、书。温柔敦厚，诗教也。疏通知远，书教也……诗者，中国文学之主干。诗以抒情为上。盖记事归史，说理归论，诗家园地自在性情。"① 他从中国的诗中提炼出中国文学的审美精神。

在《谈诗》一文中，他以王维、李白和杜甫代表三种性格和三派学问，他说："王摩诘是释，是禅宗。李白是道，是老庄。杜甫是儒，是孔孟。"钱穆指出，王维的诗极富禅味，可谓"不着一字，尽得风流"，但诗的背后有一个人，景的背后有一种情，妙就妙在这人这情在诗中是不拿出来的。这就是禅宗讲的"无我、无住、无着"。也是司空图所说的羚羊挂角。比如他的"雨中山果落，灯下草虫鸣"，"正因为他所感觉的没讲出来，这是一种意境"。② 王维的诗，高明之处正在于此。他把对人生的感悟与看法隐藏在诗的背后，但此情此景，却又尽在纸上。这是作诗的很高境界。而李白所代表的道家，由于他偏爱老庄，他"也不要把自己生命放进诗里去。连他自己生命还想要超出这世间。……他的境界之高，正高在他这个超人生的人生上"③。至于杜甫，钱穆认为他和前两位诗人不同。杜甫诗的伟大处在于他恰恰把一生的生活写进诗里去，他把自己的全部人生都融入作品里。杜诗里描述的只是日常的人生，平平淡淡，似乎没有讲到什么大道理。但钱穆认为"其实杜工部诗还是不着一字的。他那忠君爱国的人格，在他诗里，实也没有讲，只是讲家常。他的诗，就高在这上。我们读他的诗，无形中就会受到他极高人格的感召"。杜甫的"不着一字"和王维"不着一字"的不同其实是儒家理想人格和道家理想人格的不同。儒家的人生理想的最高境界是"道德"之"道"，道家的则为"自然"之"道"。杜诗的"不着一字"是在诗中不表现自己的儒道，不讲大道理，但在日常生活的背后仍有一个人，"正因为他不讲忠孝，不讲道德，只是把日常人生放进诗去，而却没有一句不是忠孝，不是道德，不是儒家人生理想最高的境界"④。所以，读杜甫的诗，最好是分年读，而且只要是儒家的诗，如杜甫、韩愈、苏轼等都可以按年代排列来读他们的诗，只有如此，才能读出诗中的深情厚味。

钱穆从中国诗中领悟中国文学的审美精神，那就是中国文学重在情与

---

① 钱穆：《中国文学论丛》，第 15 页。
② 钱穆：《中国文学论丛》，第 113 页。
③ 钱穆：《中国文学论丛》，第 118 页。
④ 钱穆：《中国文学论丛》，第 117 页。

意，文学中的审美意蕴就是情当境而发，意内涵成体。无论是释、道还是儒，其文学的境界都是人生，其最高者就是人生的理想。但在表达人生和理想时却是"不着一字，尽得风流"，这是诗家的高明所在。诗人在写诗之前已经在胸中有了那一番情趣意境，这种情趣意境是模仿不来的，他涵泳于作者的心中，用手中的妙笔表达出来。所以，中国的文学家是需要胸襟的，没有他胸襟就不会有他的笔墨。若心里龌龊，断不能作出干净的诗；心里卑鄙，也必然写不出光明的作品。

刘若愚在他的《中国文学艺术精华》里，对中国文学审美精神的阐释和钱穆的是相似的。他说："虽然在中文有一些铺陈的诗篇，但是许多诗人与批评家都主张诗歌应凝练而不满冗赘，主张启人思维而不必说尽。力求引出'言外之意'，暗示文外曲致……自然，中国诗人表现个人的情感，但他们常常能超越于此，他们把个人的感情放在一个更为广阔的宇宙或是历史的背景上来观察，因而他们的诗歌往往给人以普遍的与非个人的印象。当然，这对全部中国诗歌来说未必如此，但中国最出色的诗人确实如此。"①

正因如此，钱穆在文学欣赏里非常重视欣赏者的修养及对作品的选择。他认为，创作难，欣赏亦不易，欣赏者要选择出色的诗人和作品才能读出人生的真性情、真滋味。正因为文学表达的是人生最真切的东西和人生最灿烂的理想，所以学诗就成为学做人的一条径直大道。平常人不必空想去做一诗人，不必每人自己要做一个文学家，可是不能不懂文学。他说："不通文学，那总是一大缺憾。这一缺憾，似乎比不懂历史，不懂哲学还更大。"② 而欣赏文学，自己的心胸境界自会日进高明。《诗经》中讲"不忮不求，何用不藏"，而对于欣赏者来说，不忌刻他人来表现自己，那么至少也应有一个诗人的心胸。

钱穆称中国历史就如一首诗，中国乃诗的人生。而一部理想的文学史，必然该以这民族的全部文化史来做背景，而后可以说明此一部文学史之内在精神。反之，一部理想的文学史，果真能胜任而愉快，在这里面，也必然可以透露出这一民族的全部文化史的内在精神来。因于言为心声，文学出于性灵，而任何一民族的文化业绩，其内在基础，则必然建筑在此一民族之性灵深处。

---

① 刘若愚：《中国文学艺术精华》，黄山书社，1989，第 2~3 页。
② 钱穆：《中国文学论丛》，第 126 页。

可见，历史意识的一种自我延伸就是文学传统的意识，无论一个诗人对历史抱什么态度，他总是意识到了历史。而文学里呈现的人生不是理学家们讲的人生哲理，文学里的人生是真切的，它对我们的亲切，就像我们人生中的好朋友。这就是中国文学的审美意义所在。他说"在中国儒家道德伦理是父兄，而文学艺术是慈亲"①，人生就是这样的一张一弛。

四

从历史背景上讲，钱穆对中国文学审美精神的论述和他的终极关怀密不可分。早在《国史大纲》之后，他就在散见各处的论述中对文化、民族、历史进行着"三位一体"的论述。他从中国历史来讲中国的民族性，然后根据中国的民族来讲中国文化。他一生都具有强烈的文化危机感和高度的文化责任感。面对西方文化的全面冲击，他坚决反对西化论的一味洋化、菲薄固有的偏激之论，提倡怀抱"同情"与"敬意"去体悟历史传统中内在的精神价值，显发我们民族绵延不绝的"文化慧命"。他认为，中华民族的命运与民族文化的命脉息息相关，因为文化是民族存在的根基。他站在现代化的立场梳理阐扬传统，又站在传统的立场上批判地消化现代西方文化。他对中国文学审美精神的阐发与他一生的文化和文学立场息息相关，他认为文学没有死活之分，只有好坏之说，他褒扬中国文学是有人生的，且具有强大的生命力，有力地回击了民族虚无主义的全盘西化主张。贯穿钱穆先生为学为人的一根主线，是光大中华民族的传统文化，做堂堂正正的中国人。

从艺术本体论上讲，钱穆对中国文学精神的阐扬是传统儒家哲学及艺术本体论的发扬。从体现他集中文学思想的《中国文学论丛》到散见于历史、文化、随笔、书信、演讲稿以及各种评论和注释中的吉光片羽，均可见他对中国传统儒家思想的传承。可以说，钱穆对中国文学及艺术的思想都是从一个中心命题出发的，这就是"文以载道"。这个命题不仅决定了钱穆对中国文学艺术的根本看法，而且规范着他对文学艺术的地位和作用的基本见解。在中国传统艺术哲学和审美理论，尤其是传统儒家的艺术哲学和审美理论中，文与道的关系是一个非常重要的命题。周敦颐首先提出

---

① 钱穆：《中国文学论丛》，第174页。

"文以载道"，钱穆继承了这一传统的艺术思想，在他这里，"道"被赋予了更多的内涵，除了道德的含义之外，"道"更多地代表人生和人生的理想状态。

在文学艺术的表现上，钱穆对儒道两家文学主张都有褒扬，更多是继承了传统儒家的"文质"说。他说："中国自古诗三百首，下迄屈陶，乃至后代全部文学史，惟淡与和，乃其最高境界所在。庄老教人淡，孔孟教人和，惟淡乃能和，惟和始见淡。中国全部人情，乃由此淡与和两味酝酿而成。而中国文化传统之大体系，亦必以儒道两家为其中心主干。"① 在表达形式上，他赞同"不着一字，尽得风流"的空灵风格，指出"羚羊挂角，无迹可寻"是最好的表达手法。在内容上主张表达质实的人生。他说："存神过化，正是中国文学艺术之最高境界所企。"② 他提倡文学的欣赏性，也赞同文学中要有很深的意义，从文学中能体会人生是文学表达的要旨。

钱穆被公认为一位学贯古今、精通四部的国学大师、文史大家，史学和文化学是他学术的重点。20 世纪 60 年代钱穆曾在香港新亚书院讲授中国文学史，并有意写一部《中国文学史》，但是，他的讲稿没能保留下来，而写作《中国文学史》也成了永不能实现的愿望。但透过《中国文学论丛》中他对中国文学高屋建瓴的论述，仍能感受他对中国文学之会心。

---

① 钱穆：《中国文学论丛》，第 225 页。
② 钱穆：《中国文学论丛》，第 175 页。

世情小说中花园空间的美学意蕴

王　譞[*]

摘要：世情小说是明代中后期盛行的一种小说类型，在诸多代表性作品中普遍设有一个形貌鲜明的花园空间，一系列花园意象成就了世情小说独有的美学韵味和艺术效应，并且逐渐演变为一种叙事表达的需要。花园与小说分属于空间和时间两种艺术类型，当两者邂逅时势必发生激烈的冲撞，在彼此磨合的过程当中或相容或疏离，从而生发出一种独特的美学意蕴。可以归之为世情之真与花园之幻的交织，世情之俗与花园之雅的对接和世情之伦理与园林之情欲的对抗等三种美学形式，这些形式也成就了世情小说的美学风貌。

关键词：花园　世情小说　美学意蕴

世情小说是明代中后期盛行起来的一类小说类型，在诸多代表性作品中普遍设有一个形貌鲜明的私家花园，一系列花园意象成就了世情小说独有的美学韵味和艺术效应，并随着花园模式的形成而演变为一种叙事表达的需要。花园之所以能够以一种独特的艺术形式活跃在世情小说作品中源于小说创作者对作品中意象意境和叙事空间的重视与追求，更是对情节之外元素之美的一种崇尚。从宏观上来看花园归于空间艺术，着重于对空间艺术的延展；小说则归为时间艺术，体现为一种线性的流变。花园与小说分属于不同领域的艺术形式，当邂逅时势必发生激烈的冲撞，在彼此交合的过程当中或相容或疏离，从而生发出一种独特的美学意蕴。大体可归之

---

* 王譞，文学博士，苏州工业职业技术学院教师。

为世情之真与花园之幻的交织、世情之俗与花园之雅的对接、世情之理性
与花园之情欲的对抗等三种美学形式。

一 世情之真与花园之幻的交织

"真与幻"是中国古代小说评点中常常出现的一组词语。张无咎在《三
遂平妖传叙》中说："小说家以真为正，以幻为奇。"① 关于这组词的讨论更
多地集中在对故事内容的"实写"与"虚写"的辩证关系之上。许多创作
者采用了虚实相间的叙事方法，而不少评点者也能准确深刻地对之做出解
释，如谢肇淛："凡为小说及杂剧戏文，须是虚实相半，方为游戏三昧之
笔，亦要景情造极而止，不必问其有无也。"② 因此说小说中"真与幻"组
词的出现往往与小说的创作笔法相关联。本文所讨论的"真与幻"则有别
于上述传统的评论范畴。此处所述的世情之"真"是指世情小说作品中的
环境背景之真和风土民情之真，世情小说一改历史演义和神魔志怪的脱离
世俗，转而将目光投向了现实的生活之中，真正做到了"极摹人情世态之
歧，备写悲欢离合之致"。而对世态人情的真实剖析也是世情小说的本质属
性之一。从文学理论的角度来看，此类小说的兴起与当时"尚真"的美学
主张不无关系。从明中叶沈德符的"描真"、公安派的"物真则贵"，到明
后期冯梦龙的"事真"、笑花主人的"真奇"出于"庸常"，到清初张竹坡
的"真有其事"，再到清中叶李绿园要求小说要表现"本来面目"和曹雪芹
"按跻循踪"的主张，现实主义文艺观的确立为世情小说的兴起和繁荣做了
理论上的准备，从而在明中叶到清中叶两百余年间涌现出了数以百计表现
人间世态之真的世情小说，从长篇到短制，从独立创作到仿作，这些作品
以精妙的布局结构和表现技巧，向世人展现了真实而广阔的生活画面。当
然这里的世情之"真"不能理解为在现实中实有其事。世情小说之所以被
称之为小说，而不是"世情史"和"世情笔记"，是因为在现实事件和故事
的基础上进行了一番演绎。本文所说的世情之真是专指世情小说的不同于
神魔小说和历史小说的虚幻而更接近于现实生活的真实品格。如《金瓶梅》
中的人物和事件多是虚构的，属"风影之谈"，但这虚构的人与事却反映着

---

① （明）罗贯中：《三遂平妖传》，北京大学出版社，1983。
② （明）谢肇淛：《五杂俎》卷之十五《事部三》，《明代笔记小说大观》本，上海古籍出版
　　社，2005。

真实的现实生活体验。张竹坡在《读法》六十三条中肯定《金瓶梅》的写实成就："读之似有一人亲曾执笔在清河县前，西门家里，大大小小，前前后后，碟儿碗儿，一一记之，似乎真有实事，不敢谓为操笔伸纸作出来的。"① 因此说世情小说之"真"是一种写实性的虚构，一方面必须合乎社会生活的逻辑，合乎情理；另一方面又不能运用史笔一一实录，作者依照自己的生活体验对现实素材进行艺术处理，使其符合艺术真实，具有一定的审美特性。

如果说世情小说的故事内容是在写实的基础上演绎出来的话，那么小说中的花园则更多地表现为一种写意式的诗性意象。这就是本文所说的"花园之幻"。世情小说中花园是以语言词汇为材料营建而来，有别于现实当中的花园空间，作者往往将其作为心中畅想的理想境地来加以描绘渲染。如果说现实中的花园是一幅工笔画的话，那么小说中的花园更像是一幅没有具体而微的表现形态的写意之作，因此给读者的印象始终是若即若离、若隐若现的，如《醒名花》中男主人公深入花园深处：

> 转过一带花栏，又出了一重园门，沿着鱼池走去。一派假山流水，只见：险峻峻，烟峦壁立，弯曲曲，石磴通凿。小涧寒泉流出，似迷阮声；深野径引来，欲误渔郎。水欲穷而山又接，分明林屋洞天；峰怎转而路方回，何异武陵渡口。只道此地自应通玉岛，谁知个中原来出尘寰。②

再如《蝴蝶媒》中写到蒋青岩的寻访：

> 行过一带回廊，转过茉香棚行过一带回廊，转过茉香棚、茶架，只见一湾流水，两岸桃花，真个可爱。蒋青岩看了半晌，远远望见对岸的楼阁缥缈，欲待过去，奈无舟可渡，只得沿岸走来。忽见几株深柳，笼住一条板桥……③

---

① （明）兰陵笑笑生著，（清）张道深评《金瓶梅》，齐鲁书社，1991。
② （清）墨憨斋新编，张联荣校点《醒名花》，收于殷国光、叶君远编《明清言情小说大观》（中），华夏出版社，1993。
③ （清）南岳道人编，罗炳良校点《蝴蝶媒》，收于殷国光、叶君远编《明清言情小说大观》（中）。

这些花园花木掩映、峰峦缥缈、脱离尘世，皆呈现一番迷离梦幻的形态。《红楼梦》中的大观园可谓将园林之幻演绎到极致，小说中以高超的描绘手法记述了大观园"佳木茏葱，奇花闪灼""飞楼插空，雕甍绣槛"的超尘脱俗之姿态。大观园的幻美表现在景物配置的高远隐约、若隐若现，更表现在从字里行间流露出的那种情景交融、虚实相生、充满活力、韵味无穷的诗意空间，这种幻美是司空图所说的"脱有形似，握手已违"的难以企及之美，更是朦胧缥缈的梦中幻境、空妄虚无的精神状态。

世情之真与园林之幻看似对立的两组范畴，最终的走向却是一致的，俱在佛教色空思维的统摄下归于空无，真正地实现了真幻合一的美学形态。《红楼梦》中的大观园可谓是"天上人间诸景备"的可观之色的极限，以"大观"命名正是取之于美好宏大壮观之意。这里的大观不仅仅包罗着世间少有的园林景色，更包罗一系列的俗人俗事。这里有众人不拘礼节大快朵颐的割腥啖膻，也有醉卧酣眠的滑稽姿态，有纷繁缭乱的闺阁琐事，也有算计猜疑的生活细节。这些如现实生活镜像般的人物事件统统被笼罩在大观园的梦幻之象中，使读者游走于真实和梦幻之间。虚无缥缈的梦幻基调与生活纪录片式的写实描写统一于整部文本中，分不清究竟哪个是真哪个是幻，也许"假作真时真亦假，无为有处有还无"的楹联才是真正的答案。无论是真也好假也罢，最终的结果都不免于归向"茫茫大地一片真干净"的幻灭虚无。另一部世情作品《蜃楼志》以洋商苏吉士的生活经历为主线穿插着商人、官僚、文士、僧侣等各个阶层，向世人展现了一个在世纪之交的关头上一个浮华而真切的世界。在这样一部表现真实世态人生的作品中作者也不忘设置几所花园，这些花园"花草缤纷，修竹疏雅""树木参差，韭畦菜垄"①，如其题目中所示的"蜃楼"一般，以虚幻的姿态暗示浮华的人生。中国美学始终追求一种镜花水月和缥缈无痕之美，园林之幻是世情之真的大背景之下的一个调味剂，为平实无奇的日常叙事点缀灵光，最终形成了真中有幻，幻中有真的审美享受，一种未知的飘忽不定之美充斥于作品之间。园林的幻美之所以具有特殊魅力，引发人们无限的美感，在于它的未定性和自由性的特质。幻美之所以称之为幻就在于这种美不会长久永存，它的出现就注定着它消失的一刻，留下的是无穷无尽的真实人

---

① （清）瘦岭劳人：《蜃楼志》，凤凰出版社，2013。

生之悲凉。幻美是若隐若现，飘忽不定，杳渺微茫的，是一种未定的神秘之美。用伊瑟尔和姚斯的话说就是，这种"未定性"能够"召唤结构"，又会在审美主体的"期待视野"中生发无限丰富的"意义和效果"，唤起审美主体的无穷联想，产生特殊的审美效应。从审美主体的审美活动方面来看，审美主体的审美活动在本质上是一种自由的、创造性的想象活动，是理性和情感相融合的一种精神体验，它是一种沉醉，一种神往，一种想象，一种精神追寻，它总是不断地突破有限进入无限，从实像进入虚像，从实境进入意境。审美本质上是从有限向无限的超越，情感由现实向理想境界升华。幻美的情思使读者由有限的实境进入无限的幻象，将真实与虚幻化为一身，融为一体，从而获得一种难以形容的至乐之美，在人们心理上形成一种缓解和调适。

二　世情之俗与园林之雅的对接

"雅"与"俗"是中国美学史上一对既古老又弥新的范畴。所谓雅俗的对立，实际上就是雅正与礼俗、天理与人欲的对立。在世情小说中，小说内容之通俗与花园之雅在对接中也呈现特有的美学意蕴。

通俗是世情小说的基本形态，也是此类小说的本质特征。世情小说以工笔式的细致手法将生活之俗和世态之俗表现得淋漓尽致。欣欣子评价《金瓶梅》："寄意于世俗。"[1] 满文木《〈金瓶梅〉序》中曾做出了这样的解释："自寻常之夫妻，以及和尚、道士、尼姑、喇嘛、医巫、命相士、卜卦、方士、乐工、优人、娟妓、杂耍、商贾，乃至水陆杂物、衣用器皿、谑浪戏言、俚曲琐屑，无不包罗。叙述详尽，栩栩如生，如跃眼前，是书实可谓四奇书中之尤奇者矣。"[2] 这是针对《金瓶梅》的，也同样适用于世情类小说。世情之情即人情，人情物欲乃是世情小说所表达的核心内容。明代后期反对假道学提倡真性情的学术思潮涌动期便是世情小说的生成之时，而离开道学的束缚则不能免俗，人们对声色物欲的追求毫无保留地反映在作品之中，体现出了世情小说所独有的描述真性情的特点。世情小说之俗，首先体现在人物角色上。世情作品所涉及的人物角色多为普通的市

---

① （清）痩岭劳人：《蜃楼志》。
② 刘厚生，满文木：《〈金瓶梅〉序》今译及跋，《古籍整理研究学刊》1990 年第一卷。

民阶层，对人物言语行为的塑造上多脱离不了市井俗人的面目。而真正决定世情小说之俗的并非只是此类的世俗人物，更主要的是叙述世俗之事，刻绘世俗之境。即所叙之事和所绘之境都是人们日常所能见到，甚至亲身经历过的。因而世情小说之俗的另一种体现便是人物的心理和情感上的真实表述。

雅"作为"俗"的对立面，具有与俗相对应的审美品格。本文所讲的花园之"雅"是附着于园林这门古老的艺术上的。与世情之俗相接应。雅致是一种至美的境界，是文人们寄情山水，追求闲情的独得之乐。小说花园的雅致之美是文人们以闲笔来写真情的真实写照，也是当时文人们的普遍追求。如《林兰香》第十六回，秋夜园中一景：

> 是时乃宣德四年九月中旬，清商淡淡，良夜迢迢，桂魄一庭，菊香满座。①

寥寥几笔，深秋的清凉雅致之意被渲染出来。以理性贯穿全文的《歧路灯》也不免跟随这一风尚，塑造了"碧草轩"这一清幽之地，第五十八回呈现雨中清丽的景象：

> 细雨洒础，清风纳窗，粉节绿柯，修竹千竿添静气。虬枝铁干，苍松一株增幽情。②

在世情小说通篇的俗论中插入园林之雅，有其深厚的历史文化根源。明清时期文人们的生活方式是既俗又雅的，他们在日常生活中巧妙地融入艺术气息，既不是入世的，又不是出世的，而是审美的，是审美的艺术与审美的人生的有机统一。明清的士人们既最大限度地追求世俗逸乐，同时又尽可能地展现高雅情趣，其中既有雅韵亦有俗趣，且往往寓雅韵于俗趣之中。在浸润和陶冶的过程中形成一种臻于极致的雅俗合一的生活形态与文化品位，世情之俗与园林之雅的交合成为了必然性，在大篇幅俗人俗世的世情小说中穿插这门雅致的园林艺术是不足为奇。从第一部世情书《金

---

① （清）随缘下士著，徐明点校《林兰香》，中华书局，2004。
② （清）曹雪芹：《脂砚斋重评石头记》，中州古籍出版社，2010。

瓶梅》始，花园之雅就伴随着世情之俗而到来。《金瓶梅》所描绘的世俗生活可谓与普通民众的真实生活相差无几，其人其事便是芸芸众生真实生活的生动速写，《金瓶梅》的日常叙事真正触及社会及人性的深处与本质，成为世俗的一面镜子。然而在这样一个俗不可耐的世界之中，作者却安置了一个雅致的花园作为背景，并且不止一次地修缮和扩建它，于第十九回中将其以较为美好的姿态呈现在读者面前：

> 当先一座门楼，四下几多台榭。假山真水，翠竹苍松。高而不尖谓之台，巍而不峻谓之榭……

作者用模式化的描述性词汇，整齐划一的句式勾画出这一繁花似锦、景象万千的西门府花园，有意地将之营构成为一个具有文人气质，士大夫情怀的雅正之所。甚至在一系列粗俗不堪的事件和人物之间，也不忘穿插雅致美好的花园场景，如潘金莲雪夜弄琵琶一段，西门庆雪夜思念李瓶儿一景，作者一次又一次地对花园中的清幽雅致之境做出描绘，文人的烟霞寄傲之情，诗情画意之感充斥其间。这是第一部将世情之俗与花园之雅结合在一起的世情作品，显然在美学风格设置上透着不成熟的一面。花园雅致的场景似乎是被强加上去的，带有一种陈旧的模式痕迹，使得这些场景与作品中的人物形象和叙事基调极不相符，甚至呈现一种明显的反差。这种俗雅格调的不相符，我们可以理解为是文人描述性笔法的一种惯性的蔓延。如果说《金瓶梅》创作技法的不成熟而将俗雅牵强组合的话，《红楼梦》则以高妙的技法将俗雅结合的自然无痕。在第十一回中透过王熙凤的视角对会芳园进行了一番描绘，大观园的初始面目首次呈现出来：

> 黄花满地，白柳横坡。小桥通若耶之溪，曲径接天台之路。石中清流激湍，篱落飘香；树头红叶翩翩，疏林如画。西风乍紧，初罢莺啼；暖日当暄，又添蛩语。遥望东南，建几处依山之榭；纵观西北，结三间临水之轩。笙簧盈耳。别有幽情；罗绮穿林，倍添韵致。①

王熙凤看到这样的景致，禁不住观赏起来，她的驻足欣赏似乎与之不

---

① （清）曹雪芹：《脂砚斋重评石头记》。

识书墨的世俗身份并不相符，然而作者却偏偏设计这样的一幕，让如此世俗之人停留在花树楼台，溪桥林泉的精美雅致之中，给人以审美的冲击。特别是在接下来的一幕，卑琐淫邪的小人物贾瑞如跳梁小丑般跳出来更是大煞风景。同样是一俗一雅的美学对接，在《红楼梦》中这种结合显得自然许多。

创作者在创作作品时有意地开辟出一个雅正脱俗的花园空间，最初的目的是要隔离世俗，容纳自我，承载闲情雅致。园林物象可以看做是这些文人士大夫情怀的一个表征，在其中汇集着人类最为原始的情感，那是一种自然的、活泼的、美好的情感。小说中的园林空间不仅是故事情节的发生之地，同时也可视为士人人格之寄寓，生命情状之投射的空间形式。闲适的心境、清雅的趣味和艺术的情调无不超俗出尘，三者融合为一，最终构成了闲情雅致的人生境界。园林之雅与世情之俗相结合的美学意义在于将传统文人所固有的古雅情怀和情感体验浸润园林这一物象之中，从而创造出一种空间美感，将原本世俗的文本内容艺术化，将读者从世俗的情节故事中引领出来。世情小说的花园之"雅"与世情之俗相对接，将原本世俗的生活艺术化，将读者从沉重的世俗生活中救赎出来。创作者们在作品中既最大限度地追求世俗逸乐，同时又尽可能地展现高雅情趣，使得世情作品在俚俗基调的叙述中收获一份诗性之美。在浸润和陶冶的过程中形成一种臻于极致的雅俗合一的作品形态与美学意蕴。

三　世情之伦理与园林之情欲的对抗

世情小说沿袭着话本小说的创作宗旨，把劝惩说教看做行文的最终目标，在其主旨寓意上时常呈现浓厚的礼教色彩，作者坚持不懈地强调其作品的社会功能与政治的教化作用，用来迎合人们的审美品位和价值观念。与之同时在作品中也不乏娱情的桥段，作者一方面打着劝惩的旗帜来使作品安身立命，又情不自禁地忠于自身的创作理念醉心于笔下所经营的那片乐土，于是在作品中常常会出现花间林下恣肆纵情之后立即转向劝解说教的情况。

世情小说盛行的明代是一个文化大聚集的时代，儒释道三教文化经历了漫漫历史长路，深深地影响着人们的思维和情感。随着三教思潮在文化历程中的蜕变逐渐形成了相互交融和相互补充的结构形态。这种结构形态影响到了人的思维方式，随后人们将这种思维顺化成一种人生情态。世情小说在创作的过程中，往往以儒家的"人格"来规劝读者大众，以道家的"仙格"来暂寄心灵，最后又以释家的"佛格"来做整体的统摄。而其中的儒家学说仍是世情小说主旨寓意的主要文化构成，创作者以一种教化世人的思维结构主导着世情小说的结构和形态。吴士余曾说："儒学以伦理为本位的文化建构奠定了中国小说注重道德伦理教化的主题思维图式。由此促成了中国小说对文学功利性的热衷和偏执。"而以伦理本位审美为主体框架的思维结构在世情小说的创作中便自然而然地呈现了直线型思维依次渐进的三个思维级次：强化主题意识，摹写社会与人生，营构理想人格。特别是伦理性的主旨，一直作为中国多种形式文艺作品的最终创作价值而存在。世情小说以人们的现实生活为本位，具有较强的映射性和时代性，因而其主旨的寓意性更为强烈。世情小说的开篇《金瓶梅》以对违背人伦纲常的西门一族的讽刺来达到劝诫世人的目的。位于之后的《醒世姻缘传》则以"夫不肖，妻不贤"这样的违背儒家伦理的行为作为故事情节的起结点，最终以佛教的轮回说来终结这场孽缘。到了清代，李绿园以"伦理范世"以及"正人心、淳风俗"作为《歧路灯》的基调，其中关于忠孝节义的价值主张，反映了李绿园作为正统道学家对于传统道德观念的普遍认同。而紧随其后世情大作《红楼梦》也同样隐现着儒家伦理教化的痕迹，在第一回中作者以石者的身份道出平生经历："锦衣纨绔之时，饫甘餍肥之日，背父兄教育之恩，负师友规谈之德，以致今日一技无成、半生潦倒之罪，编述一集，以告天下人。"① 似乎是在依照世俗的价值观来介绍此作品的来历。由此可见世情小说的伦理寓意是一张无形的大网，不仅圈定了作品的思想内蕴，也圈定了读者和评论者对其价值的认同，而作品本身则依靠这张网来安身立命。

　　然而再强烈的传统观念，再浓厚的理学色彩，再正统的伦理纲常也难以压制住人们对欲望和情感的追寻。随着明末社会思潮和经济结构的改变，逐渐涌现出了一批敢于挑战旧制，敢于突破防线、不顾来世、只求今生享乐的人物，他们贪婪地聚集着财富、肆无忌惮的同之前束缚欲望的理念唱反调。而世情小说中被开辟出的花园空间则成为情欲放纵张扬的庇护所，如人间的伊甸园将俗世隔离开来。最早将男女情感同花园联系在一起的文

---

① （清）曹雪芹：《脂砚斋重评石头记》。

学作品可以追溯到《诗经》，在《诗经·郑风》中有仲子逾园追寻爱情的篇章，仲子逾园举动破坏了礼仪，从而遭到礼教拥护者的反对。可见当时的"花园"成为一种让人突破礼仪的动力和前奏。至唐传奇时，其绵邈的内蕴，婉曲的情节，赋予花园更多的灵性与功能意象。沿着唐传奇的路线，元明以来的戏曲赋予其更为深刻的审美意义，使花园生情的模式进一步稳固。明清小说传承着戏曲花园的功能意象，将这一功能发挥到极致，最终使花园成为一个男女邂逅相遇，传递情欲的不可缺少的场所。这里有男女之间的爱慕之情，有女子感叹韶华易逝之情，有家族盛衰人世变迁之情，这些情感都汇聚在这特殊的领域之中。李渔的《十二楼》是典型的以花园楼阁为楔子来演绎人间之情的世情作品，其中所叙写的情大抵可分为爱情、友情、亲情三种类型，其中《合影楼》《夏宜楼》《拂云楼》《鹤归楼》以花园楼阁为媒介来成就男女主人公的姻缘，《夺锦楼》《奉先楼》《三与楼》《闻过楼》以花园楼阁为引线叙写亲情的绵长和友情的真挚。园中的花开花落，物象的频繁交替，人物于此触景生情，由自然的兴衰联想到人生命运的悲怆感和时遇感，表现出园中人的感伤情怀和自然悲剧意识。花园不单单只是寻常情欲的载体，当世情小说发展到成熟阶段之时，更是将其作为一种诗性情感的化身，如《红楼梦》中的大观园，承载着人间最为圣洁美好的青春感怀与缱绻情丝。

创作者一方面承载着济世救民的社会责任，另一方面又情不自禁地忠于自身的创作理念，醉心于所经营的那片仙乡乐土，于是劝惩说教成为了挡箭牌，创作者以随俗适意的创作心态变通了理学治世的古板，将娱乐精神与儒家的治世精神放置在一起形成了强烈的碰撞冲击，作品中的人物形象也在情理对抗中被塑造起来。然而这种情理的对抗之美是激烈而短暂的，在两股力量的抗衡之中总会有偏颇出现。故而每当作者浓墨重彩、酣畅淋漓地渲染发生在后花园中的情思欲望之时，笔锋会突然发生逆转，将故事的结局归于理性。如兰陵笑笑生对《金瓶梅》发生在后花园中的情欲行为是肆意泼墨，毫无顾忌的，在字里行间表现出对人欲的崇拜向往。然而在作者的内心中，始终存有一把礼教纲常的量尺，总会在不经意间抽出这把量尺来衡量人物的行为，最终给笔下的人物以不同的命运安排，因此在后花园中淫乱无度的西门庆与潘金莲都有着不得善终的下场，无论最初多么风流恣肆不可一世，都逃离不了命运的惩罚，对于行为本分的吴月娘和孟玉楼则给予了较美好的结局。另一部清代的世情作品《十二楼》清晰地表现出了伦理与情欲的抗衡历程。李渔最初的本意是要追求风流与道学的对等融合的："若还有才有貌，又能循规蹈矩，不做妨伦背理之事，方才叫做真风流。"，他匠心独具地营造了一座名为"合影楼"的花园楼阁将专于至情和专于至理的两家人放置在一起，以达到将风流与道学的合二为一。作者巧妙地以花园水池为媒介演绎了男女主人公的相互爱慕，并着力渲染了人物之间情不得发的苦闷之感，并且对至情的屠家也不时流露出赞誉之情。即使如此，终究偏向世人所持有的价值观念，最终将教化至上、评点生活作为了此篇作品的创作旨归。可见世情小说花园以翠树繁花，峰峦泉溪，亭台楼阁，画栋雕梁的美好之资装载着创作者的原始情感，从而成为不折不扣的感性形态的化身，但这种形态的存在并未弱化作品的教化观念和伦理意识。两者虽然有共存的时刻，创作者们也一直在寻求言志与缘情思维的平衡点，但这种双向的审美思维总有被打破的一瞬间，多数作品中园林的形象最终以幻灭的形式走到尽头，尽管文人士子们可能在花园领域中寻找过一种与主流意识背离的自我意识，有过出离和反叛礼教的欲望冲动，但最终还是走向了主流意识，"桃源仙境"只是"伦理纲常"途中的一个小小驿站。

　　花园与世情小说打破了各自艺术门类的界限，在叙事中交织、碰撞生发出一系列美学意蕴，这是一种原始而又广泛存在的对立之美，又是一种时而相容时而冲撞的奇特之美，它使得世情作品充满了张力和复杂多元的艺术风貌，引领着读者冲破惯性期待和陈规俗套而获得意料之外的全新艺术享受。

中国古代生活美学研究 ◀

研究中国古代生活美学的三种视角

张翠玲[*]

摘要："中国古代生活美学"的研究兼顾"古—今"和"中—西"两个维度，其中"古—今"维度要先于（重于）"中—西"维度。中国古代日常生活与美学有着深层而普泛的关联，这种关联性根源于中国古代的农业经济、家（族）国（社会）一体的社会结构和执着生命的思想文化。中国古代的小农经济使中国古人过着缓慢而有节奏的生产和生活，这种生产、生活方式极利于审美。家国一体的社会有着较强的泛情感性，以伦理来组织家（族）和国（社会）使其具有泛道德性，这种泛情感性和泛道德性使中国古代的生活朝审美方向倾斜。中国古代文化热爱生命，眷恋现世生活，这种生命文化形成了中国古代生活美学的深层底蕴。

关键词：生活美学　小农经济　家国一体　生命文化

人类历史源远流长，审美活动始终与人类历史相生相伴。即使在物质生活贫瘠的历史时期，人们闲暇时也自觉或不自觉地在日常生活中进行审美。旧石器时代的山顶洞人将石珠、兽齿、贝壳挂带在身上装扮自己，并用赤铁矿粉装饰死者栖息之地；西班牙的先民们在狩猎前对着阿尔塔米拉洞壁上栩栩如生、极具艺术性的野猪、野马和赤鹿进行祈祷活动，均昭示着生活与审美的密切关联。但中国独特的地理人文环境使中国古代的日常生活和审美有着深层而普泛的关联。商周时中国古代理性意识的觉醒使宗

---

* 张翠玲，西安财经学院文学院讲师，陕西师范大学文学院博士生。

教失去生存土壤，遂使中国古人的精神情感趋向审美的方向，所以审美
（及相关情感）在中国古代社会生活中占有重要维度。① 基于此东方美，梁
漱溟、牟宗三、蔡元培等才对"美"寄予厚盼倡导"美育代宗教"。因此，
本文着力对中国古代生活与审美普泛关联性的深层根源进行阐述，以期证
明虽然自古以来世界各国的人们都在现实生活中进行着形式各样的审美活
动，但与其他民族不同，"美"是内摄于中国古代生活之流中一个重要的不
可或缺的维度。②

　　中国古代生活与审美的内在关联性与小农式的经济生产方式、家国一
体的社会结构和独特的生命文化密切相关，我们逐一展开。③

---

① 参阅李泽厚《中国古代思想史论》，三联书店，2014，第 327 页。在《试谈中国人的智慧》
　　一文中，李泽厚分析了中国文化的血缘根基、实用理性之后，在乐感文化一节中直接说：
　　"审美而不是宗教，成为中国哲学的最高目标。"

② 对这一判断有以下几方面限定：第一，"中国"相对于"西方"，"古代"相对于"现代"。
　　在中西和古今的对比中，古今先于中西。所以"中国古代生活美学研究"主要是以古代生
　　活美学和现代生活美学的比较为视角进行，目的是要以中国为例来对古代生活美学进行
　　研究（中国古代的历史要远比西方漫长，所以以中国为例研究世界古代生活美学有一定的
　　代表性）。第二，虽然古今视角是首要的，但依然穿插了中西比较的维度。与西方相比，
　　中国独特的地理人文环境使审美在中国古代生活中起着突出的不容忽视的作用。第三，
　　"中国古代生活美学"这一判断并非全称判断即中国古代生活就是一种生活审美，其确切
　　指对中国古代现实生活中审美活动的研究。对其研究并不否定中国古代生活具有的伦理性、
　　政治性等。第四，"中国古代生活与审美有着内在的深层的普泛的关联"这一判断也并非
　　"理论先行"，而是对"在中国古代生活中客观存在着较强的审美意蕴和大量的审美活动"
　　这一事实的理论概括。第五，这一理论概括的逻辑证明并不意味着审美与中国古代生活的
　　这种内在关联都可在现实生活中展开，而是指中国古代生活有着向审美倾斜的趋向，这种
　　趋向要落实于现实生活中还需其他条件的同时满足（如一定的经济基础，个人审美心胸的
　　形成，审美能力的高低等）。第六，对古代世界的研究当然要尽可能真实客观的对其进行
　　还原，但生活于现代社会的我们总会自觉或不自觉的带有现代的思维，所以"现代化—现
　　代性"是现代人反观古代世界的原初的解释学视野。但也正因为如此，我们才发现儒家
　　"礼"制下人们日常生活言行举止中透出的审美意味。再则，研究古代终究是为了对现代
　　人的生存困境作出回应以尽可能为其提供解决问题的方案或思考理路，所以现代性是本论
　　题不可或缺的一个研究视角。

③ 有关中国古典美学，多数学者更关注"艺术哲学"，广泛活跃于现实生活中的审美活动则
　　被有意无意地忽略，相关的研究还较为有限。对中国古代生活与审美内在的、深层的、普
　　泛的关联的根源追寻的研究到目前为止还未充分进入学者研究的视野。生活美学被认为是
　　更符合东方古典美学的理论形态，中国古典美学作为东方古典美学的典型代表，理应加大
　　对其研究的力度。

一　小农经济与中国古代生活美学

农业经济是中国古代生活美学①的经济基础。农业生产的季节性使古人形成了循环式的时间观，尤西林说："古代人循环且缓慢（漫长）的时间与农牧业劳动方式相对应，自然经济将天体运转为中心的自然时间（日出日落、雨季旱季、河流涨落、四季荣枯）作为人类的生命尺度坐标，'日出而作，日入而息，帝力与我何哉'。"② 这在以下两个方面和审美相关联：第一，这种生产和生活极富节奏感和韵律性，这种节奏感和韵律性正好契合于人的自然生命节律，从而使古代的生产生活具有了审美的意味。第二，夏季和冬季以及春耕秋收结束后中国古人的生活较为悠闲，人在悠闲的生活中有更多心绪体玩宇宙的色相。朱光潜说"慢慢走，欣赏啊"③，慢节奏的生活使人们更有时间和精力去体验生活、感悟蕴集在生活中的美（悠闲是生活审美的前提条件之一，与现代相比，古代生活方式是极利于审美的）。中国古代的时间和空间可同构互换，时间空间化，空间时间化。主要发源于黄河流域和长江流域的中国古代文明属北温带气候，一年四季分明，人们对四季的认识不仅可通过周围植物的生长、动物的活动、日月星辰的变化来确定，也可通过风向来确切感知。④ 这种季风性气候将时空融合为一体。宗白华说，中国古人的"空间和时间是不能分的，春夏秋冬配合着东南西北……时间的节奏（一岁十二月二十四节）率领着空间方位（东南西北等）以构成我们的宇宙，所以我们的空间感觉随着时间感觉而节奏化了，

---

① 本文"中国古代生活美学"中"古代"指从旧石器时期人类审美意识萌芽到清代前期。"生活"指日常生活，不同于宗教生活和政治生活，也区别于生产劳作，与艺术和伦理有交叉但又相区别。汉语"美学"一词兼有美学原理和审美活动之意，"生活美学"侧重研究在现实生活中的审美活动，不同于纯理论研究的美学原理，但因为生活审美的研究或多或少会关联到生活美学原理问题，所以本文依然使用"生活美学"一词。生活审美与艺术审美不同，侧重研究在现实的日常生活中的审美活动而非特定情境要求的艺术审美。简言之，中国古代生活美学研究对象是研究中国（而非其他国家）、古代（而非现代）、日常生活（非艺术形态）的审美（而非美学原理）。其所涉领域包括中国古人的日常起居、技艺劳作、文化礼仪、实用艺术和节庆假日等。

② 尤西林：《人文科学导论》，高等教育出版社，2002，第56页。

③ 朱光潜：《谈美》，广西师范大学出版社，2004，第89页。

④ 春天春风从东面吹来，轻柔温暖；夏天夏风从南面吹来，干烈燥热；秋天秋风从西面吹来，萧瑟而清冷；冬天北风从北面刮来，凌厉而寒冷。春季－东方，夏季－南方，秋季－西方，冬季－北方。"（季）风"将时空合一。

音乐化了！"① 季风性气候和农业生产使中国古人时间空间化、空间时间化
了。这种时空合一使生活于其中的人们的生活极富审美的韵律。

从事渔猎和游牧生产的民族为了生活不得不追逐动物行踪而四处迁移，
从事农业生产的民族由于植物的静止而生活较为安稳。人们世代驻留于一
相对确定的空间使人们对生于斯、长于斯、老于斯的这一方水土极为熟悉。
"熟悉是从时间里、多方面、经常的接触中所发生的亲密的感觉"，② 熟悉而
来的亲密感使人们将自己的生命和情感付诸所遇之物，所以中国古人有种
类似于维柯（Giambattista Vico）所说的"诗性智慧"，他们以己度物，将自
己的身体观念和喜怒哀乐之情移诸所见之物而使其泛生命化了。采集和谷
类种植基础上发展起来以人和植物关系为主的农业生产其特点是"靠天吃
饭"，所有中国古人对大自然极为依顺。与西方相比中国古代的新石器时期
特别漫长，此意味着中国古代有着漫长的谷物采集、种植、农业生产生活
史。长期对大自然的依赖和顺从积淀成中国特有的"天人合一"观：古人
认为人的生命植根于宇宙自然，人可以从五谷杂粮等食物中获取大自然
（地母）的生命力；人是大自然的一分子，人生命的延续及生命力的强盛均
与大自然的生长变化密切相关。这使中国古人对自然万物抱有一种天然的
亲和态度，古人在对自然的敬慕和亲近中找到了身体和心灵的栖息之地，
体验到了生命的自由和舒畅，感受到了生命之美。考古学家和历史学家普
遍认为中国史前先民主要生活在北纬 20°～45°的温带和亚热带区域，季风
使大部分区域雨量充足，较高的温度和充足的雨水使中国远古大陆上生物
种类异常丰富，通过植物采集获取食物较为便捷。漫长的母系氏族社会和
丰盛的植物种类形成了中国古人以植物性食物为主、动物性食物为辅（不
同于欧洲先民以动物性食物为主、植物性食物为辅）的饮食结构："中国地
理环境中生成的自然生态系统给中国区域内形成的人类主要提供了植物食
物……考古发现证明，中国早期人类漫长进化历程中，虽然也靠渔猎获取
部分肉食，不过，主要获取的食物能量还是采集植物果实、块根和茎叶。"③
这种饮食结构影响了中国人大脑的发育，使中国人偏重于用大脑两半球的
平衡作用来进行语言思维，欧洲人偏重于用左脑进行语言思维。用大脑两

① 宗白华：《美学散步》，人民出版社，2014，第 106 页。
② 费孝通：《乡土中国》，人民出版社，2009，第 9 页。
③ 刘汉东：《灵魂与程序——中国传统政治文化分析》，国际文化出版公司，1989，第 13～14 页。

半球的平衡作用来进行语言思维使得中国人的思维具有形象性、整体性、直觉性、情感性等和审美思维相关的特点。①

中国古代的农业经济是"匮乏经济"②，农业经济造成的物质困乏使中国古人处于基本的温饱状态。但如无天灾人祸每年又会有基本固定的收成而不必担心食不果腹，钱穆说农人"生产有定期，有定量，一亩之地年收有定额，则少新鲜刺激。又且生生不已，源源不绝，则不愿多藏"③。缺少物欲刺激的古人遂将生命的重心放在了赏玩宇宙色相的审美心性上。与中国农业文明不同，游牧、商业文明有鲜明的财富观。重财富有两个特点："一则愈多愈易多，二则愈多愈不足"④。欲望的本性是贪婪，财富会进一步刺激欲望的贪婪，这迫使游牧民族和商业民族倾力追逐财富而较少顾及宇宙自然人生之美（考古发现古希腊已有星象学研究，但这种对宇宙自然的探索更多倾向于客观理性的层面而非审美的层面。现实生活中的审美——例如体育竞技、酒神节狂欢——又较侧重身体肉性的层面，不同于中国古代的生活审美侧重精神的感性的层面）。

农业经济时节性较强，种植和收获如不能按时进行，就会导致今岁食不果腹。在生产力比较低下的古代，人与人需通力合作才能保证农业种植和收获按时进行。中国古代的农业生产经常是以家（族）为单位进行的，人与人的通力协作经常是亲人之间的相互配合。这使得中国古代特别重视人与人之间的和谐交往，人际审美（在古代突出表现为礼乐文化）得以形成。与之相比，西方文明发源之一的古希腊由于本土多山石、土地贫瘠不适合农业生产，漫长而曲折的海岸线及地中海中众多的岛屿使他们主要以渔猎为生。小型的捕鱼对人与人之间的合作要求较低，这形成了西方文化中主体意识及个人主义的形成。这种主体意识及个人主义不太利于人情的培养而使其生活较缺少审美的意味。⑤

---

① 参阅刘汉东《灵魂与程序——中国传统政治文化分析》，第141页。
② 费孝通：《乡土中国》，第243页。
③ 钱穆：《中国文化史导论》，商务印书馆，2012，弁言。
④ 钱穆：《中国文化史导论》，弁言。
⑤ 西方现实生活中个体英雄主义崇拜即个人主义和主体意识在现实审美中有突出表现。中国古代社会现实生活中的审美则以群体性和谐为突出表现，这和农业种植需人与人通力合作这一生产生活方式相关联。

二　家国同构与中国古代生活美学

"家（族）—国（社会）同构"① 是中国古代生活美学依存的社会结构。"家（族）"是中国文化的基石，家（族）以血亲为基础，国家（社会）以"礼""仁"为基础。从个体的发展、人性的自由讲，家国同构是极其野蛮的，夫权、君权常以伦理道德为名残杀子辈或臣子的自主意识和自由意志，子辈和臣子经常需压抑自己的情感和意志遵从或臣服于父权和君权。但一事均有好坏两个方面。从另一方面看，中国的家国同构有着朝审美方向倾斜的趋势。先说"家"。西方传统对家庭是不太重视的。柏拉图认为家庭关系会导致偏袒，亚里士多德认为家庭关系是不平等因而不予认同。大部分传统的西方哲学家认为家庭是次要的，他们倡导的个人主义也具有非家庭性非社会性。在家庭和个体的关系中，个体（和建基于个体基础上的团体）是第一位的，家庭要以服从个体为基本原则，因此西方的家庭极不稳定，在家庭生活中进行审美活动极为不易。与之相反在中国传统文化中家庭具有根基性本体性，个人需以服从家庭为第一原则。钱穆说"家庭和宗庙，便是孔子的教堂"②。鉴于儒家文化在中国传统社会中的重要地位，也可说家庭和宗庙便是中国人的教堂。艾蒂安·白乐日（Etienne Balazs）在《中国的文明与官僚主义》中写到，中国绝大多数是经济上自给自足的农民家庭，每个农民家庭均为单独的、互相孤立的"细胞"。③ 在家（族）中，父子之伦是五伦之首（祭祖文化也是父子之伦的表现），是中国古人重生乐生希望突破个体生命短暂以实现永世长存的重要依托。对生命的热爱和依恋促成了中国古人对传宗接代极为重视的心理情结（这是中国的一个文化原型，是极具代表性的中国人的集体无意识），是中国古代生活审美的一个重要组成部分：夫妇相合不是因为情投意合两情相悦，其首要的根本在于传宗接代。所以才有"不孝有三，无后为大"（《孟子·离娄上》）。因中国传统是父系单系传承，女系在传承上基本不予考虑，所以生男子、多生男

---

① "家国同构"指以家族为基本单位来维系国家存在的独特方式。家（族）、国（社会）的稳定主要依赖伦理道德的力量。家（族）、国（社会）具有泛道德性和泛情感性。

② 钱穆：《中国文化史导论》，第 84 页。

③ 〔美〕艾蒂安·白乐日著，《中国的文明与官僚主义》，黄沫译，台北，久大文化出版社，1992，第 230 页。

子就成了每对夫妇首要的重任。但正因为这样的责任意识，中国古代的夫妇是先结婚后恋爱（不同于西方的先恋爱后结婚），他们一旦结婚就自觉有了共同的目标（生、养子嗣）并不遗余力为此奋斗。这是中国古代特有的培育男女之情的根基。这种情感基础虽因责任和义务的羁绊有几分沉重，但却较稳固。"家"在人类学上以生育子女为主，但在中国家（族）赋有政治、经济、文化等复杂的功能。家（族）的政治性暂且不谈，来看家（族）的文化性。生育子女传宗接代是生理性的也是文化性的，即家族文化的传承。生命上的生生不息和文化上的生生不息对应着大自然的生生不息，这是生命的欣喜和感动。夫妇在生、养子女的过程中逐渐产生的情感比青年男女由于年轻的激情爱恋的情感要深层而稳妥，所以中国传统的夫妇给人以相敬如宾之感。由敬而爱，这种夫妇之爱有一种形式化的美。长辈对晚辈的慈爱因发诸血亲有种质朴之美，对中国传统文化中的老人来讲最大的乐趣就是子孙绕膝儿孙满堂。西方文化中仅强调父母长辈对子女晚辈的爱，晚辈子女对长辈父母的爱却没有明确要求，中国传统文化中则明确提出晚辈对长辈要"孝"。"孝"在中国古代是一个人最基本也是最重要的内在修养，除却血亲之爱这是中国传统文化对个体人格的建构。"孝"经常和"敬"相连，孝侧重于顺从，敬侧重于尊重。"孝""敬"又与血亲之爱相连。此种夫妻之间的相互敬爱和晚辈对长辈的敬爱是中国传统家庭文化的基石。这种敬爱之情产生了中国情感抒发中"文质彬彬"式的美感（所以中国古人以借景抒情式的"移情"为情感表达的主要方式，参阅朱光潜《文艺心理学》第一章）。

梁漱溟说中国"以伦理组织社会"①。人类最真切的情感发端在家（族）中并在家（族）培育教化，以"孝悌""慈爱""友恭"来组织家（族），家（族）就是和美幸福的。组织家（族）的伦理推及社会，社会就会和谐安稳，所以君王要爱民如子，臣侍奉君王应如敬爱父亲。各阶级之间应遵循长辈和晚辈相处规则，同级之间、普通人与人之间相处要亲如兄弟姐妹，此为"推己及人""己所不欲勿施于人"。《孝经·广扬名》曰："君子之事亲孝，故忠可移于君；事兄悌，故顺可移于长；居家理，故治可移于官。"与中国将社会政治和家（族）紧密结合不同，西方将政治和家庭进行了明确区分。西方政治家普遍认为"家庭是一个需要国家大力保护的

---

① 梁漱溟：《中国文化要义》，人民出版社，2014，第110页。

脆弱的机构"，而政治领域则"不稳定、粗鲁和充满竞争"。① 但东西方文化均肯定家庭是主要的社会道德单位，因此，以家庭人伦为根基组合国家社会，国家社会就具有泛情感性和泛道德性。由于泛情感性和泛道德性与审美的内在关联性，所以中国传统的家国结构就具有较强的"美"的倾向（西方家庭和政治的分离性以及宗教对个体、团体的强力引导，其家、国与审美的关联性较弱）。②

以伦理组合家（族）、国（社会）其审美性在于人与人之间不以工具性功能性"我—它"模式相处，而是以类似于尊重和欣赏每个个体独特性和自主性价值意义的"我—你"模式相交（虽然不同于人格完全独立之后的哈贝马斯意义上的现代社会合理性交往所应有的模式，但在其基本内涵上有相通性）。这种尊重和欣赏正是审美所内摄的，所以中国古人人伦间的交往是极具审美倾向的生活。这种生活审美的突出体现就是形式化的"礼"（如中国古人见面需拱手作揖，不论年龄大小都称"××兄"，饮宴、出行皆有一定章程）。

三 生命文化与中国古代生活美学

生命文化是中国古代生活和审美深层关联的原初场域。与西方重"生产文化"不同，中国文化之核心是"生命的学问"③。中国古代的生活是以生命为主体的生活以及相关的礼乐文化。牟宗三说，西方文化尽物性也尽神性，唯独缺乏人性一极，中国文化闪耀之处恰在人性一极。生命文化首要的是重视生命、珍惜生命、热爱生命，尤其重视自然生命（即身体）。孔子长寿其主要原因之一就在于他特别注重养生。《论语·述而》记载"子之所慎：齐，战，疾"，说明其特别注重保养身体以避免疾病缠身。《论语·乡党》则详述了孔子的养生之道："食饐而餲，鱼馁而肉败，不食。色恶，不食。臭恶，不食。失饪，不食。不时，不食。割不正，不食。不得其酱，不食。""肉虽多，不使胜食气。""唯酒无量，不及乱。""沽酒市脯不食。"

① 〔美〕B.J.纳尔逊：《西方家庭文化的变化——评有关西方家庭政策的7部著作》，《国外社会科学》1986年第6期。
② 农业生产方式和"家国同构"的泛情感性和泛道德性的合力形成了中国古代生活审美侧重于群体性和谐的特点。
③ 牟宗三：《生命的学问》，广西师范大学出版社，2005，自序。

"食不语，寝不言。"道家虽逍遥于大自然中，却也非常重视养生，以至于要花费极大的精力修炼丹药以求长生不老。相反，中国文化中对轻易唾弃生命甚至于仅仅是不重视保养身体均持激烈的否定态度。《孝经·开宗明义章》说"身体发肤，受之父母，不敢毁伤，孝之始也"。子女在生活中不可轻易伤残身体，甚至连头发都不可轻易剪断，否则就会受到极重的伦理道德的谴责（"不孝!"）。在今天看来这未免小题大做，但却恰恰显示了中国古代对生命的极致的珍爱。

生命文化不仅体现在珍爱生命，也体现为对生活的热爱和对生命意义的追寻。中国古代小农经济物质的贫乏没有阻挡人们在生活中发现美寻求生活之乐的渴盼（实则在一定意义上反转促成了生活美学的趋向，参看第一部分内容）。《史记·孔子世家》中记载孔子被围困在蔡国"不得行，绝粮。从者病，莫能兴。孔子讲诵弦歌不衰"。在平时"子与人歌而善，必使反之，而后和之"（《论语·述而》）。并说"饭疏食饮水，曲肱而枕之，乐亦在其中矣"（《论语·述而》）。庄子过着"衣大布而补之"（《庄子·山木》）的贫困生活，却以诗人的气质过着与"道"一体的审美的生活。他以本真的我和纯然的世界相遇相应，纵身跃入自然中与宇宙相通。因珍惜热爱生命，所以中国古人竭力探寻生命的意义和价值。"礼""仁""和"是孔子探寻出的生命意义和价值。其后孟子、荀子、董仲舒一路到宋明理学、新儒家都围绕着这几个核心问题而展开。不论言语如何变化，其根基均为：心体（情体）应安放在德性上，如此才可安立于天地间，并可参天地化万物，实现人自身（感性和理性）、人与社会、人与自然的和谐畅通。与儒家不同，道家认为生命的意义在于遵从自然的生命，天地万物只要顺应自身内在的天性运行，就可达到不为而为，不用之用；人如效法宇宙自然，遵从内心真实的情感，如此即可与天地共生。两者殊途同归，却最终都和美的本质密切相关。

与中国重视生命的文化不同，西方文化较重视对物质的赚取和占有。对物质过多的占有无尽的追逐会导致人迷失心性，所以需有宗教信仰来补充。因此西方文化中自然科学文化较为发达，基督教信仰也根深蒂固。因为崇尚对物的占有，所以欧洲历史上的扩张侵略自古未停，人们崇尚冒险探索，甚至不惜为此付出生命。不重视珍惜自身生命，也不重视珍惜大自然中他物的生命，所以西方人对从大自然中（或他人之手）夺取来的财物经常随意处之肆意践踏。古希腊的酒神节、古罗马时期的人狗共餐、暴饮暴食，中世纪晚期和文艺复兴时期肉欲的放纵，19世纪对自然的大肆砍伐和掠夺、经济危机时期对所造之物的肆意毁损，和中国的"物尽其用"（对人的生命爱惜，也爱惜物的生命）形成了鲜明的对照。追寻不到生命的意义和价值，只得将心放在基督上帝那里，希望借此可安放心灵享受生命，但是主教染指政权（如中世纪中期的政教合一）搜敛财物让追求灵魂救赎的圣徒大失所望。这才有近代的宗教革新。在某种意义上来说，其对生命意义和生命价值的追寻是以失败而告终的。生命意义和生命价值追寻不得，心灵不得安宁。不安宁的心灵何以在生活中审美呢？所以与中国传统文化相比，西方文化和审美的关联性比较弱。

基督教认为现世此生的生活充满苦难（即原罪、赎罪说），人应甘于苦难以此换取来世的幸福。佛教文化更进一步不仅否认现世生活而且也否认了来世，认为一切均是"空""无"，所以人间所有的一切都应放下、舍弃，"万事皆空"。心静寂以致死寂，有何欢乐可言?! 中国文化中儒家、道家、禅宗都是重生的文化。儒家认为人可将心体（情体）安放于家庭中，也可安放在社会宏业中。道家认为人们应将心体（情体）安放在自然心性中，顺应自然就可怡然生活。禅宗认为生命的乐趣就在生活中平凡的琐事中，"担水挑柴无非妙道"。现世此生的生活虽有诸多苦难与贫乏，但依然执着的在生活的点滴中寻求生活之乐，并将这种生活之乐渗透在自己的衣食住行各个方面，竭力让自己的生活富有美的意味。

中国古人不仅尽可能在现世中审美地生活，而且将生命不朽、灵魂不死的生命意识贯通到死后的世界中，他们认为"死亡的本质是安息"，把"死亡的恐惧转而为对必至的某种淡然而又微有欣喜之意的接受"① 是儒道对死亡总体倾向。中国古语有"红白喜事"，鲜明的将死亡审美化了。基于死后人将在另一个世界生活的信念，历代帝王诸侯人臣将相都竭力营建自己的陵墓，力图将衣食住行、吃喝玩乐等全部生活所需安置在陵墓中，期盼在那个世界过富有审美意味的安然自得的生活。庄子甚至提出人应顺应自然"以死为乐"（《庄子·至乐篇》），因为死是"与春秋冬夏时行也"。这种"向生而死""以死为乐"是极致化了的重生，是生活审美的极端表现。

综上所述，漫长的农业经济、家国一体的社会结构，对此生此世生命和生活的眷恋是中国古代的生活朝审美方向倾斜的根本原因所在，是中国古代生活与审美密切关联而具有一定普泛性的深层肌理。

---

① 靳凤林：《先秦儒道死亡思想之比较》，《孔子研究》2002 年第 5 期。

论魏晋清谈的几个基本问题

李修建[*]

摘要： 清谈是盛行于魏晋时期的一种文化活动，浸透着浓重的游戏色彩和美学意蕴。学界对清谈的若干基本问题，并未达成一致，说明了清谈的复杂性和重要性。就清谈的称谓而言，在六朝时期经历了从"谈"和"清言"到"清谈"的演变，一则反映了"清"在六朝时期的重要美学地位，二则反映了"清谈"作为文化活动的属性得到确认。清谈有着深厚的文化渊源，与先秦时期的游士之风，汉代的游学论辩之风皆有关。清谈与清议虽有密切关联，但又存在很大区别，这突出地表现在参与主体的社会身份以及将其关联起来的意识形态上面。清谈作为一种文化社交活动，多由最权势的贵族召集。除了直接的口头交锋，笔谈亦是值得注意的一种形式。

关键词： 清谈　清议　娱乐　笔谈

清谈是一种盛行于六朝尤其是魏晋士人之间的文化活动。清谈与玄学思潮密切相关，却不仅仅是一种哲学思辨与思想交流活动，更浸透着浓重的游戏色彩和美学意蕴，体现出了六朝士人别具特色的审美意识。对于清谈的名称、缘起、形式、内容、演进等，中日学界多有所论，[①] 然而在某些

---

[*] 李修建，哲学博士，中国艺术研究院艺术人类学研究所副研究员，兼任中国艺术人类学学会秘书长。

① 相关研究，颇值关注者，如贺昌群的《魏晋清谈思想初论》（商务印书馆，2011），唐长孺的《清谈与清议》（《申报文史》，1948），陈寅恪的《陶渊明之思想与清谈之关系》（燕京大学哈佛燕京社刊印，1945），杜国庠的《魏晋清谈及其影响》（《新中华》复刊六卷一一期，1948），汤用彤的《魏晋玄学论稿》（中华书局，1957），孔繁的《魏晋玄谈》（辽宁教育出版社，1991），唐翼明的《魏晋清谈》（台北，东大图书股份有限公司，1992）等。

相关问题上，如清谈的由来，清谈与清议的关系等，并未达成一致，这也说明了清谈的复杂性和重要性。下面结合前贤所论，对以上相关问题做一简要论述。

一　清谈的语义

清谈之名，并未出现于被称为"清谈总汇"的《世说新语》中。在《世说新语》之中，用以指示清谈的词语中，以"谈"与"清言"最多，又有"讲""论""语""道""言""咏"等称谓。① 在魏晋史料中，虽有清谈一词，但却别具他义，兹引数例：

（1）前刺史焦和，好立虚誉，能清谈。（《后汉书》卷五八《臧洪传》）

（2）孔公绪能清谈高论，嘘枯吹生。（《后汉书》卷七十《郑太传》）

（3）清谈同日夕，情盼叙忧勤。（刘桢《赠五官中郎将诗四首》）

（4）靖虽年逾七十，爱乐人物，诱纳后进，清谈不倦。（《三国志》卷三八《许靖传》）

（5）（晋武帝谓郑默）昔州内举卿相辈，常愧有累清谈。（《艺文类聚》四八引王隐《晋书》）

（6）谓清谈为诋訾，以忠告为侵己。（葛洪《抱朴子外篇》《酒诫》）

例（1）与例（2）中，考其语境，"清谈"指的其人喜好空谈阔论，而缺乏实际政治才干，语含贬义。例（3）中，指朋友之间的宴饮闲叙，是轻松愉快的雅谈。例（4）（5）（6）中，清谈意同清议，指褒贬人物，对人物的德行进行评价。在南朝文献中，清谈的这一词义依然大量使用。

然而，自唐代以后，清谈的词义基本固定下来，特指六朝士人以玄学

---

① 如《世说新语·文学》所载："诸葛玄年少不肯学问。始与王夷甫谈，便已超诣。……左后看《庄》《老》，更与王语，便足相抗衡。""郭子玄在坐，挑与裴谈。""王丞相过江左，止道《声无哀乐》《养生》《言尽意》，三理而已。""（王导）语殷曰：'身今日当与君共谈析理。'既共清言。""谢安年少时，请阮光禄道《白马论》。""褚季野语孙安国云：'北人学问，渊综广博'。""孙安国往殷中军许共论，往反精苦，客主无间。""支道林、殷渊源俱在相许。相王谓二人：'可试一交言。'""僧意在瓦官寺中，王苟子来，与共语，便使其唱理。"

为对象的谈论活动了。① 房玄龄主修的《晋书》中，就大量使用了"清谈"一词。由于《晋书》对《世说新语》多有参考，因此，除"清谈"外，也用"清言"。在姚察及其子姚思廉所修的《梁书》中，亦有多处提及"清言"。姚察历仕梁、陈、隋三朝，自然谙熟六朝用语。可见，在六朝时期，"清言"是一常用语，指代所谓的"清谈"。而从五代人修的《旧唐书》开始，便不见"清言"而只用"清谈"了。也就是说，关于清谈的称谓，经历了一个从"清言"到"清谈"的演变。

为何会发生这种演变？这是一个很有意思的话题。检索《世说新语》《晋书》《梁书》等文献，可以看出，"清言"一词基本用于对人物才能的描述，最常见的词组是某人"善清言"或"能清言"。如《晋书》中"清言"凡九见，其中直用"清言"三处，"善清言"两处，"善于清言"一处，"能清言"三处。《梁书》中"清言"凡六见，其中"能清言"四处，"工清言"一处，另有一处为"清言"。而在《世说新语》中，表述清谈活动时，更多用的是"谈"。因此，比较而言，"清言"常用于对人物清谈才能的叙述，"谈"则用于对清谈活动的描写。唐代以后，弃"清言"而用"清谈"，这包含两个变化，一是由"谈"变为"清谈"，二是由"清言"变为"清谈"。

首先，"谈"前缘何会加一"清"字？第一，"清"是六朝士人最重要的审美价值之一，相对而言，清谈本身无涉政治与俗务，所谈内容皆为玄之又玄的辩题，并且注重其美学意味，本身就符合"清"的审美意识与价值标准。第二，如上所言，"清谈"一词本身就存在于汉魏六朝，有"空论""雅论"及"清议"等义，这三种意义与以玄学为讨论对象的清谈亦有相关性，在后世对该词语的接受与使用中，对其词义进行压缩，使其成为指代六朝谈玄活动的专用名词，这在语言发展史上是很正常的。

---

① 如，"世隆少立功名，晚专以谈义自业。善弹琴，世称柳公双璨，为士品第一。常自云马槊第一，清谈第二，弹琴第三。在朝不干世务，垂帘鼓琴，风韵清远，甚获世誉。"（《南齐书》卷二十四《柳世隆传》，中华书局，1972，第452页）"前代名士良辰宴聚，或清谈赋诗，投壶雅歌，以杯酌献酬，不至于乱。"（《旧唐书》卷十六《穆宗本纪》，中华书局，1975，第485页）"凡所知友，皆一时名流。或造之者，清谈终日，未尝及名利。或有客欲以世务干者，见缙言必玄远，不敢发辞，内愧而退。"（《旧唐书》卷一百一九《杨倓传》，中华书局，1975，第3437页）"方今国计内虚，边声外震，吾等受上厚恩，安得清谈自高以误世。陶士行、卞望之吾师也。"（《宋史》卷四百一十六《曹应激传》，中华书局，1976，第12481页）

其次，"清言"缘何会变为"清谈"。上面提及，"清言"更多是对人物清谈才能的描述，而后世言及清谈，更多指的是流行于六朝时期的一种文化活动，因此，用"清谈"更为恰当。

二 清谈的起源

关于清谈的起源，学界目前主要有两种观点。

一是清谈起源于清议说，这种观点提出最早，持有者最多。前辈学者如陈寅恪、汤用彤、唐长孺等皆持此论。所谓清议，范晔《后汉书·党锢列传》前言中说："逮桓灵之间，主荒政缪，国命委于阉寺，士子羞于为伍，故匹夫抗愤，处士横议，遂乃激扬名声，互相题拂，品核公卿，裁量执政。"① 汉末士大夫以清流自居，同志结党，批评人物，激扬朝政，与以宦官和外戚为主体的浊流形成对抗。清议人物以所谓的"三君""八俊""八顾""八及""八厨"② 为代表。延熹九年（公元 166 年）和建宁二年（公元 169 年），宦官对党人进行了两次大规模的抓捕与禁锢，是为党锢之祸，党人遭到沉重打击，清议之风遂衰。因此之故，陈寅恪先生指出："大抵清谈之兴起由于东汉末世党锢诸名士遭政治暴力之摧压，一变其指实之人物品题，而为抽象玄理之讨论。"③ 汤用彤先生从知识演变的角度指出："魏初清谈，上接汉代之清议，其性质相差不远。其后乃演变而为玄学之清谈。盖谈论既久，由具体人事以于抽象玄理，乃学问演变之必然趋势。"④ 唐长孺从词义的角度指出："当玄学还没有兴起，老庄之学尚未被重视之先，业已有清谈之辞。所谓清谈的意义只是雅谈，而当东汉末年，清浊之分当时人就当作正邪的区别，所以又即是正论。当时的雅谈与正论是什么呢？主要部分是具体的人物批评，清谈内容也是如此，既非虚玄之谈，和老庄

---

① 《后汉书》卷六七《党锢列传·序》，中华书局，1965，第 2185 页。
② "三君"指窦武、刘淑、陈蕃三人，为"一世之所宗"；"八俊"指李膺、荀昱、杜密、王畅、刘佑、魏朗、赵典、朱寓八人，为"人之英"；"八顾"指郭林宗、宗慈、巴肃、夏馥、范滂、尹勋、蔡衍、羊陟八人，为"能以德行引人者"；"八及"指张俭、岑晊、刘表、陈翔、孔昱、苑康、檀敷、翟超八人，为"能导人追宗者"；"八厨"指度尚、张邈、王考、刘儒、胡母班、秦周、蕃向、王章八人，为"能以财救人者"。
③ 陈寅恪：《陶渊明之思想与清谈之关系》，《金明馆丛稿初编》，上海古籍出版社，1980，第 180～181 页。
④ 汤用彤：《魏晋玄学论稿·读〈人物志〉》，《中国现代学术经典·汤用彤卷》，河北教育出版社，1996，第 669 页。

自无关系。因此如此，所以在初期清谈与清议可以互称；魏晋之后清谈内容主要是谈老庄，但仍然包括人物批评。"① 以上诸人皆认同清谈起于清议，着眼点颇有不同，陈寅恪侧重于外部的压力，汤用彤更看重内在的演变，唐长孺则从词义的角度进行了分析。总之，清谈起于清议之说被普遍接受，影响巨大。

二是清谈起于后汉游谈说。钱穆在 1931 年出版的《国学概论》中指出："东汉之季，士厌于经生章句之学，四方学者，会萃京师，渐开游谈之风。至于魏世，遂有'清谈'之目。"② 牟润孙完成于 1965 年的《论魏晋以来之崇尚谈辩及其影响》一文，承钱穆之说，指出："夫谈辩之风，盛于魏晋，而溯其渊源，盖肇自经学烦芜。"③ 他认为西汉经师即重论辩，而东汉末年之太学生以己意说经，浮华相尚，成为清谈之始，"东汉末谈论之士，如郭林宗、符融诸人皆太学生，议政人伦之外，不守家法，而以己癔说群经之理，故蒙浮华之称，此为谈辩初起时事"④。日本学者冈村繁在 1963 年发表的《清谈的系谱与意义》一文中有了更深入的研究，他不同意清谈起于清议说，提出："古代思潮方面的变迁较之其时政治权力方面的诡谲倏忽的交替远为缓慢。由此可以推测，魏晋清谈的产生之所由理应与桓、灵时代党人们的清议迥然有别，它有着别一种的、更为直接的母胎，这一母胎的脉搏与进行清谈的贵族们悠然生活之气息应当是同步相合的。"⑤ 他从贵族的日常生活切入，追溯了桓、灵以至曹魏时期的交游性谈论，指出清谈和清议是互为表里的两种现象，清谈"发生于知识阶层私人性的交游生活中，在随意轻松的交往气氛中进行，知识阶层人士藉此满足表现才智学识的心理并从中享受乐趣"⑥，并将其溯源至光武帝时代。为此，他区别了两种"清谈"，认为它们同时并行地发展着，"其一开始于后汉末期的灵、献时代，人们将军阀割据地区官长们冷酷的人物评论美称为'清谈'。此后它贯穿于整个魏晋六朝，人们始终将相对于'邪恶'而言的'清高'作为评价人的绝对标准，以此高扬儒教精神。这是一种主要在知识阶层中流行的

---

① 唐长孺：《清谈与清议》，见《魏晋南北朝史论丛》，河北教育出版社，2000，第 277 页。
② 钱穆：《国学概论》，九州出版社，2011，第 139 页。
③ 牟润孙：《注史斋丛稿》（上），中华书局，2009，第 156 页。
④ 牟润孙：《注史斋丛稿》（上），第 174 页。
⑤ 〔日〕冈村繁：《冈村繁全集第三卷·汉魏六朝的思想和文学》，陆晓光译，上海古籍出版社，2002，第 45 页。
⑥ 〔日〕冈村繁：《冈村繁全集第三卷·汉魏六朝的思想和文学》，陆晓光译，第 57 页。

政治性'清谈'（清议）。另一种是起始于更早的大约汉代光武帝时期，它是作为知识人交游生活中传统而形成的主智性谈论。迄至建安魏初，掌握谈论主导权的宫廷贵族将自己超脱俗尘的自由谈论称为'清谈'。至正始之后，贵族们基于其在学问与阶级上的特权观念，将一般社会蔑视为'流俗'，同时将自己的言行炫耀为'清高'。这是一种以贵族阶层中的思潮为基础、以玄学为讨论中心而盛行的消遣性、娱乐性'清谈'（清言）。这两者的前者，其价值在当时强大的贵族门阀体制下变得日益淡薄；而后者则独自在这样的社会构造背景中为贵族文化渲染色彩并蔚成壮观。"① 由此，清谈与清议之间不是起承关系，而是分属两个系统，判然有别。著有《魏晋清谈》一书的唐翼明认为清谈的"远源可以追溯到两汉的讲经"②，近源则是东汉太学的游谈。所谓游谈，即游学和谈论。游谈之风，盛行于汉末太学。唐翼明先生认为这种喜交游，重谈论，不守章句的风气，直接酝酿了稍后出现的魏晋清谈。唐翼明可能受到了冈村繁的影响，不过二人的观点亦略有差异，冈村繁认为清谈是贵族私人生活中的消闲方式之一种，而唐翼明则认为清谈是太学生的游谈所致。

　　当然，关于清谈的起源，还有其他一些观点，因为影响不大，此处不再展开。③ 就以上两种观点，笔者曾经指出："清谈起于清议与清谈起于游谈两说皆有可取，因清议与游谈本就关系亲密，正因太学中盛行游谈之风，才有士夫结党，发起清议之可能。因此，综而论之，从近因看，清谈起于清议，从远因看，起于游谈。"④ 现在看来，这种观点还有待进一步讨论。实际上，任何一种文化现象，它的出现，总是众多合力作用的结果。其中有些条件固然会起到主要作用，但是将其简单地归因于某一种因素，很可能会失之于武断。清谈的产生同样如此，其原因颇为复杂，有其社会基础，如后汉社会结构的变迁，太学的壮大，士大夫清流与宦官浊流的较力，酝酿了一种谈论的社会氛围；有其经济基础，贵族阶层有充裕的经济实力，可以悠闲地开展自视高雅的娱乐活动；有其文化基础，今文经

① 〔日〕冈村繁：《冈村繁全集第三卷·汉魏六朝的思想和文学》，陆晓光译，第 72 页。
② 唐翼明：《魏晋清谈》，人民文学出版社，2002，第 122 页。
③ 如清人刘体仁认为"曹操父子为晋清谈之祖"，他结合曹氏父子的文风趣尚，提出："盖东汉之末，士人好为评论，已开清谈之渐。然非有力者提倡之，则举世尤不能至于波靡。自曹操父子以文章言词相尚，而何晏谈玄之风以起，则晋人清谈，操其不祧之祖矣。"刘体仁：《通鉴劄记》（上），北京图书馆出版社，2004 年影印版，第 208 页。
④ 李修建：《风尚——魏晋名士的生活美学》，人民出版社，2010，第 129 页。

学的没落，古文经学的抬头，"三玄"的勃兴；更远地看，有其文化传统，如先秦诸子的游走谈辩，① 汉昭帝始元六年（公元前 81 年）所召开的盐铁之议，由东方朔所开启的"答客难"文体，② 皆对清谈的产生有间接的影响。

因此，我们不必过于纠结于清谈的具体起源，更应该关注清谈的特质所在。实际上，清谈与清议有着本质上的区别，这突出地表现于参与主体的社会身份以及将其关联起来的意识形态上面。就社会身份言，清议的参与者是"不甚富而有知"的士大夫阶层，有时也包括部分外戚，他们以"清流"自许，对抗的是"富而甚无知"的以外戚宦官为主体的"浊流"。"清"与"浊"的划分，表明了他们是站在正义一方，与邪恶进行较量。"清流"的出身各异，有寒门庶族，有高门大族，还有像窦武这样的外戚，而将他们集结在一起的，正是儒家意识形态。清谈迥然异乎于此，正如冈村繁所敏锐地指出的："它是在各类交友圈子所举行的宴会或欢聚活动中进行，并且时有音乐、赋诗、弹棋等游戏活动相伴；另外，谈论本身也常常显示出浓厚的一争胜负的游戏色彩。"③ 在此，值得留意的是清谈的日常性和游戏性。它的参与主体，基本是门阀士族的贵族们。它没有太多的意识形态色彩，政见不同的贵族，可以坐在一起，清谈雅论。它具有明显的娱乐性，这种娱乐性在正始以后更为明显。正如北齐颜之推所论："直取其清谈雅论，辞锋理窟，剖玄析微，妙得入神，宾主往复，娱心悦耳。"④ "娱心悦耳"之说，可谓把握到了清谈的实质。

---

① 先秦形成了游士阶层，士人为了推行自己的政治主张与思想观点，或者只是为了生计，不得不奔走于各国，一方面要游说君主大臣接受自己的主张，另一方面要与持不同意见的人进行辩驳。前者的典型是苏秦、张仪为代表的纵横家之流。既如儒者孟子，亦为一善辩之人，他曾有"予岂好辩哉，予不得已"的感喟，这或为大多先秦游士的普遍心理。另有一类，如惠施、公孙龙等名家者流，为了使自家思想立足，需要与其他思想派别进行辩论，惠施与庄子的"濠上之辩"可为代表。
② 汉代，有大量"答客难"式的文章，文中设立一主一客，或虚构某些人物，针对特定话题问难辩驳。如枚乘的《七发》，司马相如的《难蜀父老》，扬雄的《解难》《解嘲》等。后汉王充的《论衡》最为典型，他针对当时的思想潮流逐一批驳，陈述自己的观点。观其题目，如"问孔""非韩""刺孟""谈天""说日""答佞""辨祟""难岁""诘术"等，已具清谈之雏形。魏晋时期的笔谈，如嵇康与向秀关于养生的辩驳，一方面是自清谈的背景中催生的，另一方面却也承续了汉代以来"答客难"的传统。
③ 〔日〕冈村繁：《冈村繁全集第三卷·汉魏六朝的思想和文学》，陆晓光译，第42页。
④ 王利器：《颜氏家训集解》卷三《勉学第八》，中华书局，1993，第187页。

三　清谈的场所、形式与内容

在《世说新语》一书这部被称为清谈总汇的著述中，关于魏晋清谈的记载集中于《文学》篇第 6 条至第 65 条。通观这 60 则史料，可以总结出清谈的举行场所、主要形式和基本内容。

如上所言，清谈是六朝贵族在日常生活中所举行的休闲活动，因此，贵族家中是进行清谈的最主要场所。正始时期，身为吏部尚书的何晏时常在家中召集清谈。① 西晋年间，王衍之女嫁给了裴遐，婚后在王衍家中举办了一次宴会，其时名士齐集，郭象与裴遐进行了一次清谈。② 渡江时期，卫玠拜见王敦，在王敦处遇到谢鲲，二人一见投缘，清谈了整晚。③ 东晋初年，王导主持了一次清谈，他与殷浩清谈至半夜，桓温、王濛、王述、谢尚等名士参与了这次盛会。④ 桓温曾召集当时的名流讲解《周易》。⑤ 谢尚、孙盛等人曾到殷浩家中清谈。⑥ 简文帝司马昱喜好清谈，曾多次召集时贤共论。⑦ 这些清谈，基本由最具权势的名流召集，参加者亦为一时彦俊。清谈的发起，有时是专门性的，有时则是在私人性的聚会中，碰到了合适的清谈对象而展开的。"造膝"⑧ 一词，用来指代清谈，同样表明了清谈的私人性与娱乐性。再者，东晋时期，玄佛合流，多位名僧加入了清谈队伍，寺庙遂成为一个清谈的场所。如北来道人曾与支遁在瓦官寺中谈辩，许询与王修曾在会稽西寺论理，王濛曾到建康东安寺与支遁清谈，王修曾与僧意在瓦官寺中问难。此外，当名士们游戏山水之间时，也会进行清谈，如西

① 《世说新语·文学》六："何晏为吏部尚书，有位望，时谈客盈坐。"余嘉锡：《世说新语笺疏》，中华书局，1983，第 196 页。以下引文据此书，不再注明。
② 《文学》十九："裴散骑娶王太尉女。婚后三日，诸婿大会，当时名士，王、裴子弟悉集。郭子玄在座，挑与裴谈。"
③ 《文学》二十："卫玠始度江，见王大将军。因夜坐，大将军命谢幼舆。玠见谢，甚说之，都不复顾王，遂达旦微言。"
④ 《文学》二十二："殷中军为庾公长史，下都，王丞相为之集，桓公、王长史、王蓝田、谢镇西并在。"
⑤ 《文学》二十九："宣武集诸名胜讲《易》，日说一卦。"
⑥ 事见《文学》二十八、三十一。
⑦ 《文学》四十："支道林、许掾诸人共在会稽王斋头。"《文学》五十一："支道林、殷渊源俱在相王许。"
⑧ 《品藻》六十二："郗嘉宾道谢公造膝虽不深彻，而缠绵纶至。"

晋王济、王衍、张华等人曾到洛水游乐，这期间就曾进行清谈。①

　　清谈的形式亦有数种，一般是分为主客两方，主方首先阐述自己的观点（"唱理"），客方提出疑问（"作难""攻难""设难"），然后主方进行辩答，客方再针对其辩答提出新的疑问，如此往返数番，直至一方理屈词穷，则另一方获胜。有时，亦为一人阐述自己的理论，旁边有听众，而没有辩难者。有时，当清谈双方没能很好领会对方的义理，陷入僵局时，听众可以对其加以评析。还有一种形式，发生在东晋，这种形式借鉴了佛教的讲经形式，一人为"法师"，一人为"都讲"。都讲唱出一段经文或者提出一个疑问，由法师进行讲解。

　　还有一种清谈形式，向为学界所忽视，即笔谈。先来看几则事例：

　　　　乐令善于清言，而不长于手笔。将让河南尹，请潘岳为表。潘云："可作耳，要当得君意。"乐为述己所以为让，标位二百许语，潘直取错综，便成名笔。时人咸云："若乐不假潘之文，潘不取乐之旨，则无以成斯矣。"（《文学》七十）

　　　　太叔广甚辩给，而挚仲治长于翰墨，俱为列卿。每至公坐，广谈，仲治不能对。退著笔难广，广又不能答。（《文学》七三）

　　　　江左殷太常父子，并能言理，亦有辩讷之异。扬州口谈至剧，太常辄云："汝更思吾论。"（《文学》七四）

　　狭义上的"清谈"，是指以口语的方式进行的谈论。不过，很可注意的是，在清谈过程中，某些人由于拙于口头表达而言不尽意，或者清谈终了而意犹未尽，会"退而著论"，将其论辩内容以文字的形式书写下来。这些文字是清谈的直接产物，从广义上说，应该视为清谈之一种，可称为笔谈。以此而论，魏晋时期大量往复辩难的文章，如嵇康与向秀就养生问题而写出的系列论文，即是清谈中的笔谈。假若再将视野放大，则魏晋时期出现的玄学论著，如王弼《老子注》《周易注》，阮籍的《易》《老》二论，向郭《庄子注》等，亦是在清谈的氛围中诞生的。

　　清谈的内容相当广泛。简而言之，主要内容是以《老子》《庄子》《易经》为主要文本的玄学，这在正始清谈之中表现尤甚，如有无、言意之辩、

―――――――――

　　① 《言语》二三："诸名士共至洛水戏。"

圣人有情无情等。西晋以后，《庄子》成为主要谈论内容。及至东晋，佛理又融入玄学，成为清谈的重要话题。除此之外，儒家思想中的圣人、名家公孙龙子的《白马篇》、鬼神之有无、梦的来源等，都被引入了清谈。

下表对《文学》篇中所涉清谈的场所、人物、议题做了一个梳理，可兹参考。

《文学》中所涉清谈场所、人物、议题一览表

清谈场所	清谈人物	参与人物	清谈话题	史料出处
何晏家中	王弼（自为主客）	不详	不详	《文学》六
裴徽家中	王弼、裴徽		有无关系	《文学》八
不详	傅嘏、荀粲	裴徽	不详	《文学》九
不详	裴𬱟、王衍	"时人"，具体不详	崇有论	《文学》十二
不详	诸葛宏、王衍	不详	《庄》《老》	《文学》十三
乐广与卫玠家中	卫玠、乐广	不详	梦	《文学》十四
不详	客（具体人物不详）、乐广	不详	旨不至	《文学》十六
不详	阮修、王衍	卫玠	老庄与圣教异同	《文学》十八
王衍家中	郭象、裴遐	当时名士、王裴子弟	不详	《文学》十九
王敦家中	卫玠、谢鲲	王敦	不详	《文学》二十
王导家中	殷浩、王导	桓温、王濛、王述、谢尚	不详	《文学》二十二
不详	谢安、阮裕	不详	白马论	《文学》二十四
不详	刘惔、殷浩	不详	不详	《文学》二十六
殷浩家中	谢尚、殷浩	不详	不详	《文学》二十八
桓温家中		诸名胜、简文帝	周易	《文学》二十九
瓦官寺	北来道人、支遁	竺法深、孙兴公	小品	《文学》三十
殷浩家中	孙盛、殷浩	不详	不详	《文学》三十一
白马寺	支遁、冯怀		庄子·逍遥游	《文学》三十二
刘惔家中	殷浩、刘惔			《文学》三十三
王羲之家中	支遁	孙绰、王羲之	庄子·逍遥游	《文学》三十六
会稽西寺	许询、王修	时诸人士、支遁	不详	《文学》三十八
谢安处所	支遁、谢朗	谢安、王夫人	不详	《文学》三十九

续表

清谈场所	清谈人物	参与人物	清谈话题	史料出处
司马昱斋头	支遁、许询	众人（不详）	维摩诘经	《文学》四十
谢玄居所	支遁、谢玄		不详	《文学》四十一
东安寺	支遁、王濛		不详	《文学》四十二
会稽	支遁、于法开弟子		小品	《文学》四十五
殷浩家中	康僧渊	不详	不详	《文学》四十七
司马昱家中	支遁、殷浩	司马昱	才性论	《文学》五十一
刘惔家中	张凭	王濛、诸贤	不详	《文学》五十三
王濛家中	支遁、谢安	诸贤	庄子·渔父	《文学》五十五
司马昱家中	殷浩、孙盛	王濛、谢尚	易象妙于见形	《文学》五十六
瓦官寺	僧意、王修	不详	圣人有情无情	《文学》五十七
王讷家中	羊孚、殷仲堪	羊辅、王讷之	庄子·齐物论	《文学》六十二
不详	桓玄、殷仲堪	不详	不详	《文学》六十五

论李白绘画美学思想中的"真"

陈　晶*

摘要：在诗画互动频繁的盛唐时期，李白的 25 首涉画诗中不但记录着唐代绘画的风貌，也凝聚着他的绘画美学思想。在李白的涉画诗中，"真"字一共出现了 7 处，这些"真"根据语境显现出不同的含义。本文通过对这七处"真"的考察和分析，总结李白绘画美学思想中"真"的三层含义。李白对"真"的追求，既有继承于顾恺之"形神论"中对艺术形象形态和艺术形象神态的推重，同时又与他诗学理想中对"清真"认可相通，表现为描绘真情真态的艺术作品的认可。

关键词：李白　真　清真　美学思想

唐代是中国封建社会的鼎盛时期，诗画乐舞等皆达到了一个高峰。其间，诗歌艺术和绘画艺术的互动也非常频繁。诗歌用语言文字记载了画家身世、作品收藏、作品风貌、绘画流派等情况，为唐代绘画研究提供了有力的补充。绘画作品中也点染了诗意，而一些绘画理论更是直接影响了诗歌创作。李白杜甫等人的涉画诗更是为这一进程提供了有力的佐证。

根据《李太白全集》，李白共作有 25 首涉画诗，其间对唐代绘画风貌的记载为唐代绘画研究提供了宝贵的史料，同时，李白的涉画诗中也蕴含着他独特的绘画美学思想。其中很重要的一点便是李白对"真"的追求。在李白的涉画诗中，"真"字一共出现了七处，分别为"闻君写真图，岛屿

---

* 陈晶，文学博士，北京外国语大学博士后流动站。

备萦迥"① "图真像贤,传容写发"② "爱图伊人,夺妙真宰"③ "粉为造化,笔写天真"④ "吾族贤老,名喧写真"⑤ "乃得惠剑于真宰,湛本心于虚空"⑥ 和 "五彩图圣像,悟真非妄传"。⑦ 这些"真"出现的语境各不相同,针对的也是不同的绘画作品,但总体来说,有三层含义。

第一层含义的"真"是指艺术形象的真实。简单来说,就是绘画艺术的表现对象要和生活中的对象相似。

李白人物题材的涉画诗提到的人物有伩飞、朱虚侯、范将军、杨利物、吴录事等,这些人物画像都非常生动。《伩飞斩蛟图》中的画面内容是伩飞拔剑斩蛟龙,龙血染红了沧江。《西方净土变相图》和《地藏菩萨图》中的菩萨也面目生动,姿态端庄。时人画像的形貌也和本人非常像。唐代的人物画,以真为艺术准则,时人画像,唯恐画得不像。据王建的《朝天词十首寄上魏博田侍中》第九首中载:"威容难画改频频,眉目分毫恐不真;有诏别图书阁上,先教粉本定风神。"说唐代帝王画像,把画像绘制在书阁上之前,为了防止画得不像,要先形成粉本,选取了满意的粉本后,才能形成图本。山水题材的绘画也有和真山真水相似的,如李白《观元丹丘坐巫山屏风》中写到的巫山屏风中的景色,"苍苍远树围荆门,历历行舟泛巴水。水石潺湲万壑分,烟光草色俱氤氲",⑧ 这与他昔日游览的巫山风光非常类似,⑨ 因此诗人对画大呼:"昔游三峡见巫山,见画巫山宛相似。疑是天边十二峰,飞入君家彩屏里。"⑩ 还有《巫山枕障》中的巫山风光也很有韵味,是秋日的巫山景象:"巫山枕障画高丘,白帝城边树色秋。朝云夜入无行处,巴水横天更不流。"⑪ 李白看到的鸟兽画也很生动,丹顶鹤是"紫

---

① 《求崔山人百丈崖瀑布图》,(清)王琦注《李太白全集》,中华书局,1977,第1137页。
② 《宣城吴录事画赞》,(清)王琦注《李太白全集》,第1320页。
③ 《安吉崔少府翰画赞》,(清)王琦注《李太白全集》,第1320页。
④ 《金陵名僧频公粉图慈亲赞》,(清)王琦注《李太白全集》,第1318页。
⑤ 《李居士赞》,(清)王琦注《李太白全集》,第1319页。
⑥ 《地藏菩萨赞》,(清)王琦注《李太白全集》,第1337页。
⑦ 《地藏菩萨赞》,(清)王琦注《李太白全集》,第1337页。
⑧ 《观元丹丘坐巫山屏风》,(清)王琦注《李太白全集》,第1135页。
⑨ 李白另有《上三峡》《秋下荆门》《自巴东舟行进瞿塘峡登巫山最高峰晚还题壁》《宿巫山下》等描绘巫山真实风光的诗歌,可和李白涉画诗中描绘的巫山风光互为参考。
⑩ 《观元丹丘坐巫山屏风》,(清)王琦注《李太白全集》,第1135页。
⑪ 《巫山枕障》,(清)王琦注《李太白全集》,第1140页。

顶烟蒎，丹眸星皎。昂昂仁眙，霍若惊娇"，① 苍鹰是"若秋胡之攒眉。凝金天之杀气，凛粉壁之雄姿。觜铦剑戟，爪握刀锥"，② 狮子则"森竦眉目，飒洒毛骨。锯牙衔霜，钩爪抱月"。③

第二层含义的"真"是指描绘对象的本真，即对象的精神状态。

重视描绘对象的本真，这来源于魏晋绘画理论中对人物精神面貌的关注。顾恺之是东晋著名画家，佛像、人物、山水、走兽、禽鸟等无一不精，尤其擅长点睛。他的《女史箴图》《洛神赋图》《列女仁智图》等画作在唐代被画家们反复临摹，影响巨大。唐代张怀瓘对顾恺之画评价甚高，云："张僧繇得其肉，陆探微得其骨，顾恺之得其神。"顾恺之还是位绘画理论家，他的《魏晋胜流画赞》《论画》《画云台山记》三篇画论被张彦远收入《历代名画记》中，得以保存。

顾恺之的人物画重视细节，生动传神。顾恺之对画中人物神态的表现十分看重，在《魏晋流画赞》中说《小列女》："刻削为容仪，不尽生气"、④《壮士》："有奔腾大势，恨不尽激扬之态"，⑤ 很为画中人物神态之表现不足而感到惋惜。至于《列士》，他说道："有骨俱，然蔺生恨急烈，不似英贤之概，以求古人，未之见也。然秦王之对荆卿及复大贤，凡此类，虽美而不尽善也。"⑥ 这是在批判艺术画面和人物精神性格严重不符，把蔺相如描绘成一个"急烈"的人，而秦王对荆卿表现出"大闲"的状态也与史实不符。顾恺之提倡"以形写神"，认为"人有长短，今既定远近以瞩其对，则不可改易阔促，错置高下也。凡生人亡有手揖眼视而前亡所对者，以形写神而空其实对，荃生之用乖，传神之趋失矣。空其实对则大失，对而不正则小失，不可不察也。一像之明昧，不若悟对之通神也"。⑦ 这段话重申了他对人物画中人物精神面貌的重视。顾恺之认为，画人的时候，准确地表现人物外形是很重要的，因此他很赞赏《小列女》的人物外形："服章与众物既甚奇，作女子尤丽，衣髻俯仰中，一点一画，皆相与成其艳姿；

① 《金乡薛少府厅画鹤赞》，（清）王琦注《李太白全集》，第 1330 页。
② 《壁画苍鹰赞》，（清）王琦注《李太白全集》，第 1321～1322 页。
③ 《方城张少公厅画狮猛赞》，（清）王琦注《李太白全集》，第 1322 页。
④ 俞剑华：《中国古代画论类编》，人民美术出版社，2004，第 347 页。
⑤ 俞剑华：《中国古代画论类编》，第 348 页。
⑥ 俞剑华：《中国古代画论类编》，第 348 页。
⑦ （唐）张彦远：《历代名画记》卷五，人民美术出版社，1963，第 188～189 页。

且尊卑贵贱之形，觉然易了，难可远过之也。"① 同时他认为人物画中不但精准地描绘人物外形，更要在画中表达出人物的精神面貌，以刻画人物外形来传达人物精神。

如何在绘画中表现人物精神，顾恺之也提出了具体的创作技巧，即注重画中人物眼睛的刻画。他对《伏羲神农》大为赞赏，说"虽不似今世人，有奇骨而兼美好，神属冥芒，居然有得一之想"。② 认为此画人物刻画生动，正因画家对人物眼睛的处理，人物目光深邃，形象超然脱俗。顾恺之的人像画，有一些数年都不点眼睛，正因"四体妍蚩本无关于妙处，传神写照正在阿堵中"。③ 在具体的艺术实践中，顾恺之画瓦棺寺的维摩诘像，在快要完工时才"将于点眸子"，"及开户，光照一寺，施者填咽，俄而得百万钱"。④ 殷仲堪的一只眼睛瞎了，但顾恺之在画他的时候巧妙地进行了艺术处理，"但明点童子，飞白拂其上，使如轻云之蔽日"。此外顾恺之还注重人物精神与周围环境的配合，在画裴楷肖像时，特意在裴楷脸颊上添上三根毛，借助这样的细节，增加裴楷的神态，反映出裴楷内在的才干；在给谢鲲画像时，因为谢鲲喜欢游山玩水，顾恺之干脆把他画在了"石岩之中"。

受其影响，唐人绘人物画，也极力做到传神写照。从李白的《宣城吴录事画赞》中便可窥见一斑，这首诗没有写明画的作者，因此无法考证画家是谁，也许不是大家，但从中依然可看出画家技艺高超，精妙绝伦。诗云："大名之家，昭彰日月，生此髦士，风霜秀骨。图真像贤，传容写发，束带岳立，发朝天阙。岩岩兮谓四方之削成，澹澹兮申五湖之澄明。武库肃穆，辞峰峥嵘。大辩若讷，大音希声。默然不语，终为国桢。"⑤ 这首诗不但写出了画家把吴录事的形容体貌描绘得栩栩如生，还夸赞了画家能于画中表现出吴录事刚毅如华山，澄明如五湖的内在品质。"大辩若讷，大音希声。默然不语，终为国桢"四句则是李白对画中人物精神的解读。这样一幅传神写照的人物画，眉目生动，神态自然，但因为是画像而无声。李白由画中静默的人物联想到现实中吴录事沉默寡言，大方稳重，不露锋芒

① 俞建华：《中国古代画论类编》，第347页。
② 俞建华：《中国古代画论类编》，第347页。
③ 《世说新语会评·巧艺》，第408页。
④ （唐）张彦远：《历代名画记》卷五。
⑤ 《宣城吴录事画赞》，（清）王琦注《李太白全集》，中华书局，1977，第1320～1321页。

的性格，于是如实地反映了这幅画的精妙之处，这就更增添了这幅画的哲学意蕴。

郭若虚《图画见闻志》有这样一则记载："郭汾阳（子仪）婿赵纵侍郎尝令韩干写真，众称其善。后复请昉（周昉）写之。二者皆有能名。汾阳尝以二画张于座侧，未能定其优劣。一日赵夫人归宁，汾阳问曰：何者最似？云二画皆似，后画者为佳，盖前画空得赵郎状貌，后画兼得赵郎情性笑言之姿尔。后画者，乃昉也。汾阳喜曰：今日乃决二子之胜负。于是送锦彩数百疋以酬之。"从这则记载可以看出，唐人对绘画作品的评判标准是不仅要能反映描绘对象的状貌，更要能反映描绘对象的神姿，因此传神写照的肖像艺术在唐代更为世人所赞叹。

来源于魏晋人物画的"传神写照"也被唐人运用到鸟兽画的创作中，因此李白看到的丹顶鹤"紫顶烟艳，丹眸星皎。昂昂伫眙，霍若惊矫"，[1]傲然立于画面之上，宛如突然受到惊动就要腾飞，突出了鹤的卓立不群。他看到的苍鹰是"若秋胡之攒眉。凝金天之杀气，凛粉壁之雄姿。觜铦剑戟，爪握刀锥"，[2]着重刻画了苍鹰神态的凶猛，以致观画的宾客都大惊失色，愕然离席。至于狮子图，李白于诗题中就点明了这幅图表现的是狮子之"猛"。"森竦眉目，飒洒毛骨。锯牙衔霜，钩爪抱月"[3]的狮子正在大吼，震怒的姿态栩栩如生。另据《唐朝名画录》载，天宝开元年间，外国曾献狮子，韦无忝负责作狮子画，画完后把狮子放回本国，以后只要展开这幅狮子画，百兽见之皆惊惧，可见狮子的精神状态也通过画家的妙笔展现了出来。

第三层含义的"真"是指对真情真态的追求。李白涉画诗中表现出来的对真情真态的追求，和他"清真"的美学思想是息息相通的。李白《古风五十九首》（第一首）云："《大雅》久不作，吾衰竟谁陈。《王风》委蔓草，战国多荆榛。龙虎相啖食，兵戈逮狂秦。正声何微茫，哀怨起骚人。扬马激颓波，开流荡无垠。废兴虽万变，宪章亦已沦。自从建安来，绮丽不足珍。圣代复元古，垂衣贵清真。群才属休明，乘运共跃鳞。文质相炳焕，众星罗秋旻。我志在删述，垂辉映千春。希圣如有立，绝笔于获麟。"[4]

---

① 《金乡薛少府厅画鹤赞》，（清）王琦注《李太白全集》，第 1330 页。

② 《壁画苍鹰赞》，（清）王琦注《李太白全集》，第 1321～1322 页。

③ 《方城张少公厅画狮猛赞》，（清）王琦注《李太白全集》，第 1322 页。

④ 《古风五十九首》（第一首），（清）王琦注《李太白全集》，第 87 页。

李白在这首诗中对诗歌发展的历史进行了评述，同时，也旗帜鲜明地提出了自己的诗歌审美主张——清真。李白诗歌的清真美，实则和"清水出芙蓉，天然去雕饰"的质朴明媚，清新自然有着共同的内涵，指向的是对清新自然和天真直率的标举，学术界已经有了丰富的研究成果，[①] 李白的诗歌中，体现清真美的诗句俯拾皆是，如《南陵别儿童入京》："白酒新熟山中归，黄鸡啄黍秋正肥。呼童烹鸡酌白酒，儿女嬉笑牵人衣。高歌取醉欲自慰，起舞落日争光辉。游说万乘苦不早，著鞭跨马涉远道。会稽愚妇轻买臣，余亦辞家西入秦。仰天大笑出门去，我辈岂是蓬蒿人。"[②] 诗句清新自然，一派天真之趣。

和唐代绘画最为紧密相连的李白涉画诗中，也能发现这一重要的美学风格。从描写对象上来看，李白欣赏的绘画作品充满着天然真趣。尊师杜道明先生总结道："李白对于绘画，所喜爱的是'势出天表'的仙鹤，是'雄姿奋发'的猛狮，是'觜铦剑戟，爪握刀锥'的苍鹰，是充满了活力的山水及神彩飞动'卓立欲语'的人物。一句话，他推崇的是真态真情之美。与此相反，李白对那些雍容华贵、刻意雕琢的宫廷绘画却没有表现出多大兴趣，甚至只字未提。这跟他蔑视权贵，平交王侯的性格和推崇'天真'的美学情趣是分不开的。"[③]

因此，李白涉画诗的重点是其对"真"的追求，李白论画，既强调描绘对象的真实，又重视描绘对象精神的传达，还主张描绘对象真情真态的表现。在讨论对"真"的追求时，值得注意的是，最早重视人物状貌和人物精神的当属东晋的顾恺之。顾恺之从自己人物画的创作实践中提炼出了"形神论"，又被宗炳发扬至山水画创作和欣赏中。到了李白，又将"形神论"与自己标举清真的诗歌理想联系在一起，重视对象的"真"。李白绘画美学思想中"真"的三层含义，既有魏晋美学思想的浸润，又有其个体生命经验的显现，体现了他对魏晋画论的继承与发扬。

---

① 如梁森：《李白"清真"诗风探源》，《中州学刊》2005 年第 5 期；王顺贵：《李白对清真诗风的标树和发展》，《船山学刊》2009 年第 4 期等。

② 《南陵别儿童入京》，（清）王琦注《李太白全集》，第 744 页。

③ 杜道明：《清水出芙蓉，天然去雕饰——论盛唐人对真态真情之美的追求》，《新疆大学学报（哲学社会科学版）》2001 年第 4 期。

郭熙的绘画美学思想探究

刘桂荣[*]

摘要：北宋时期著名的画家兼画论家郭熙有着深厚的绘画美学思想，受道家和理学思想的影响，郭熙非常重视创作者审美心性的涵养，认为画家应该养得心胸宽快，意思悦适，强调"敬"的重要性，提出绘画创作必须要注精以一之、神与俱成之、严重以肃之、恪勤以周之，否则就会出现各种弊病；对山水画的审美本质进行了揭示，提出林泉之心的获得为山水画之本意，在"可行、可望、可游、可居"的"四可论"中，提倡"可游可居"的艺术追求；对山水进行整体生命的观照，将自我之心性融入宇宙万物之中，山水画即是自我生命的彰显；提出山水画"三远"的艺术理论，并在"远"的艺术之境中安顿生命。

关键词：郭熙　绘画　山水　生命

郭熙是北宋时期著名的画家和绘画理论家，继承李成画法，善写山水寒林，独步一时。郭熙在创作实践和鉴赏的基础上积淀了深厚的绘画思想，这些思想集中在其子郭思所辑录的《林泉高致集》中，其中关于绘画的审美思想颇有价值。

一　创作者审美心性之涵养

从人之心性和宇宙天地中掘发生命之思，是宋代哲学思想的特点，郭

＊ 刘桂荣，河北大学艺术学院教授，博士生导师。

熙受理学的影响非常强调心性的涵养，郭熙在评论画家创作时多次谈到画家自身心性的涵养问题，如在《画意》言道：

> 世人止知吾落笔作画，却不知画非易事。《庄子》说画史解衣盘礴，此真得画家之法。人须养得胸中宽快，意思悦适，如所谓易直子谅，油然之心生，则人之笑啼情状，物之尖斜偃侧，自然布列于心中，不觉见之于笔下。晋人顾恺之必构层楼以为画所，此真古之达士。不然，则志意已抑郁沉滞，局在一曲，如何得写貌物情，摅发人思哉？假如工人斫琴，得峄阳孤桐，巧手妙意，洞然于中，则朴材在地，枝叶未披，而雷氏成琴，晓然已在于目。其意烦体悴，拙鲁冈嘿之人，见铦凿利刀，不知下手之处，焉得焦尾五声，扬音于清风流水哉？更如前人言："诗是无形画，画是有形诗。"哲人多谈此言，吾人所师。余因暇日，阅晋唐古今诗什，其中佳句有道尽人腹中之事，有装出目前之景，然不因静居燕坐，明窗净几，一炷炉香，万虑消沉。则佳句好意亦看不出，幽情美趣亦想不成。即画之主意，亦岂易及乎？境界已熟，心手已应，方始纵横中度，左右逢原。世人将就，率意触情，草草便得。①

郭熙以庄子的"解衣盘礴"和"易直子谅"之心来阐释画家心胸的一种至境，即涤除心中各种机心意念的羁绊，如明窗净几、一炷炉香而万虑消沉，以澄明透脱之心进行创作，这样人之情状、物之状态即会自然呈现。而这种心胸需要涵养，郭熙对心灵之境的反复强调正是在凸显"养"的重要性。现代新儒家学者徐复观先生对此认为："郭熙在这里主要是说明精神由得到净化而生发出一种在纯洁中的生机、生意；易、直、谅都是精神的纯洁；'子'是爱，爱即是精神中所涵的生机、生意。因为有此一生机、生意，才能把进入到自己精神或心灵中的对象，将其有情化，而与自己的精神融为一体，精神由此而得到解放。同时也即感到自己的精神，'充实而不可以已'，因而要求加以表出。"② 这里，徐复观正是抓住了郭熙思想中的这种融通性，力图从共通性的角度阐释郭熙的思想，这点对于理解郭熙的思

① （宋）郭熙、郭思：《林泉高致》，俞剑华编著《中国画论类编》，人民美术出版社，1986，第640～641页。
② 徐复观：《中国艺术精神》，华东师范大学出版社，2002，第202页。

想具有启示意义。

郭熙的涵养思想中又强调"敬"的重要性，提出了绘画创作必须要做到如下几点：注精以一之、神与俱成之、严重以肃之、恪勤以周之，否则就会惰气强而其迹软懦不决，昏气汩而其状黯猥不爽，轻心挑而其形略不圆，慢心忽而其体疏率不齐，不决则失分解法，不爽则失潇洒法，不圆则失体裁法，不齐则失紧慢法，郭熙认为这是创作者最大的弊病。其自身的创作态度、创作经历正是这种思想的诠释。

郭熙的这种思想受到宋代理学"主敬"涵养理论的影响，二程多次强调这一思想，如"所谓敬者，主一之谓敬。所谓一者，无适之谓一。且欲涵咏主一之义，一则无二三矣"[1]。朱熹承继之并给予高度评价："程先生所以有功于后学者，最是'敬'之一字有力。"[2] 二程认为"主一"即是"敬"，"一"即"无适"，所谓"无适"，朱良志解释为："心无旁虑，念念在兹，湛然凝寂，不染世尘，这种心念至真至诚，可以应接无方，不沾不滞，心如明镜，映彻万物"，"郭熙之画学主敬说正来源于二程之主敬说。"[3] 童书业也认为郭熙的思想是受到理学家思想的影响："郭氏为北宋画院中山水家的特出者，画院的画风尚谨严，所以郭氏又有主敬之论……所谓'注精'、'专神'、'严重'、'恪勤'，都像宋代理学家'主一'、'主敬'之论，这与当代的哲学风气确是相合的。"[4] 郭熙浸润在当时的哲学思想中，受其影响也是自然的事，而且郭熙又是画院领军人物，对理学的参究推崇应该会更着力一些，不过这也并不排除他对道禅思想的吸收和融汇，一方面，绘画艺术本身就是在道禅思想的滋养下创生发展的，另一方面，在宋代，文人士大夫多融汇三家思想而成就一己之言，况且理学家的思想也是在吸纳道禅思想的基础上成就的。

二　山水画审美本质的揭示

郭熙在《山水训》开篇就言道：

---

① （宋）程颐、程颢：《二程遗书》卷15，上海古籍出版社，2000，第216页。
② （宋）朱熹：《朱子语类》卷12，第1册，中华书局，1986，第210页。
③ 朱良志：《扁舟一叶——理学与中国画学研究》，安徽教育出版社，2006，第128页。
④ 童书业：《童书业绘画史论集》，中华书局，2008，第81页。

君子之所以爱夫山水者，其旨安在？丘园养素，所常处也；泉石啸傲，所常乐也；渔樵隐逸，所常适也；猿鹤飞鸣，所常亲也；尘嚣缰锁，此人情所常厌也；烟霞仙圣，此人情所常愿而不得见也。直以太平盛日，君亲之心两隆，苟洁一身出处，节义斯系，岂仁人高蹈远引，为离世绝俗之行，而必与箕颍埒素黄绮同芳哉。《白驹》之诗，《紫芝》之咏，皆不得已而长往者也。然则林泉之志，烟霞之侣，梦寐在焉，耳目断绝。今得妙手郁然出之，不下堂筵，坐穷泉壑；猿声鸟啼，依约在耳；山光水色，滉漾夺目。此岂不快人意，实获我心哉？此世之所以贵夫画山之本意也。不此之主而轻心临之，岂不芜杂神观，溷浊清风也哉！①

郭熙从人之本性、人之情感立论，来探究人们喜爱自然山水之缘由，他认为君子爱夫山水、厌弃尘嚣缰锁是人之情性使然，但在太平盛日、君亲之心两隆的境域下，君子存有节义之心，从而不能离世绝俗、高蹈远游，这样，山水画就成为满足林泉之志的媒介，通过对山水画的审美观照获得心灵的快意和安适。因此，从本质上来讲，山水画的存在价值在于它能使在世人的生命得到安顿和抚慰，以在世之身获以出世之心，在艺术的世界中领受生命本然的畅达和快意，所谓"不下堂筵，坐穷泉壑，猿声鸟啼，依约在耳，山光水色，滉漾夺目"的"快人意""获我心"便是如此。

在此，郭熙从人之本真存在和社会现实存在的张力中来阐释确证山水画的存在价值，以审美层面落实了山水画的精神归处，这就为现实的人找到了在世而出世的路径，通过审美的超越实现对尘世的超越。这种思想是唐代"中隐"思想在宋代的进一步发展，只不过不是借助园林艺术，而是通过山水画的审美观照。郭熙可谓是在儒家的担当与道禅的超越之间为文人士大夫找到了心灵的平衡点，此时，山水画这一艺术形式也就由隐逸者的精神再现转化为在世者的精神家园，宋代的文人士大夫正是在这种艺术世界中安顿着自己的生命。

郭熙的"四可论"更进一步阐明了这种思想："世之笃论，谓山水有可行者，有可望者，有可游者，有可居者，画凡至此，皆入妙品；但可行可望不如可居可游之为得。何者？观今山川，地占数百里，可游可居之处，

---

① （宋）郭熙、郭思：《林泉高致》，俞剑华编著《中国画论类编》，第632页。

十无三四，而必取可居可游之品。君子之所以渴慕林泉者，正谓此佳处故也。故画者当以此意造，而鉴者又当以此意穷之。此之谓不失其本意。"①郭熙在"四可"中推崇"可居可游"之品，并指出创作者和鉴赏者都应当从此处立根基，意是在强调山水画之安顿生命的审美旨归。

郭熙的"林泉之心"从其对作品的审美品评中也可呈现出来，在《画格拾遗》中郭思谈到郭熙为之作《西山走马图》，并依此教导郭思，从中可以看出郭氏父子的审美旨趣：

> 先子作衡州时作此以付思。其山作秋意，于深山中数人骤马出谷口，内人坠下，人马不大，而神气如生。先子指之曰："躁进者如此。"自此而下得一长板桥，有皂帻数人乘欵段而来者，先子指之曰："恬退者如此。"又于峭壁之隈，青林之荫，半出一野艇，艇中蓬庵，庵中酒榼书帙，庵前一露顶坦腹一人，若仰看白云，俯听流水，冥搜遐想之象。舟侧一夫理楫。先子指之曰："斯则又高矣。"②

"躁进者""恬退者"都不是郭熙的最佳选择，而"仰看白云，俯听流水"才是画境之高格，郭熙所言人物之"露顶坦腹"并"冥搜遐想之象"，表明他对那种无所挂碍、自在怡然之心境的向往。郭思对其父这种审美品评的记载同样彰显了他的审美情怀。

三　山水审美之生命观照

作为艺术表现对象的自然山水，在郭熙的视阈中不仅是物理的存在物，更是活泼泼的生命体，他在观照山水物象时贯注以强烈的生命意识，认为绘画创作要将这种生命表现出来。他在《山水训》中提出画山水与画花竹有不同，画山水要"身即山川而取之，则山水之意度见矣"，也就是要融入自然山水之中，感受其生命之意度。

郭熙非常重视对山水的时空把握，他从远近、大小、高下、早晚四时等时空的不同维度观照山水的景致，从而获得不同的美感体验，并依此在

---

① （宋）郭熙、郭思：《林泉高致》，俞剑华编著《中国画论类编》，第 632～633 页。
② （宋）郭熙、郭思：《林泉高致》，俞剑华编著《中国画论类编》，第 647 页。

创作中进行艺术的呈现。如对于山水之川谷，他提出远望、近看皆可，远望以取其势，近看以取其质，而山水之风雨则应远望，近看则不能把握其错纵起止之势，而山水之阴晴则应远望，近看则受到拘狭不能得其明晦隐见之迹。也就是说，山水之不同的景致应以不同的观照方式。

郭熙认为，对自然山水的审美观照应能抓住其风格特点，这样才能创作出具有表现力的艺术作品，如他谈道：

> 山近看如此，远数里看又如此，远十数里看又如此，每远每异，所谓山形步步移也。山正面如此，侧面又如此，背面又如此，每看每异，所谓山形面面看也。如此是一山而兼数十百山之形状，可得不悉乎？①

一山之中也会呈现不同的形态，因此，郭熙提出"山形步步移""山形面面看"，即要求绘画应对所表现的对象有具体细致又全面的把握，这里的"形"应该既包括山之形态，也包括山之形质。

山水之形态各有不同，千变万化，创作者要能够识"山之大体""水之活体"。

> 山大物也，其形欲耸拔，欲偃蹇，欲轩豁，欲箕踞，欲盘礴，欲浑厚，欲雄豪，欲精神，欲严重，欲顾盼，欲朝揖，欲上有盖，欲下有乘；欲前有据，欲后有倚，欲上瞰而若临观，欲下游而若指麾。此山之大体也。水活物也，其形欲深静，欲柔滑，欲汪洋，欲回环，欲肥腻，欲喷薄，欲激射，欲多泉，欲远流，欲瀑布插天，欲溅扑入地，欲渔钓怡怡，欲草木欣欣，欲挟烟云而秀媚，欲照溪谷而光辉，此水之活体也。②

山水的形态如人之百态，不同的形态会呈现不同的精神气质，所以，郭熙这里实际上强调表现山水之风格百态，要彰显出其精神气韵。郭熙也从山之高下的角度阐释山之结构布局，提出绘画创作应避免"高山而孤"，

---

① （宋）郭熙、郭思：《林泉高致》，俞剑华编著《中国画论类编》，第635页。
② （宋）郭熙、郭思：《林泉高致》，俞剑华编著《中国画论类编》，第638页。

"浅山而薄"的问题，目的即要保证神气的透发。

对山水时间维度的审美观照也是郭熙所强调的，山水有"朝暮之变态不同"，更有四时的景象变换，"真山水之云气，四时不同：春融怡，夏蓊郁，秋疏薄，冬黯淡。画见其大象，而不为斩刻之形，则云气之态度活矣。真山水之烟岚，四时不同：春山澹冶而如笑，夏山苍翠而如滴，秋山明净而如妆，冬山惨淡而如睡。"[①] 山水云气随着春夏秋冬四时的变化会呈现不同的审美特点，郭熙强调画家要把握这种特点，将真山水呈现出来，"画见其大意而不为刻画之迹"。郭熙还谈道："春山烟云连绵人欣欣，夏山嘉木繁阴人坦坦，秋山明净摇落人肃肃，冬山昏霾翳塞人寂寂。看此画令人生此意，如真在此山中，此画之景外意也。见青烟白道而思行，见平川落照而思望，见幽人山客而思居，见岩扃泉石而思游。看此画令人起此心，如将真即其处，此画之意外妙也。"[②] 郭熙强调画之景外意、画之意外妙，也就是说，这种画意是人之精神意识，人之生命情趣的体现，画中山水即是人的生命精神的显露，是人之情感的诉说和生命理想的诉求。

郭熙将画之山水作为生命的整体来呈现，在山水画的经营位置上，他提出：

> 山以水为血脉，以草木为毛发，以烟云为神彩。故山得水而活，得草木而华，得烟云而秀媚。水以山为面，以亭榭为眉目，以渔钓为精神，故水得山而媚，得亭榭而明快，得渔钓而旷落。此山水之布置也。[③]
>
> 山无烟云，如春无花草。山无云则不秀，无水则不媚，无道路则不活，无林木则不生，无深远则浅，无平远则近，无高远则下。[④]

郭熙以审美的视角来阐释山水的经营位置，虽是着眼于绘画技法，但从中可以看出支撑这种技法的根据是强烈的生命意识和审美趣味。这就将绘画从工匠的技术的层面发展为人之精神的审美的层面，从实用的功能性价值向自我心性表达的人文价值的转变。

---

① （宋）郭熙、郭思：《林泉高致》，俞剑华编著《中国画论类编》，第 634 页。
② （宋）郭熙、郭思：《林泉高致》，俞剑华编著《中国画论类编》，第 635 页。
③ （宋）郭熙、郭思：《林泉高致》，俞剑华编著《中国画论类编》，第 638 页。
④ （宋）郭熙、郭思：《林泉高致》，俞剑华编著《中国画论类编》，第 639 页。

徐复观曾就郭熙的这种思想阐述道："山水之所以会成为艺术家描写的对象，主要是因为'掇景于烟霞之表'，'发兴于溪山之巅'，而发现其'奇崛神秀，莫可穷奇要妙'。即是能在自然中发现出它的新生命。而此新生命，同时即是艺术家潜伏在自己生命之内，因而为自己生命所要求、所得以凭藉而升华的精神境界。自然的新生命，是由美的观照所发现出来的。"①郭熙通过对自然山水的审美观照，来赋予自然山水一种生命精神，并通过绘画艺术来呈现彰显这种精神，画家创作的过程也是自我生命发现和显露的过程。

四 "三远"中的人生意境

郭熙在中国画史上明确阐发了"三远"的绘画思想，并依此作为品评画作的艺术标准，他言道：

> 山有三远：自山下而仰山颠谓之高远，自山前而窥山后谓之深远，自近山而望远山谓之平远。高远之色清明，深远之色重晦，平远之色有明有晦。高远之势突兀，深远之意重叠，平远之意冲融而缥缥缈缈。其人物之在三远也，高远者明了，深远者细碎，平远者冲淡。明了者不短，细碎者不长，冲淡者不大。此三远也。②

郭熙提出的画之"三远"，是画面的三种视觉形式，他从视觉的位移和着眼点的不同来阐发画面效果和审美特征。但郭熙的"三远"不仅仅是从形式技法上来阐释，更为根本的是他所开显的绘画境界。

山水画中的"远"的观念可以追溯到魏晋时期，"远"意味着对世俗的超越，对理想的企盼，"远"总给人以心灵的希冀，这种希冀牵引着世俗的人不断填充生存的动力，它构成一种光源，安顿着人们的性灵，建构着生命的意义，从而超越有限之此岸，期许着彼岸的到达。这是一种对人之在世状态的艺术呈现和反思，是将人之生命放置于苍茫宇宙之中，从超越的视角进行生命的观照。

---

① 徐复观：《中国艺术精神》，第 203 页。
② （宋）郭熙、郭思：《林泉高致》，俞剑华编著《中国画论类编》，第 639 页。

郭熙的"高远""深远"和"平远"都是如此，只不过反映的人之在世状态不同，人生之意境不同。郭熙所言"高远之色清明""高远之势突兀"，所以，高远者明了；"深远之色重晦""深远之意重叠"，所以，深远者细碎；"平远之色有明有晦""平远之意冲融而缥缥缈缈"，所以，平远者冲淡。在"三远"之中，郭熙更推崇"平远"之境，因为"冲淡"的画境不会有"高远""深远"给人心灵造成的起伏动荡，而是能够使人在冲融绵渺中放飞理想，体验人生的幻化，更能给人以性灵的安适平和，这种画境更合乎当时文人士大夫的审美情趣和心理诉求。

郭熙常以"平远"来品评画作，在《画格拾遗》中评《烟生乱山》言道："生绢六幅，皆作平远，亦人之所难。一障乱山几数百里，烟嶂联绵，矮林小宇，依稀相映，看之令人意兴无穷，此图乃平远之物也。"① 他认为"平远"之境的创作是比较困难的，而这种画作能够让人"看之令人意兴无穷"，也就是能够使人有无边的想象，超越有限的存在而通达无限，这里道出了画之要妙所在。他评《朝阳树梢》："缣素横长六尺许，作近山远山。山之前后，神宇佛庙，津渡桥梁，缕分脉剖，佳思丽景，不可殚言。惟是于浓岚积翠之间，以朱色而浅深之。自大山腰横抹，以旁达于向后平远林麓，烟云缥缈，一带之上，朱绿相异，色之轻重隐没相得，画出山中一番晓意，可谓奇作也。"② 称此"平远"之作为"奇作"，从中可见郭熙的嘉许之意。

这种"平远"的思想和画风得到了当时人们的认同，苏轼有《郭熙秋山平远》二首、《郭熙画秋山平远》一首，苏辙有《次韵子瞻题郭熙平远二绝》，黄山谷和文彦博也有赞郭熙"平远"画境的题画诗，这表明他们与郭熙一样，对冲淡平和的审美之境都是非常推崇的。

韩拙根据郭熙的"三远"进一步提出"阔远""迷远"和"幽远"。不论是从山水画的审美观念上，还是从创作实践上，郭熙的这种思想对后世都有深远的影响。

---

① （宋）郭熙、郭思：《林泉高致》，俞剑华编著《中国画论类编》，第 646 页。
② （宋）郭熙、郭思：《林泉高致》，俞剑华编著《中国画论类编》，第 646 ~ 647 页。

书坊出版业与宋诗审美趣味嬗变

尚光一 *

摘要： 宋代图书出版业十分兴盛，特别是书坊出版业形成了成熟的运营模式，包括经营方式、品牌战略、市场定位和宣传营销四个方面。宋代书坊出版业对宋诗审美趣味产生了深远影响，是促使宋诗审美俗趣凸显的关键性力量。

关键词： 书坊　出版业　宋诗　审美趣味

一　宋代图书出版的业态嬗变

宋代，全国各地的图书出版业十分兴盛，已初具规模。当时所出版的图书，内容涵盖了儒家经典、佛教文献、道教学说、天文、地理、数学、医学、农业、工业、诗词、小说、历史、文集等类型。特别是，由于雕版印刷术的普及和活字印刷术的推广，民营出版机构——书坊迅速发展起来。并且，许多书坊形成了囊括编辑、出版、发行等环节的完整产业链条。除编刻功能外，由于书坊本身兼具发行销售的功能，因而也被称作书肆、书铺、书堂、书馆、书籍铺、经籍铺等。随着书坊出版业的繁荣，杭州、成都、建安逐渐成为刻书和书籍交易中心。

就出版形式而言，宋代图书出版业有官刻、私刻和坊刻三种。其中，

* 尚光一，文学博士，福建师范大学文学院文化产业系讲师、硕士生导师，中国新闻出版研究院海峡分院特约研究员。

官刻图书主要通过政府发行。例如，作为最高学府、国家教育管理机关和全国出版管理机构，国子监是中央官刻出版机构的代表。其下设的印书钱物所（后更名为书库官）专门负责刻印经史类图书，既向国家提供图书，也采用市场机制向社会售书，而且"国子监出书注重质量，镂版前都经过专门的校勘和整理。其刻书内容除了翻刻五代监本十二经外，又遍刻九经的唐人旧疏和宋人新疏"。① 除刻印经史类图书外，国子监也刻印了《脉经》《千金要方》《千金翼方》《补注本草》等众多医学类图书，以及类书、算书、文选等。同时，除国子监外，中央官刻出版机构还有秘书监、崇文院、太史局、校正医书局等。其中，秘书监掌管古今经籍图书、国朝实录、天文历算等，太史局印历所侧重刻印天文历算方面的专业性图书。另外，宋代地方政府也刻印发行图书，地方官刻是宋代官刻出版业的重要组成部分，据考证，"在中央各殿、院、监、司、局刻书风气的带动下，各级地方政府也竞相刻书。宋代各州（府、军）县均有刻书；各路安抚司、转运司、提刑司等也都有刻本传世。就连接待安寓往来官员的公使库，也常设有印书局以刻印书籍"，而且由于地方官刻往往请知名学者担任校勘，出版质量也属上乘。总体上看，宋代官刻出版机构出版的图书装帧考究、纸墨精良，因而深受欢迎，不仅广泛流通于国内市场，而且远销海外，例如高丽国王曾多次派遣使节向宋朝政府求购书籍。同时，相对于前代，私刻在宋代也更为流行，例如临安附近的衢州、婺州等地区的私刻出版业就十分发达。《新编四六必用方舆胜览》所载两浙转运司谍文称：②

　　据祝太傅宅干人吴吉状：本宅见雕郡志名曰《方舆胜览》《四六宝苑》两书，并系本宅进士私自编辑，数载辛勤，今来雕版所费浩瀚，窃恐书市嗜利之徒辄将上件书版翻开，或改换名目，或以节略舆地纪胜览等书为名，翻开攘夺，致本宅徒劳心力，枉费钱本，委实切害。照得雕书合经使台申明，乞行约束，庶绝翻版之患。乞给榜下衢、婺州雕书籍处张挂晓示，如有此色，容本宅陈告，乞追人毁版断治施行。奉台判备榜须至指挥。右今出榜衢、婺州雕书籍去片张挂晓示，各令知悉，如有似此之人，仰经所属陈告追究，毁版施行。故榜。嘉熙二年

① 宋德金，张希清：《中华文明史》卷6，河北教育出版社，1994，第601页。
② 日本宫内厅书陵部藏书：《新编四六必用方舆胜览》，见王仲尧编《文化市场与管理》，黑龙江人民出版社，2002，第37~38页。

(1238 年) 十二月　日榜，衢、婺州雕书籍去片张挂。转运副使曾名押。

该文被学界称为现存最早的保护版权文告。文中提及当时盗版风行的严重情况，不过从另一个视角也可见当地私刻出版业的繁荣。不过，从宋代图书出版业的整体情况来看，三种出版形式中，官刻和私刻都非主流，经营坊刻的书坊才是宋代出版业的真正主力。

就发行方式而言，一方面，宋代流动售书模式大量出现。宋代图书出版业之所以繁荣，原因之一就是得到了流动售书模式兴起的有力促进。宋代，许多流动书商通过肩挑等方式，穿梭于城市乡村之间，沿途叫卖或长途贩运，直接促使了图书流通，例如南宋藏书家陈振孙就曾在路旁旧书摊"重金购得五代刻本的《九经字样》"。[①] 另一方面，图书销售也是宋代集市贸易的重要组成部分。据记载，宋代集市贸易中大多有图书销售，例如《东京梦华录》卷三《相国寺内万姓交易》载，大相国寺庙会"每月五次开放万姓交易……殿后资圣门前，皆书籍、玩好、图画及诸路罢任官员土物香药之类"[②]，是当时全国最著名的图书集散地。南宋时，会稽是浙东繁华的中心城市，每年定期举行大型商品交易集会，其中就有图书销售，《会稽志》卷七《府城》载："岁正月几望，为灯市，傍十数郡及海外商估皆集，玉帛、珠犀、名香、珍药、织绣、髹藤之器，山积云委，眩耀人目；法书、名画、钟鼎、彝器、玩好、奇物亦间出焉。士大夫以为可配成都药市。"[③]

二　宋代书坊出版业的运营模式

书坊在宋代一般是刻书兼卖书的坊店综合体。作为宋代图书出版业的主力，书坊在当时演化出较为成熟的运营模式，例如临安睦亲坊陈起父子书籍铺、建安余氏刻书世家都有着很高的知名度，是有着良好市场信誉的品牌出版机构。当时，直接售书的发行模式十分流行，是书坊最主要的运营模式。在宋代，书坊往往集编辑、刻印、出版、发行于一体，图书刻印后往往由书坊附属的铺子直接发行销售，例如北宋首都汴梁，其市区遍布书坊，尤其宫城附近及城东北、东南主要街道附近集中了大量书坊。据

---

① 谢彦卯：《宋代图书出版业初探》，《河南图书馆学刊》2003 年第 4 期。
② （宋）孟元老：《东京梦华录》，中国商业出版社，1982。
③ （宋）施宿等：《会稽志》，文渊阁四库全书本。

《东京梦华录》卷三《寺东门街巷》载，相国寺东门大街"皆是幞头、腰带、书籍、冠朵铺席"。南宋首都临安也是如此，市区遍布书坊，除刻印出售佛经外，还包括经史子集以及俗文、杂书等，例如贾官人经书铺、张官人诸史子文籍铺、太庙前尹家经籍铺等，都是当时知名的批发兼零售书坊，在当地图书出版界享有很高威信。据统计，南宋临安的书坊多达 16 家，往往在市区繁华地段，如睦亲坊陈起父子书籍铺、沈二郎经坊、俞宅书塾等，其中睦亲坊陈起父子书籍铺不到 50 年时间几乎刻遍了唐宋人诗文集和小说，尹家经籍铺出版了许多小说和文集，而贾官人经书铺和王念三郎家书坊则专刻佛经，所出版的《佛国禅师文殊指南图赞》（贾官人经书铺）和连环画《金刚经》（王念三郎家书坊）都是当时市场口碑良好的精品。在这一背景下，"迅速成长和繁荣起来的都市书坊市场，对于宋代的文学风尚、文学趣味甚至文学发展趋向，都渐渐通过出版和传播特定范围和扩展新的出版作品范围，而开始施展自己的影响"，① 甚至书坊出版业本身就被许多宋诗直接描述，例如陈藻《赠许秀才》记述了一个集"编刻售"于一体的书坊世家。

> 祖工俪句集刊行，业贩儒书乃父能。
> 莫耻向人佣作字，世禅文教后须兴。
> ——陈藻《赠许秀才》，见《乐轩集》卷三②

具体而言，宋代书坊出版业运营模式涉及经营方式、品牌战略、市场定位和宣传营销四个方面。首先，经营方式方面，书坊经营灵活，书籍可借可赊。例如南宋著名的书商陈起，在临安睦亲坊棚北大街开设了书坊，也称"芸居楼"或"万人楼"，主编过《江湖集》。他的书坊集编书、印书、卖书于一身，主要刊刻出售诗集，而且经营形式灵活，可办理图书借阅和赊欠业务，时称"成卷好诗人借看"（杜耒《赠陈宗之》）、"赊书不问金"（黄简《秋怀寄陈宗之》）。当时许多诗人都曾写诗称赞他，这些诗同时也通过书坊刊印发表，如下：

> 陈侯生长纷华地，却以芸香自沐熏。

---

① 刘方：《宋代两京都市文化与文学生产》，上海师范大学出版社，2008，第 213 页。
② 《文渊阁四库全书电子版》，迪志文化出版有限公司，2007；本文以下诗文皆出自此。

炼句岂非林处士，鬻书莫是穆参军。

　　　　　　——刘克庄：《赠陈起》，见《后村集》卷七

官河深水绿悠悠，门外梧桐数叶秋。
中有武林陈学士，吟诗消遣一生愁。

　　　　　　——叶绍翁：《赠陈宗之》，见陈起《两宋名贤小集》
　　　　　　　　　　卷二六〇《靖逸小集》

十载京尘染布衣，西湖烟雨与心违。
随车尚有书千卷，拟向君家卖却归。

　　　　　　——叶绍翁：《赠陈宗之》，见陈起《两宋名贤小集》
　　　　　　　　　　卷二六〇《靖逸小集》

六月长安热似焚，廛中清趣总输君。
买书人散桐阴晚，卧看风行水上文。

　　　　　　——许棐：《赠陈宗之》，见《梅屋集》卷一

　　其次，品牌战略方面，从现存书坊出版的图书来看，大都明确标示了品牌，有意识运用品牌战略。一般来说，在市场上，品牌是一种名称、术语、标记、符号或设计，或者是它们的组合运用。通过品牌，可以使消费者辨明其是某个销售者或某些销售者的产品和服务，并同竞争对手的产品和服务相区别。对一家书坊而言，品牌对其生存发展有着重要意义。第一，品牌是书坊的无形资产。在市场竞争激烈的情况下，不同书坊的图书种类、图书质量、销售服务的差异不大，品牌成为消费者选择图书时的主要依据。出版业的竞争在某种意义上就是品牌竞争，品牌竞争力是书坊利润的主要源泉。第二，品牌有助于树立良好的书坊形象，从而极大地、稳定地扩大图书的销售。第三，品牌作为图书质量和书坊信誉的代表，可以起到良好的广告宣传作用。在一千年前，宋代书坊已经有意识地运用品牌策略，为抢占图书出版业提供支撑，例如尹家经籍铺所出图书均有"临安府经籍铺尹家刊行"字样，展现出鲜明的品牌意识。同时，也因其品牌策略运用得当，各地书商和读者往往蜂拥于这些书坊。尤其是临安城北丰乐桥至棚桥一带书铺林立，是当时最大的出版集聚区，放大的品牌效应进一步吸引各

地书商前来贩运图书。地方上的书坊同样注重品牌建设，例如南宋时的建阳，朱熹《晦庵集》卷七十八评论道："建阳版本书籍，行四方者，无远不至。"① 该地书坊运作模式成熟，编辑、刻工、印工齐全，雕版、印刷、装订分工细致，所出版的图书名目新、刻印快、行销广，并且"肆主为吸引读者，还常常在版刻形式上刻意翻新，如经与注疏合刊、加书耳以及上图下文等，都属坊间的艺术创新"②。

再次，市场定位方面，为了在激烈的市场竞争中生存，书坊自觉以市场为导向，为降低出版发行成本、使图书便于携带运输，尽量挤紧版式、压缩册数，并创造出一种适宜于密排的、粗细线分明的瘦长字体。同时，书坊紧密围绕市场需求和大众审美趣味，出版发行了大量医卜星相书和日用百科全书，例如《家居必用》《事林广记》等，从而彰显出明确的市场定位。

最后，宣传营销方面，除了常规手段，书坊还往往通过附在书中的刊记来进行市场宣传，例如阮仲猷种德堂本《春秋经传集解》刊记：

> 谨依监本写作大字附以释文，三复校正刊行，如履通衢，了亡窒碍处，诚可嘉矣。兼列图表于卷首，迹夫唐虞三代之本末源流，虽千岁之久豁然如一日矣，其明经之指南欤。以是衍传愿垂清鉴。淳熙柔兆君滩中夏初吉，闽山阮仲猷种德堂刊。

但就编校质量而言，该书讹误很多，甚至连刊记本身的"了亡窒碍处"的"窒"也错写成"室"，但即使如此刊记仍说是"三复校正刊行"，并自夸"其明经之指南欤"。本篇刊记实际上是一则商业性广告，甚至还对消费者进行了虚假宣传。不过，这也从一个侧面反映出宋代书坊出版业宣传营销理念的灵活与手法的成熟。

三　宋代书坊出版业对宋诗审美趣味的影响

文学的美学趣味会受到产业形态的深刻影响，正如马克思所言："当艺术一旦作为艺术生产出现，它们就再不能以那种在世界史上划时代的、古

---

① （宋）朱熹：《晦庵集》，文渊阁四库全书本。
② 宋德金、张希清：《中华文明史》卷6，河北教育出版社，1994，第601~602页。

典的形式创造出来。"① 如果基于当代文化产业视角进行回望，众多宋诗的审美趣味其实受到了书坊出版业的深刻影响，凸显出"俗"的特征。与官刻和私刻出版机构刻印诗歌侧重于宏大叙事和艺术品质不同，书坊刻印诗歌重在追求经济效应，对宋诗所呈现的审美俗趣有着直接影响。特别是，自古以来，众多市民群体对儒家经典、学术思辨、科举读物兴趣淡漠，阅读诗歌更多是出于娱乐消遣的需求。基于这一考量，宋代书坊出版业倾向于刻印描写日常生活、语言平易通俗、适合大众口味的诗歌，因而对诗歌审美俗趣的凸显产生了直接的、关键性影响。正如有论者所说："当下之人，写当下身边日常生活之事，虽然在传统批评家眼中，认为立意不高，少写重大题材，语言上也少锤炼而比较通俗、粗糙等等，然而，这些却恰恰符合了和满足了新兴的广大都市市民阶层消费者的精神消费需求。以日常生活的语言书写普通百姓日常生活的酸甜苦辣、生活百态，语言浅近、平易，甚至是幽默、风趣乃至有些油滑，虽然为士大夫所鄙夷，却恰恰是市民百姓所深爱。"② 这些被书坊出版的宋诗，美学风格呈现浅显明了、日常化、世俗化的特点，例如下面的这些描写日常生活场景的诗句：

> 雨中奔走十来程，风卷云开陡顿晴。
> 双燕引雏花下教，一鸠唤妇树梢鸣。
> 烟江远认帆樯影，山舍微闻机杼声。
> 最爱水边数株柳，翠条浓处两三莺。
>
> ——赵汝燧：《途中》，见《野谷诗稿》卷六

> 陇首多逢采桑女，荆钗蓬鬈短青裙。
> 斋钟断寺鸡鸣午，吟杖穿山犬吠云。
> 避石牛从斜路转，作陂水自半溪分。
> 农家说县催科急，留我茅檐看引文。
>
> ——赵汝燧：《陇首》，见《野谷诗稿》卷六

> 野巫竖石为神像，稚子搓泥作药丸。

---

① 《马克思恩格斯选集》，人民出版社，1995，第28页。
② 刘方：《宋代两京都市文化与文学生产》，第220~221页。

柳下两姝争饷路，花边一犬吠征鞍。

　　　　——乐雷发：《常宁道中怀许介之》，见《雪矶丛稿》卷三

庭草衔秋自短长，悲蛩传响答寒螿。
豆花似解通邻好，引蔓殷勤远过墙。

　　　　　　　　——高翥：《秋日》，见《菊润小集》

儿童篱落带斜阳，豆荚姜牙社内香。
一路稻花谁是主，红蜻蜓伴绿螳螂。

　　　　——乐雷发：《秋日行村路》，见《雪矶丛稿》卷四

　　可以看出，同样描摹村居生活，书坊刻印的诗歌，不同于士大夫山水诗那样高蹈出世，也不同于文人田园诗那样情调高雅，其中所展现的意象多是农夫、樵夫、村娃、采桑女等的普通生活，氤氲着浓浓俗趣和生活气息。无论是"荆钗蓬鬓短青裙"这样的采桑女，还是"农家说县催科急"这样的俗事，通常都不会作为高雅诗歌的素材，更何况"两姝争晌路""一犬吠征鞍"这样凡俗的景象。但是，描绘这些实实在在、普通平常的生活图景深受大众欢迎，因而成为书坊刻印诗歌的首选，由此彻底革新了对诗歌谁来写、潜在读者是谁、为什么目的而写等问题的思考。
　　再如下面这些充满口语的诗句：

路从平去好，事到口开难。

　　　　　　　　——释斯植：《自谓》，《江湖小集》

闲时但觉求人易，险处方知为己深。

　　　　　　——施枢：《书事》，见《芸隐倦游稿》

不随不激真吾事，乍佞乍贤皆世情。

　　　　——赵汝绩：《送荷渚归越》，见《江湖后集》卷七

惯经世态知时异，拙为身谋惜岁过。

　　　　——陈必复：《江湖》，见《江湖后集》卷二十三

　　诗句通俗若此，宛如信口而出，直观反映出书坊选刻诗歌时的美学倾向，也对宋诗审美趣味产生了直接而微妙的影响。

　　总之，书坊出版业对宋诗审美趣味有着深刻影响。正如《宋代文人与文化娱乐市场》一文指出："特别是那些和市场联系更为紧密的、靠市场过活的下层文人如书会才人、杂剧作家等，追求市场效应就更是压倒性的考虑了。这种影响，在宋代已经渐渐明显，而在以后的社会中，发生的作用则更为积极和重大。"① 可以说，宋代书坊出版业是宋诗审美趣味变迁的一种重要力量，直接促成了宋诗审美俗趣凸显的现实。基于当代文化产业视角来审视，可以清晰透视出业态发展与美学嬗变之间幽微而深刻的关联，而宋诗审美俗趣凸显这一历史景观，则不仅对宋代美学研究颇有价值，也对当代美学思辨不无启示。

---

　　① 韩田鹿：《宋代文人与文化娱乐市场》，《河北大学学报》（哲学社会科学版）2007 年 2 月。

李渔的生活美趣

刘红娟*

　　摘要：李渔作为明末清初一位具有独特个体性的文人，他的身上带有明显的末世烙印，明代晚期的政治、经济、文化以及社会习俗都在他身上留下了或明显或不明显的痕迹。在文章中作者首先分析了李渔生活美趣产生的社会背景以及他漂泊的一生，之后分别分析了李渔的女色之趣、园林之趣和养生之趣。
　　关键词：末世　女色　园林　养生

一　末世遗民的漂泊人生

　　李渔（1611～1680），浙江兰溪人，原名仙侣，自谪凡，又字笠鸿，号天徒，又号笠翁，别署觉世稗官、随庵主人、湖上笠翁等，是明末清初的一位文人，有着坎坷的人生遭际，有着数量巨大的著作，也有着身后的毁誉参半的评判，更有所谓身兼数家的特殊才情：戏剧理论家、戏剧作家、小说家、诗人、词人、出版家、造园艺术家、工艺美术家、美容家、装饰艺术家等。

　　李渔的一生经历了明清的朝代更替，以他70年的生命来计算的话，1644年改朝换代之际他已经是一位34岁的成年人，他整个的前半生处于晚明社会，是一位"末世遗民"，后半生36年的创作成名、四处"打抽丰"

---

　　* 刘红娟，文学博士，北京市文汇中学一级教师。

则是在清朝统治的初期。他的思想、情感、品格、审美趣味和生活方式等并不完全是他个人主观选择的结果，更多的是他所生活的那个特定时代政治、经济、文化、生活等的产物。

从政治上来看，李渔34岁之前经历了晚明时期四位君主的统治：万历皇帝朱翊钧严重"怠工"的最后十年、仅在位一个月就因"红丸案"去世的朱常洛、在位七年却只对做木工活感兴趣的朱由校、明代最后一位君主崇祯皇帝朱由检。在这34年中间，皇权的频繁更迭带来的是政治局面的混乱不堪，宦官当政和文武官员的私人党派之争超过了历史上的任何时期。晚明庙堂的混乱，使得那些正直且想要有所作为的文人们没有了施展自己文韬武略的机会，他们便通过其他渠道来寻求精神上的慰藉和满足，于是不约而同地把注意力转向了世俗生活的追求上来，或怡情自足，或行乐纵欲，或求禅问道，或兼而有之。李渔作为当时远离庙堂的文人群体中的一员，不自觉间也走向了这一路径。

从经济和文化上来看，李渔出生的前后时期，即万历晚期是南方经济得到长足发展的时期，自然灾害的减少和流动人口的增加，壮大了商人群体。制作技术的发展又使群体间的分工合作成为可能，各种类型的小作坊式生产方式在江南地区流行开来，被后世认为出现了资本主义经济的萌芽。在思想文化界，宋明理学的钳制遭到反思和清算，带有思想解放特质的学说兴起，比如阳明心学，泰州学派，袁宏道、李贽等人的思想。与思想的解放相伴随的是对人类本能欲望的肯定。于是诞生了一种新的不安现状的文化，它鄙视权威、唯利是图、喜新厌旧、崇尚平等，它的每一个毛孔都散发出商业的气息，它的每一根血管都涌动着对金钱和人生欲望的渴求，刻意追求奢华的生活享受和当下的惬意满足。李渔这一类文人们对这种现象看得很清楚，但那个时代剥去了他们身上本应该具有的批判精神，所以他们普遍采用的方式是拥抱和投入这种生活，用自己的文化资本去为这种新的生活喝彩和推波助澜，并从中谋求各种利益。

从日常生活上来看，富裕起来的人们追求衣、食、住、行的精致化和文雅化，文人群体则是流行风潮的引领者，一方面与经济地位有关，另一方面也由其自身的文化教养所决定，他们比普通民众受过更多的文化熏陶，也更具有发言权。有钱又有权的文人们精心经营自己与众不同的精美生活，没有这种经济条件的文人则去"帮忙或帮闲"，帮助那些富有的人们用比较诗意的方式消费掉多余的钱财。李渔便是其中比较典型的"帮闲"文人。

　　李渔的一生是漂泊的一生，他的漂泊是明清换代的时代背景所决定的，也是李渔的性格、个性所决定的。在传统儒家文化的熏陶下，青少年时期的李渔是一个踌躇满志，以天下为己任的学子，大有一展宏图、廓清宇宙的架势。但是当家庭重担、社会压力、清初"文字狱"以及面对各种物欲奢华的诱惑时，李渔曾经的豪情壮志便被逐渐掩盖，而他自身的性格弱点也渐渐呈现了出来。首先，他爱享受，舍弃不下酒、色、财等人生享受；其次，他韧性有余刚性不足，能够忍辱负重却不会强力抗争，当局面无法面对时，选择的都是逃离；最后，他缺乏理财能力，追逐时尚、一味豪举，导致自己的一生总在钱财之中打滚，也总为钱财捉襟见肘。

　　少年李渔胸怀大志。李渔祖籍浙江兰溪，出生于江苏如皋，父辈们做药材生意。当时当地流行的做法是，商人在发家致富之后，特别重视子侄辈的教育，期望他们能够走上科举之路，步入仕途，光宗耀祖的同时提升一下家族的社会地位。李渔很小年纪便被家族确定为科举苗子，于是过上了和父辈以及兄长们完全不同的诵读诗书的生活。天资聪慧的李渔八九岁时就开始吟诗作赋，到十多岁已经熟读了四书五经，下笔如有神助，顷刻千言立就。他幼年的诗篇曾经自费结集，名为《龆龄集》，后在战乱中焚毁，其中有诗句云："新字日相催，旧字不相待。顾此新旧痕，而为愁忽戒。"[1] 可见，这时候的李渔对自己人生道路的走向是有着清晰明确的认识，那就是通过科举，走上仕途，做出一番属于自己的大功绩、大事业。

　　青年李渔遭遇乱离。李渔无忧无虑的少年生活结束于父亲的去世。崇祯三年（1630 年）前后，李渔的父亲因病逝世，刚刚 20 岁的李渔失去了父亲的庇护，不得不在读书之余认真考虑自己和家人今后的生活问题。商议的结果是兄弟三人分了家，江苏如皋的经商产业及事务，留给已逝长兄的幼子和三弟李皓，李渔全家则搬回原籍浙江兰溪，享用父亲早年在那里买下的房屋和田产。如皋对于李渔比原籍兰溪要亲切得多，他出生在这里，娶妻生女也在这里，如今连根拔起，回到陌生的兰溪，李渔的心情是复杂的，但他的生活目标并没有改变。回来之后不久，李渔就参加了童生考试，并取得了成功，他又踌躇满志地准备崇祯十二年（1639 年）的"乡试"，不料这次却名落孙山。这也是李渔一生中参加的唯一一次乡试，之后他再也没有踏进考场。主要原因是接踵而至的战乱，崇祯十五年（1642 年）是

---

① （明）李渔：《梧桐诗续编》，《李渔全集》卷二，浙江古籍出版社，1990，第 5 页。

李渔应该参加第二次乡试的时间，但李自成、张献忠的起义军已经把战火烧到了兰溪，并焚毁了李渔的老屋及财产。不得不两次躲入深山避难的李渔，第二次从山中出来时，不但一无所有，而且也已经由大明的秀才变成了清朝的奴才。

中年李渔卖文求食。失去了兰溪的一切，李渔的科举之路也断了，参加明朝科举已经不可能，参加清朝的科举又不可行，李渔做了一个胆大的决定：迁居杭州。杭州在明末已经是当地的政治、经济和文化中心，清朝建立不久便恢复了繁华。李渔通过实地考察，确定这里有着很好的通俗小说和戏曲市场，便确定在这里施展他的小说和戏剧创作的才能。李渔的确有才，顺治九年（1652 年）前后，他就拿出了第一批作品《怜香伴》《风筝误》《意中缘》，之后又陆续创作了《玉搔头》（1655 年）、《奈何天》（1657 年）、《蜃中楼》和《比目鱼》（1661 年）等。这些作品无论是印刷出版还是搬上舞台，都受到公众的热烈欢迎，也给李渔带来了名和利的双丰收，使之很快成为杭州的公众人物，并结识了不少知名文人和政府官员，这也为他晚年的"打抽丰"积累下了资本。

晚年李渔抽丰乞食。杭州是李渔的福地，他本打算在此终老的，迫使他不得不离开的是清初的"文字狱"。"文字狱"中受到牵连的有李渔的老友丁澎、陆圻，还有一位曾经资助李渔出版书籍的官员张缙彦，好事之徒又从张缙彦拉扯到李渔，为躲避灾祸，李渔再次搬迁，举家迁往金陵。在金陵李渔开拓的是印刷出版事业，但因为过于精益求精，再加上搬家的耗损，李渔欠了数目不小的债务，从此开始"打抽丰"的生涯。十数年间李渔先后拜访过扬州、北京、兰州等地的官员朋友，每次都收获颇丰，足以养家。康熙十五年左右（1676 年），已觉老迈的李渔开始寻觅自己的养老之地，最终还是选择了杭州，购买了杭州城外吴山上一处亦城亦乡的旧宅，修建自己的养老之所——层园，康熙十九年（1680 年）未完工而逝，结束了自己流离播迁的一生。

二　色艺才情的女色之趣

李渔关于女子容貌、才情、修饰等观点的理论阐述主要集中在《闲情偶寄·仪容部》，

他的这些阐述在中国女性审美的历史上是一个建树，虽然中国古典文

学中关于女子之美的描述和见解表述并不罕见，但多是一些散落在其他文章中的散金碎玉，不成系统，比如《论语·八佾》中的"巧笑倩兮，美目盼兮，素以为绚兮"；宋玉《登徒子好色赋》中的"增之一分太长，减之一分太短，施朱太赤，施粉太白"的女子；《世说新语·巧艺》中顾恺之强调眼睛在人身上的重要性"四体妍媸本无关于妙处，传神写照正在阿堵中"等。像李渔这样系统地论述女性美的各个方面，还是第一次。

"天地生人之巧"的天然体态之趣。在女子的天赋形体方面，李渔认为先决条件首先是皮肤白皙。这种自然禀赋是可遇不可求的一种资质，皮肤白皙的女子已经具有了美人的一半材质，最容易修饰打扮，也最适于调教培养。其次是眉眼的灵动。李渔深知"眼睛是心灵的窗户"这一道理："面为一身之主，目又为一面之主。"[1] 他认为眼睛细长的女子，性情一定是温柔的，且天生带有一种羞涩之态；眼睛大，眼眸又黑的女子，性情必定刚硬；眼睛黑白分明又特别灵动的女子，一定天资聪慧。虽然不可一概而论，毕竟也是李渔长期相人的经验总结。

在女子的天赋形体方面，李渔最为看重的是"态度"，也即"媚态"，类似于今天所说的"气质"，指人举手投足间所流露出来的那份闲适、自在、得体，使人见而忘俗。

> 态之为物，不特能使美者愈美，艳者愈艳，且能使老者少媸者妍，无情之事变为有情，使人暗受笼络而不觉者。女子一有媚态，三四分姿色，便可抵过六七分。[2]

李渔认为"媚态"这一资质可学不可教，可学在于潜移默化，无媚态的女子与有媚态的女子长期同居同食，识字读书、习乐歌舞，自然而然就会稍有改观；不可教在于媚态没有教条可以遵循，人各不同，全在得体，比如西施捧心蹙眉是美的，别人刻意去模仿，却只能徒增"东施效颦"的丑态。

"衣以章身"的自然妆饰之趣。在穿衣戴饰上，李渔强调人的主体性和自然性。女子的妆饰主要有首饰和服装两个大项，尤其是富贵人家的女子，

---

① （明）李渔：《闲情偶寄》卷三，第 103 页。
② （明）李渔：《闲情偶寄》卷三，第 107 页。

多借珠光宝气来增娇益媚。李渔认为首饰的选择和使用要慎重、适度，并因人而异，否则"损娇掩媚"也是首饰的附带功能。比如有的女子满头翡翠、环鬓金珠，见金不见人，是人为珠翠作装饰，而不是珠翠为人增色了。如果面色欠佳、发色较黄，可以用奇珍异宝做补充，用珠玉之光来增加肌肤颜色、掩盖发质的不足；如若不然，倒还是尽量减少装饰品的数量："一簪一珥，便可相伴一生。"① 簪珥的材质从骨角到犀贝金玉，可以根据家境的富裕程度做出适当的选择，但做工一定要精致。簪在形制上可以用龙头、凤头、如意头等物象，做成之后一要"结实自然"，二要"与发相附"；珥则是愈小愈佳，珠玉一粒、金银一点都可以，能够起到点缀、装饰的作用就行了，过大反而有喧宾夺主之嫌，见珥不见人了。除了簪珥之外，最妙的女子装饰品要数鲜花，晨起簪花，随心插戴，无不自然合宜，尽显妖媚之姿。

至于服装，李渔认为贵整洁雅致，不贵华丽精致；贵与面貌肤色相称，不贵与家之富贵贫贱相符。按常理来讲，富贵人家的女子，穿锦着绣是本色，贫贱人家的女子，身穿缟素是本分，但是人的面貌有适合锦绣和适合缟素的不同，出身富贵偏适合缟素的女子不妨去精取粗，选取锦绣中花纹粗疏的来做服装，穿起来才能够自然合宜，为面貌增色；出身贫贱偏适合锦绣的女子，也应该多花几文钱，选择苎布中纱线紧密、漂染精工的来做衣服，既显面貌之姣好，又不露贫寒之态。衣与人恰相符称，才是女子穿衣的上层境界。

"学技先学文"的后天才艺之趣。"女子无才便是德"作为一句古训在中国古代的封建社会中很流行，甚至有过激者认为女子的才情和淫奔行为之间有着必然的因果关系。明清时期，这种思想有了较大的改观，很多女子在父辈、兄弟、丈夫的赏识和鼓励下纷纷出版诗文著作，是历史上重视女子才情的一个高峰期，不朽名著《红楼梦》就是一曲赞美女子才情的颂歌，李渔也认为：

> "女子无才便是德"，言虽近理，却非无故而云然。因聪明女子失节者多，不若无才之为贵。盖前人激愤之词，与男子因官得祸，遂以读书作官为畏途，遗言戒子孙，使之勿读书勿作官者等也。此皆因噎

---

① （明）李渔：《闲情偶寄》卷三，第120页。

废食之说。①

才艺俱佳的女性，涵养深，素养高，言谈举止均有韵致，自然有一种内在之美，使人赏心悦目，再配以姣好妖媚的体态和浓淡相宜的妆饰，则是二美兼具，臻于至善。李渔曾经在《风筝误》传奇中借韩世勋之口说得好：

> 但凡妇人家，天资与风韵，两件都少不得。有天姿没有风韵，却像个泥塑美人，有风韵没天姿，又像个花面女旦。须是天姿风韵都相配，才值得低徊。就是天姿风韵都有了，也只算得半个，那半个还要看她的内才。②

因为有这种观念，所以李渔对女子习技学文特别重视，自家女儿的教养做得也很到位，长女淑昭、次女淑惠在诗文上都有造诣，能够和父亲诗词唱和。

三　奇巧雅致的园林之趣

李渔生活的时代是中国古典园林修建的高峰期，也是园林居室艺术理论总结的高峰期。李渔一生足迹遍历大江南北，游历过当时各种风格的园林，比如苏杭园林、南京园林、北京园林和岭南园林等。并亲手实践建造了好几座园林，有文字可考的就有：浙江兰溪的"伊园"、金陵（南京）的"芥子园"、杭州的"层园"、北京贾汉复的"半亩园"和郑亲王府的"惠园"。他把自己由实践而来的园林修建理论著成《闲情偶寄》中的《居室部》和《种植部》。

"自出手眼、标新立异"的尚奇之趣。追求新奇是李渔思想的一大特色，无论生活中还是艺术中都是如此，但又不是毫无理由和根据的为奇而奇，他要求新奇要符合事实及物理，否则会适得其反弄巧成拙。所以李渔特别强调"顺性"而奇。顺性是顺自然之性，修建园林建筑要顺地势的高

---

① （明）李渔：《闲情偶寄》卷三，第 131 页。
② （明）李渔：《风筝误》，《李渔全集》卷四，第 120 页。

低之性，堆山叠石要顺山石大小、玲珑之性，种植花木要顺花木春夏秋冬及赏花食果之性，装潢布置要顺建筑本身的特点等，顺性之后再求新奇，这种新奇就来得自然而然，奇中见雅、奇中见趣。比如建筑和园圃都要在地势高低的基础上求新奇，如果按一般的建筑之法，可以高处建房屋，低处建楼阁；如果想使高者愈高、低者愈低，可以高处建楼阁，低处修池塘；如果想要反其道而行之，也可以高处修池沼，低处树楼台，使人有耳目一新之感。这样得来的审美景致因地制宜、因势利导、随机应变，没有强扭的痕迹，更易达到宛如天然的境界。

"贵精不贵丽，贵大雅不贵纤巧"的尚雅之趣。李渔所认为的雅致之趣有两个层面，其一是妙肖自然，宛若天成，不露人工雕琢痕迹；其二是富含文化意味，符合文人群体的审美情趣，不粗陋、粗俗。妙肖自然、宛若天成，是我国各种艺术门类，特别是绘画、雕刻和园林建筑等共同遵循的一条艺术原则，也是艺术创作实践中总结出来的经验之谈。李渔则时时、处处，自觉不自觉地把园林居所的建造同自然相比较，从而衡量园林创作的成败、优劣。除了园林总体的布局上要妙肖自然、宛若天成之外，在假山的建造、山石的堆叠上，李渔更是特别强调要自然、不露人工痕迹。他认为"幽斋垒石，原非得以"。因为居所不在山林所以才要人工造出来山林景观，聊以自慰，如此则人力的显露最遭忌讳。

比如修建规模比较大的假山，要先有一个整体结构在胸中，何处宜高，何处宜低，哪里适合引水，哪里适合栽树，有一气呵成的形体规模，有精神、有气魄，远看巍巍然如真山一样。又比如小假山山石的堆叠上，一定要模仿自然侵蚀、风华的效果，达到"透、漏、瘦"的三重标准："此通于彼，彼通于此，若有道路可通，所谓透也；石上有眼，四面玲珑，所谓漏也；壁立当空，孤峙无依，所谓瘦也"①。再比如山石堆积也要有妙趣，堆积的石壁要像砌出来的墙一样有"势"，挺然直立，犹如劲竹孤桐，稍稍有一些迂回出入，使壁体嶙峋，从下往上仰观，恰如刀削斧剁，与穷崖绝壑无异。

"雅俗俱利，理致兼收"的尚用之趣。李渔认为园林居所的修建要兼顾到审美与实用两个方面，比如园中曲折小径的设置，从审美角度讲，能够达到"曲径通幽"的妙趣，但从实用上讲就不太尽如人意，有些时候有急

---

① （明）李渔：《闲情偶寄》卷四，第182页。

事需要童仆快速传递，这曲折小径走起来就相当麻烦，会多耗费很多时间，那么解决之道就是在就近的墙壁上另开一个小门，门后是一条便捷的路径，有事时走近路，无事时走远路，既不损害园中景致，又方便快捷。

比如修建房屋，李渔觉得如同添置衣服，最主要的功能是符合实用，冬暖夏凉是第一要义。所以富贵人家为了炫富要造高大宏丽的房舍未尝不可，但一定要考虑到冬天取暖和夏天纳凉的问题，否则室内冬冷夏热，倒是给自己找罪受。普通人家的房屋小则小矣，一定要干净整洁，清理掉不必要的壅塞之物，就能稍稍扩大房间的内部空间，不给人以逼仄之感。再比如房屋的向背问题，李渔认为不必拘泥于传统的面南背北，如果受地理位置的限制，实在没有办法修建面向南边的房舍，面向其他方向也未为不可，只要注意向阳的那一面不要遮挡就好了。

还有花木的种植，李渔认为不但要达到赏心悦目的审美效果，也要达到物尽其用的实用效果。李渔分花木为木本、藤本、草本三种，木本为多年生植物，如松柏、冬青之类，可以遍植山坡，一年四季郁郁葱葱；藤本有多年生、有一年生，攀附于围墙篱笆之上，无花时是绿色屏障，有花时如五色织锦，时时都能悦人耳目，还能阻挡外面人与物的入侵；草本一年一生，有的以花胜，有的以叶胜，有的以香胜，随处可栽。园林居所中一年四季都需要花来装饰，春季来临先有水仙和兰花点缀案头，兰之后有蕙，蕙谢了桃李竞相开放，桃李不但可以赏花，还可以食果，与其他花卉相比较更适合于庭院种植；从春末到秋初，园中有荷花与石榴就够了，这两种花木都是赏花与食果兼备，石榴花期长，可以使庭院在一个长长的夏季之中总有红花闪烁，荷花则随时间推移总有新的姿态呈现出来，"无一时一刻不适耳目之观；无一物一丝，不备家常之用"，是赏玩、实用兼具的最佳花卉；至于石榴结果之时，山茶花则依然灿烂，秋海棠花事繁盛又姿态宛然；冬季只有腊梅称胜，然而白雪青松腊梅花，丝毫也不比其他季节逊色。

四　就事即景的养生之趣

"养生"一词，最早出现在春秋战国时期的《庄子》一书，但有关养生的活动和思想却早已有之，比如原始社会末期所出现的"消肿舞"就是一种具有养生保健性质的运动。自从有文字记载以来，就常有一些关于养生长寿的观念见诸笔端，并在后世的文化进程中不断发展，到李渔生活的时期，养生的很多观念和方法不仅在医药行业风行，在文人中间也很受欢迎，不少文人的小品文中就时常可以见到关于养生的精辟见解，更有人专门著述阐述自己养生方面的知识，比如高濂的《遵生八笺》、袁宏道的《觞政》等，李渔《闲情偶寄·颐养部》的文字也属于此类著作。

　　李渔的养生见解不具备太多医药科学理论依据，是在总结前人养生方法的基础上，结合自己的亲身经历进行阐发和论述的，是自己生活经验的总结。在他看来养生因人、因时、因地而异，人有穷富，时有四季，地有在家在外，在舟在车，然而无人无时无刻无处不可以养生。

　　调理饮馔的养生之趣。饮食一道，李渔认为首先应该顺应个人的天性，"食色性也，欲藉饮食养生，则以不离乎性者近矣。"① 每个人都有自己的饮食偏好，不可一味斤斤于《食物本草》之类的书籍记载，爱吃的就多吃，不爱吃的就不要强迫自己去吃，从天性上来讲，喜欢吃的东西吃下去心情舒畅，即使不太好消化的东西也会消化得很快，不会堵塞胸臆，引起不良反应；不爱吃的东西勉强吃下去，凝滞胸膛引人不快，反而是致病的根源。

　　李渔还关注到情感情绪和饮食养生之间的关系，认为"喜怒哀乐之始发，均非进食之时。然在喜乐犹可，在哀怒则必不可。怒时食物易下而难消，哀时食物难消亦难下，俱宜暂过一时，候其势稍杀"② 。喜怒哀乐正盛的时候都不适宜进食，进食则有伤身体；还有犯困的时候不宜进食，因为食后即睡，腹中食物不易消化；烦闷的时候也不宜进食，烦闷必定食欲不佳，容易恶心呕吐，吃的东西全数吐出反不如不吃，不但浪费东西，胃肠也会受到伤害。再有就是上顿吃了不易消化的食物，一定要等消化了之后再吃下一顿，不可拘泥于平时固定的进餐时间，"不消即为患"，是生病的源头。

　　及时行乐的养生之趣。"及时行乐"思想在中国古代文化史上可以经常见到，古代最早的诗歌总集《诗经》中就有它的滥觞："蟋蟀在堂，岁聿其莫。今我不乐，日月其除。"③ 因为感到时光的容易消逝而在内心产生及时行乐的想法。李渔对于人生苦短有着与众不同的感触，尤其是青壮年时亲身经历战乱，使他在惧避祸患的同时，更加意识到生命的脆弱和短暂，所以一定要珍惜有限的生命，及时行乐。

① （明）李渔：《闲情偶寄》卷六，第 306 页。
② （明）李渔：《闲情偶寄》卷五，第 338 页。
③ 《唐风·蟋蟀》，《诗经》，上海古籍出版社，2006，第 132 页。

　　李渔及时行乐的践行与同时代的其他放浪形骸之人相比要平实得多，他的及时行乐是要达到一种养身养心、延续生命的结果，而不是一味地追求物质感官的满足，所以他的及时行乐方法兼有劝世效果，是告诉每个阶层的人们怎样调整心态，利用现有的有限条件来寻找乐趣，去除烦恼。所以他要求行乐首先要改变心态，珍惜并享受自己所拥有的一切，包括职位、工作、家庭、钱财等。就人群而言，世间众生可以大致分为贵人、富人和穷人三种，三种人各有各的行乐之法。贵人终日内百务缠身，他们需要做到的是"以心为乐"，把自己的办公场所视为行乐之地，把日常要处理的事务视为行乐之事，这样即使一天之内没有半刻闲暇，而我则无时无刻不在行乐。富人行乐最简单，只需要在平常年份中宽租减息，在灾荒年月里适当施财救灾即可，这样所得的颂扬、祝福足可以和贵人相抗衡，心情自然宽慰。穷人行乐则要随遇而安，用乐天知命的生活态度面对残酷又无奈的现实，要保持一种乐观、淡定的人生态度，在人事可为的范围之内尽量地使生活有所改观，化被动为主动，变坏事为好事。

　　防病祛病的养生之趣。生老病死，是人生的规律，然而病总有其特定的起因，也有潜伏之期，在发病之前总会有一些或身体或心理的征兆存在。李渔认为人的身体机制犹如一个家庭，家庭内部不和才会引来外物的侵入，最后导致分崩离析。身体的内部成员主要有气血、腑脏、脾胃和筋骨，他们的统领者是心，即心情、情绪，心情和顺，身体各个器官自然各司其职，各守其位，身体的和谐就可以达到了。

　　心情和顺舒畅要做到"略带三分拙，兼存一线痴；微聋与暂哑，均足寿身资"①。这就需要在日常生活中做好各方面的调适，首先是情绪发泄的中庸之道，喜怒哀乐都不可过情，过则有害。其次是及时地止忧忘忧。人生在世总有遭遇不太顺利的时候。要能够提前预料可能遇到的各种境况，做好相应的心理和物质准备，这样当不如意的事情出现时，就有了充分的应对措施，不至于束手无策、忧伤满怀。最后是节制情欲：节快乐过情之欲、节忧患伤情之欲、节饥饱方殷之欲、节劳苦初停之欲、节新婚乍御之欲、节隆冬盛夏之欲，总之无论是情绪、季节还是身体状况都和情欲的宣泄密切相关，不可不管不顾。

　　李渔还认为治疗疾病除了常规的药物之外，还有一些"心药"不可不

---

① （明）李渔：《闲情偶寄》卷六，第 314 页。

用，他所提倡的"心药"主要有：本性酷好之物、其人急需之物、一心钟爱之人、一生未见之物、平时契慕之人、素常乐为之事等。李渔的"心药"之论虽然没有科学依据，却与现代的"心理治疗"有共通之处，有时真能发挥很好的效果。

李渔的生活美趣，有其可取之处也有其局限之处，比如对于女性美的各种见解，我们在肯定他"人为主体""注重自然"观点的同时，也要注意到他首先是把女子放在"姬、妾"的位置上来进行审美观照的。不但如此，在李渔的眼中，女子是如同商品一样可以随意买卖、遣送的，他本人在现实生活中就经常有买女婢、接受别人馈赠女婢，以及应个人好恶遣送女婢的行为。他写作《闲情偶寄》的《仪容部》不是为了给女子们提供穿衣打扮的指导，而是为富贵人家的男子选姬买妾作参考。

李渔的生活美趣，关注的主要是生活的享受和世俗的功利，只不过在纯粹的生活享受上加上了一种审美化、艺术化的眼光。这层唯美的外衣也具有多重的功能，首先它是一种身份地位的标志，对于花鸟虫鱼的赏玩和对于衣食住行的讲究在李渔生活的时代是官宦士绅们的特权，李渔经济条件不足却又对这些奢侈品位津津乐道，是他自身的群体认同在起作用，也是他进入士绅群体所必须具备的敲门砖和资质。其次它也是李渔精神生活的一部分，仕途的无望和清朝初期"文字狱"的严苛迫使李渔把自己的精力和创造力转向日常的琐碎小事，在追求享乐和生活舒适方面推陈出新，标新立异，以展示自己的才华。最后这也是李渔政治态度的一种表现，是不得不顺从基础上的一种消极抵抗策略。

释皎然茶道的美学意蕴

贾　静[*]

摘要：在茶文化发展渐趋成型的唐代，重要代表人物诗僧皎然，以茶论道，把饮茶从技艺提高到精神的高度，创造了深刻高雅的品饮意境。皎然茶道的美学特征可以总结为四个字：清、静、悦、达。清，主要体现在茶、水、器的清洁、清简以及茶人的清雅追求；静，更多是茶人融合了道家和禅宗思想的虚静状态；悦，是茶人在从事茶事过程中与茶相交融的愉快体验；达，是茶人在品饮过程中怀着"平常心是道"从而具有的一种达观境界。清、静、悦、达，四个特征互相联系，可以顺注、逆释、互渗、往回，它们内含着几层相互关联而又浑然一体的美学意蕴。

关键词：皎然　茶道　美学意蕴

中国茶道具有独特的品格和精神。学者林治在把握中日两国茶道美学的精髓时用一句话来概括，他说日本茶道可称为美的宗教，而中国茶道是美的哲学①，这一概括切中肯綮。在茶文化发展渐趋成型的唐代，文人雅士对茶大多青睐，其中的重要代表人物诗僧释皎然，以茶论道，把饮茶从技艺提高到精神的高度，创造了深刻高雅的品饮意境，体悟出融"儒道佛"于一体的品茶审美境界，从而奠定了中国茶道的养生、怡情、悟道的独特基调。

---

　*　贾静，哲学博士，北京师范大学出版社编辑。
　①　林治：《中国茶道》，中华工商联合出版社，2000，序言。

一　皎然及其茶道思想

皎然，俗姓谢，字清昼，是唐代著名的诗僧、茶僧，著作有《儒释交游传》及《内典类聚》共40卷，《号呶子》10卷，当时曾颇为流行，今不见留传。传世著作有《昼上人集》（又称《皎然诗集》《杼山集》）10卷、《诗式》5卷、《诗议》1卷及集外诗若干，在文学、佛学、茶学等许多方面有深厚造诣，堪称一代宗师。皎然爱茶、懂茶，是陆羽一生中交往时间最长、情谊亦最深厚的良师益友，二人被称为"唐代茶道的双子星座"，对唐代以及唐以后的中国茶文化影响很大，甚至对世界茶文化都有重要影响。皎然不但是唐代所有诗人中写有关陆羽的诗歌最多的一位（11首），成为研究陆羽生平极有价值的史料，同时他也是唐代诗僧中写茶诗最多的一位（25首）。研究皎然的重要史料《吴兴志》卷一七记载：皎然"有《茶诀》一篇"，时间大概在陆羽写《茶经》前后，但是没有流传下来。唐代后期著名文学家陆龟蒙曾看过《茶诀》，系三卷本，陆龟蒙参考《茶诀》《茶经》还撰写了《品第书》即陆龟蒙的《茶书》，可惜后来也失传。由于这部三卷本的《茶诀》没有流传，现在能查到的关于皎然茶道思想的原始文献，就是他的茶诗。

唐代中期是茶诗真正繁荣的时期，唐代的茶诗被学者称为一部以诗歌形式编撰的茶叶百科全书。皎然的茶诗内容丰富，而且写得有深度、有韵味、富有哲理，为茶文化学人所熟知、在中国茶文化史上有重要意义的茶诗《饮茶歌诮崔石使君》，是历史上真正提出"茶道"概念并且对茶道境界进行了深入细致描写的诗歌。皎然将自己的生活理念、哲理思考和审美情趣融入茶事活动，从而将日常生活中的饮茶活动提升到品茶艺术的高度，在品茶过程中除了对茶的色、香、味、形等特征通过感官感知以外，还注重营造品茶意境以及身处茶境以茶修心，通过品茶获得一种精神境界的提升和哲理思考的深入探索。在这一过程中，他撰写了大量的诗歌，描述了充满诗意和哲理的品茗活动以及个人深刻而又美妙的独特感受。

皎然的茶道思想，就是在其茶诗中表现出来的关于品茗、审美、悟道的思想。其中已经包括皎然在品茗过程中对于茶艺的诸多思想。之所以没有用"茶艺"而是用"茶道"概括皎然的茶学思想，是为了突出皎然在品茗过程中对于精神层面的关注，学者陈文华就曾提出，皎然与陆羽是诗友兼茶友，但他们两人对茶事活动的侧重点以及思考角度是不同的，陆羽更偏重于茶艺方面，而皎然则偏重于茶道方面，他不仅在中国历史上首先提出"茶道"概念，并在诗中描述品茶之道的不同层次及韵味。

二　皎然茶道的美学特征

中国茶文化界学者有感于日本茶道"和、敬、清、寂"四规的提出及普及，也用简练而精准的概念来概括中国的茶道精神，比如吴振铎先生的"清、敬、怡、真"，林治先生提出的"和、静、怡、真"，陈文华先生提出的"和、静、雅"等，揭示概括了中国茶道精神的一些本质特征。沿此方法，笔者将皎然茶道的美学特征总结成四个字：清、静、悦、达。

（1）清。诗僧皎然，在中唐诗坛上诗名颇响，在中国传统文化儒释道诸思想影响下形成"清雅闲逸"的审美趣味和创作风格。明代胡震亨称皎然诗："清机逸响，闲淡自如。"① 所谓"清"，既指意象境界的清逸雅致又指语言的清淡明朗。胡应麟曾言："清者，超凡绝俗之谓。"② "清"的风格的形成与他长年幽栖山林的生活方式、追求林下风流的高尚人生境界是有密切联系的。在中国茶道精神中，"清"是基本要求。"品茗最为清事"（黄龙德《茶说》）。皎然茶道精神体现的第一个特征也是"清"。这里的"清"，不但要求水清、茶清、器清，更重要的是要求境清，从而使得茶人在品茗活动中达到人清、心清、神清。对于水清的要求，晋代杜育的《荈赋》中就有"水则岷方之注，挹彼清流"。唐代茶人自然也高度重视用水的选择，选择的标准就是陆羽《茶经·五之煮》所指出的："其水用山水上，江水中，井水下。"所谓"山水"，主要就是指山中的泉水。之所以选用山泉水，"清"无疑是一个重要的标准。皎然在《访陆处士羽》（《全唐诗》卷八百十六）中就有"何处赏春茗，何处弄春泉"的诗句，因为要煮春天的新茶而取用山泉水，所以称之为"春泉"，江南的春天正是多雨的季节，山泉水特别清澈甘甜。皎然在《对陆迅饮天目山茶因寄元居士晟》（《全唐诗》卷八百十八）诗中还说道："文火香偏胜，寒泉味转嘉"，他认为要用清寒冷冽的泉水来煮茶其味更佳。对于茶的"清"的要求，更是毋庸讳言。诗人

---

① （明）胡震亨：《唐音癸签》卷八，上海古籍出版社，1981，第8页。
② 转引自丁以寿《中华茶道》，安徽教育出版社，2007，第152页。

《顾渚行寄裴方舟》（《全唐诗》卷八百二十一）："我有云泉邻渚山，山中茶事颇相关。鵾鸠鸣时芳草死，山家渐欲收茶子。伯劳飞日芳草滋，山僧又是采茶时。由来惯采无近远，阴岭长兮阳崖浅。大寒山下叶未生，小寒山中叶初卷。吴婉携笼上翠微，蒙蒙香刺冒春衣。迷山乍被落花乱，度水时惊啼鸟飞。家园不远乘露摘，归时露彩犹滴沥。初看怕出欺玉英，更取煎来胜金液。昨夜西峰雨色过，朝寻新茗复如何。女宫露涩青芽老，尧市人稀紫笋多。紫笋青芽谁得识，日暮采之长太息。清泠真人待子元，贮此芳香思何极。"诗里面对茶叶生产的环境、气候、采摘、品质、煎饮等都做了全方位的描述，都是为了让茶的清香能够有保证。诗中的"素瓷雪色"就是对清茶雅器的最好表达。

与诗人对于茶、水、器的清洁、清简要求相比，他对于茶人的要求则更多，其茶道精神的清雅特征也体现得更为明显。著名的茶诗《饮茶歌诮崔石使君》（《全唐诗》卷八百二十一）："越人遗我剡溪茗，采得金牙爨金鼎。素瓷雪色缥沫香，何似诸仙琼蕊浆。一饮涤昏寐，情来朗爽满天地。再饮清我神，忽如飞雨洒轻尘。三饮便得道，何须苦心破烦恼。此物清高世莫知，世人饮酒多自欺。"在诗歌中，皎然营构了"清静""空灵"的饮茶意境，他将佛、道的理念统一在三个层次的饮茶意境中，把诗人追求的哲学精神和审美情愫与茶结合起来。诗句"一饮涤昏寐，情来朗爽满天地"。既除去了昏沉睡意，更得到了天地空灵之清爽。"再饮清我神，忽如飞雨洒轻尘。"道家、佛家茶人都在茶中融进'清静'思想，希望通过饮茶把茶人自己与茶、山水、自然、宇宙融为一体，在饮茶活动中享受美好的韵律，并得到精神开释。"三饮便得道，何须苦心破烦恼"。静心、自悟是禅宗主旨，也是道家修身养性的目标。如果是故意去破除烦恼，便不是真正的佛心、道心了。通过茶事之清而达到茶人的心清、神清，这是皎然茶道的真正追求。

（2）静。茶树是生长在山野之中的灵物，得山川灵气之滋养，受天地精华之浸润，具有与众不同的气质秉性，在古代一直被人们视为"灵草"。客观的自然条件决定了茶的微寒特征，味醇而不烈，使人提神醒脑而又不会让人过度兴奋。茶叶天然具备了清新、淡洁、雅静的品性，饮后也会使人安静、冷静、娴静。自茶叶进入人的审美视野，这一特性便与中国传统的儒释道思想相结合，即清淡的茶性和高雅的韵味使人容易进入"静"的境界。尤其是道家和佛家，"静"都是其中重要的范畴。《老子》云："致虚极，守静笃，万物并作，吾以观其复。夫物芸芸，各复归于其根。归根曰静，静曰复命。""静胜躁，寒胜热。清静而为天下正"，司马承祯《坐忘论》中"心为道之器宇，虚静至极，则道居而慧生"。道家道教都把"静"看作人与生俱来的本质特征，尤其是道家，认为如果个体以虚静空灵的状态去沟通天地万物，就可达到物我两忘、天人合一的境界，因此道家非常重视"入静"，将"入静"看作一种重要的修养功夫，只有静养人生、提升悟性才能达到"无我"的境界。道家的这些思想对于中国茶道思想的影响非常大，赖功欧先生曾说过，茶人需要一种真正虚静醇和的境界，因为对于艺术的鉴赏不能掺杂功利欲望，一切都要求极其自然而真挚。因而必须进入"静"的状态，洁净身心，纯而不杂，如此才能与天地万物"合一"，不仅能"品"出茶的滋味，而且能"品"出茶的精神，达到形神相融的状态。①"静"这个概念在佛学，尤其是禅宗思想中也具有异常重要的地位。"禅"，是梵文的音译，其本义译成汉语就是"静虑"的意思。禅宗讲究通过静虑的方式来追求顿悟，也就是先行"入静"以排除杂念，直到某一瞬间通过直觉领悟到佛法的真谛。高僧净空法师就曾经说过："佛法的修学没有别的，就是恢复我们本有的大智大觉而已。要怎么样才能恢复呢？一定要定，你要把心静下来，要定下来，才能够恢复。"②

　　道家的清静思想对于中国传统文化和民族心理结构影响深远，也对茶道精神有重要影响。皎然曾受到道教修炼方式的影响，周围茶人朋友中也不乏张志和、李冶等道教中人，其茶诗中也流露出浓浓的道家意蕴，如《饮茶歌送郑容》："丹丘羽人轻玉食，采茶饮之生羽翼。名藏仙府世莫知，骨化云宫人不识。云山童子调金铛，楚人茶经虚得名。霜天半夜芳草折，烂漫缃花啜又生。常说此茶祛我疾，使人胸中荡忧栗。日上香炉情未毕，乱踏虎溪云，高歌送君出。"诗中充溢着浓浓的道教文化氛围，主要体现了延世养生的道教饮茶功能以及修身养性和返璞归真的道家价值理念。另外《饮茶歌诮崔石使君》中也多处运用道教典故，从道教延世养生的茶功入手（"涤昏寐"），说到修身养性（"清我神"）和返璞归真（"世人饮酒徒自欺"）的价值理念，再深入重玄得道的道教哲学思想（"三饮便得道，何须苦心破烦恼"）。

---

① 赖功欧：《茶哲睿智——中国茶文化与儒释道》，光明日报出版社，1999，第 27 页。
② 净空法师：《佛说阿弥陀经要解大意》，上海佛学书局，2002，第 66 页。

道、禅本身的哲理趣味与茶自身的高洁品性在经历了各自的发展演变之后，在中唐特定的文化氛围中完美的契合了，一个于"净心自悟"之中求得对凡尘的超越（禅），另一个则是于平淡之中完成了自我的升华（茶），二者在中唐之际融合，也在皎然的茶诗中体现出来。皎然茶道可以说是融合了道家和禅宗的"静"的思想，其多首茶诗中都体现了"静"的审美境界。如在《山居示灵澈上人》（《全唐诗》卷八百十五）："晴明路出山初暖，行踏春芜看茗归。乍削柳枝聊代札，时窥云影学裁衣。身闲始觉隳名是，心了方知苦行非。外物寂中谁似我，松声草色共忘机。"在这种"身闲""心了"的状态下，体会"外物寂"，从而在"行踏春芜看茗归"的过程中，达到"忘机"的境界。在《白云上人精舍寻杼山禅师兼示崔子向何山道上人》（《全唐诗》卷八百十六）："望远涉寒水，怀人在幽境。为高皎皎姿，及爱苍苍岭。果见栖禅子，潺湲灌真顶。积疑一念破，澄息万缘静。世事花上尘，惠心空中境。……识妙聆细泉，悟深涤清茗。此心谁得失，笑向西林永。"诗中虽然描写了在野外静寂的环境，但更重视心或意的"静"，正如他在《诗式·辩体有一十九字》中对诗歌的"静"的描述："静，非如松风不动、林岭未鸣，乃谓意中之静。"① 他重视的是心中尘垢被洗净、进入空灵虚静境界、全身心沉醉在品茗艺术的审美意境的美妙体验。"静"是皎然茶道的重要美学特征之一。

（3）悦。在中国茶道中，怡悦性是茶人在从事茶事过程中的身心感受、愉快体验。不同信仰、不同文化层次的茶人群体在茶事活动中的感受可能会有诸多不同，但是茶人的愉快体验可以说是中国茶文化的独有的特质（这一点与日本茶道的"清寂""枯槁"有很大的不同）。

无论什么人，都可以在茶事活动中获得生理上的快感和精神上的快适。从品茶过程中主体的愉悦体验来说，文人雅士的品茶活动可以说是一次真正意义上的审美活动，已经与饮茶时的物质追求没有关系，而是在陶冶情操、调节情意、美化心灵、提升审美素养和艺术情趣方面有了更多的追求。因为作为审美主体在审美活动中的心理来讲，可分为悦耳悦目、悦心悦意、悦志悦神三个方面，这三个方面也是人的审美能力的形态展现②，皎然的茶诗中描绘了诗人在品茗过程中的愉快体验，也可以从这三个方面来进行分析。

---

① 李壮鹰：《诗式校注》，齐鲁书社，1986，前言。
② 李泽厚：《美学三书》，安徽文艺出版社，1999，第536页。

首先是悦目悦味。一般审美活动中最初的美感是"悦耳悦目"。"悦耳悦目"指的是人的耳目等感觉器官在审美活动中感到快乐，但在茶事审美活动中，则主要是视觉、嗅觉、味觉感官参与体验。诗人皎然在《饮茶歌诮崔石使君》（《全唐诗》卷八百二十一）诗中提道："越人遗我剡溪茗，采得金牙爨金鼎。"描写的是剡溪茶金黄色的茶芽和煮茶器——金色的鼎，这就是视觉感官的体验，还有"素瓷雪色缥沫香，何似诸仙琼蕊浆"。这两句诗描写了眼睛所见青瓷茶碗中漂泛的雪白色茶汤泡沫的美丽景象。除了对茶的色、形给人的愉悦感觉之外，诗人在"素瓷雪色缥沫香""俗人多泛酒，谁解助茶香""文火香偏胜，寒泉味转嘉"等诗句中还着意描写了审美主体人嗅到的、品到的茶的香味。作为主体的嗅觉、味觉的审美体验，古今中外的美学研究者普遍重视的不够，在茶事活动中，这两类生理器官所起的作用非常之大，超过了视听等审美器官。叶朗先生曾有过精妙的论述："多数美学家认为美感是一种高级的精神愉悦，它和生理快感是不同的，但是我们不要把生理快感和美感的这种区别加以绝对化。除了视听这两种感官，其他感官获得的快感，有时也可以渗透到美感当中，有时可以转化为美感或加强美感，例如玫瑰的香味带给你的嗅觉的快感，参加宴会时味觉的快感等等。还有一些有名的诗句'暗香浮动月黄昏''客去茶香余舌本'等，这些诗句描绘的美感中就渗透着嗅觉、味觉的快感。"[1] 也正如英国作家吉卜林所说："气味要比景象和声音更能拨动你的心弦。"[2] 唐代的文人雅士就已经形成了关于茶香的审美风尚，"苹沫香洁齿"（《茶瓯》），"素瓷传静夜，芳气满闲轩。"（《五言月夜啜茶联句》）对于茶香的体验成了诗人们吟咏的对象。正如叶朗先生所说："第一，这种香味的快感，并不是起于实用要求的满足，它本身也是超实用的，第二，这种香味的快感，不是单纯的生理快感，它创造了一种氛围，一种韵味，创造了一个情景交融的意象世界。这样的快感，就成了美感，或转化成美感。中国古代很多士人、画家，常常有意识的追求这种美感，并在自己的作品中描绘这种美感。"[3]

其次是悦心悦意、悦志悦神。从诗人皎然多首诗歌关于品茗体验的描绘中可以看出，品茗过程中茶人的审美愉快虽然有生理的满足而产生的愉悦感，却已远远不止于此，而是通过茶色、茶形、茶香、茶味的愉悦逐渐

---

① 叶朗：《美学原理》，北京大学出版社，2009，第 112 页。

② 转引自叶朗《美学原理》，北京大学出版社，2009，第 112 页。

③ 叶朗：《美学原理》，第 112 页。

走向茶人的内在心灵。而这就是李泽厚先生所说的悦心悦意和悦志悦神。他曾写道："读一首诗、看一幅画、听一段交响乐，常常是通过有限的感知想象，不自觉的感受到某些更深远的东西，从有限的、偶然的、具体的诉诸感官视听的形象中，领悟到那似乎是无限的、内在的内容，从而提高我们的心意境界。"① 品茶的过程也是这样，皎然茶诗中最典型的体现这两个层面的诗歌就是《饮茶歌诮崔石使君》（《全唐诗》卷八百二十一）："越人遗我剡溪茗，采得金牙爨金鼎。素瓷雪色缥沫香，何似诸仙琼蕊浆。一饮涤昏寐，情来朗爽满天地。再饮清我神，忽如飞雨洒轻尘。三饮便得道，何须苦心破烦恼。"可以说在"一饮""二饮""三饮"的描绘中，诗人的审美心理从悦目悦味逐渐深入悦心悦意和悦志悦神层面。悦耳悦目主要是在生理基础上的感官愉悦，悦心悦意一般是在想象、理解、情感诸能力配置下培育人的心绪情意，而悦志悦神却是个体整个生命和存在的全部融入，从而达到某种超道德的人生感悟境界。皎然"情来朗爽满天地""忽如飞雨洒轻尘"就是从感性的愉悦到情意的抒发，到了"三饮便得道，何须苦心破烦恼"，就到了悦志悦神的境界。对诗人来说，这个最高境界是宗教的，也是审美的，它是自身在审美的幻境（包括茶、茶人、茶境的自然）中求得永恒，走向心灵的宗教体验和审美体验。

怡悦性是中国茶文化一直强调的方面，但是能在唐代的茶事活动中从对茶的色、形、香、味的愉悦体验，走入更深处，体会到"茶道"境界的，首推皎然。

（4）达。达观、放达之意。与多数出家僧人不同，诗僧皎然身上兼具僧人和文士的性情特点，辛文房《皎然上人传》中说他"性放逸，不缚于常律"。书中还记载一个故事，说有一个道士房琯，隐居终南山，常闻听湫中有龙吟声，后来一个僧人用铜器模拟类似的声音，大得房琯赞赏，大历年间传到桐江，皎然也曾戛铜效仿，有僧人讥笑他的行为，皎然就说"此达僧之事，可以嬉禅，尔曹胡凝滞于物，而以琐行自拘耶"②。皎然也曾自称"达僧"，不像多数的出家僧人在寺庙参禅修学，而他则是交游诗人、官宦，吟咏情性、品茗论道。在诗论中，"达"也是皎然较为重视的一种美学风格。皎然在《诗式》卷一有"辩体有一十九字"，将诗歌风格归纳为一十

---

① 李泽厚：《美学三书》，第 540 页。
② 许连军：《皎然诗式研究》，中华书局，2007，第 48 页。

九个字，来讲述诗歌美学风格，其中有"高""逸""闲""达"等字，如"高：风韵朗畅曰高"，"逸：体格闲放曰逸"，"闲：情性疏野曰闲"，"达：心迹旷诞曰达"。这几个字的含义正好可以概括皎然诗歌以及皎然茶道的美学特质：风韵朗畅、风格闲放、情性疏野、心迹旷诞，我们综合称之为"达"。在茶事活动中，诗人修身养性，以达观、放逸的态度对待周围的人和事，也塑造了闲放、畅达的茶人形象，所以"达"正是皎然茶道所代表的中国茶道的重要特征。

　　皎然的诗歌中也多处可见如此风格，《偶然五首》中"乐禅心似荡，吾道不相妨。独悟歌还笑，谁言老更狂"（其一）、"禅语嫌不学，梵音从不翻。说禅颠倒是，乐杀金王孙"（其四）、"真隐须无矫，忘名要似愚。只将两条事，空却汉潜夫"（其五），皎然强调大隐市嚣、在喧而静，可以说深受南宗禅禅风尤其是马祖道一禅法的影响。他这种放达、达观的风格特征也体现在他的茶诗中。《题湖上草堂》（《全唐诗》卷八百十五）："山居不买剡中山，湖上千峰处处闲。芳草白云留我住，世人何事得相关。"《访陆处士羽》（《全唐诗》卷八百十六）："太湖东西路，吴主古山前。所思不可见，归鸿自翩翩。何山赏春茗，何处弄春泉。莫是沧浪子，悠悠一钓船。"《晦夜李侍御萼宅集招潘述、汤衡、海上人饮茶赋》（《全唐诗》卷八百十七）："晦夜不生月，琴轩犹为开。墙东隐者在，淇上逸僧来。茗爱传花饮，诗看卷素裁。风流高此会，晓景屡裴回。"以上诗句都可以看出诗人在与友人对饮或忘情于茶宴时的倜傥、潇洒与放逸，他的这种放达，是一种高雅的放达，比如他提倡在文人雅士中少些纵情酒色的放纵沉迷，提倡以茶代酒，他的《九日与陆处士羽饮茶》（《全唐诗》卷八百十七）诗："九日山僧院，东篱菊也黄；俗人多泛酒，谁解助茶香。"正如学者王玲所说，皎然提倡以茶代酒，可以更达观、更清醒地看待这个世界，涤去心中的昏昧迷蒙，面对朗爽的天地，才是茶人的追求。这奠定了中国茶道的重要基调，既有欢快、美韵，但又不是狂欢滥饮。所以，真正茶人总是相当达观的。有乐趣，有放逸，但又不失优雅，是有节律的乐感。① 所以，皎然是当时风流高雅的文人雅士茶人的重要代表，"达"是他的茶道精神的重要美学特征。

---

① 王玲：《中国茶文化》，九州出版社，2009，第82页。

小　结

在茶文化发展渐趋成型的唐代，重要代表人物诗僧皎然，以茶论道，把饮茶从技艺提高到精神的高度，创造了深刻高雅的品饮意境。皎然茶诗中写意的表现茶艺以及其中蕴含的茶道精神，但是却可以看出有他对茶事活动每一个细节的意境追求，而这追求的心灵中又使诗中带着体味细节中的真味和怀着"平常心是道"的洒脱。把茶道与性灵交汇在禅意的境界里而体现为一种生活的情趣，就使得皎然的茶道精神体现为四个字：清、静、悦、达。清、静、悦、达，四个特征互相联系，可以顺注、逆释、互渗、往回，它们内含着几层相互关联而又浑然一体的美学意蕴。

中西比较美学 ◀

达姆罗什的世界文学理论与中国
文学的审美特点

邹　珊[*]

摘要： 达姆罗什是美国当代比较文学研究的著名学者，他的世界文学理论已经引起国际比较文学学界的广泛关注。在译读达姆罗什主要著作《世界文学是什么?》（*What Is World Literature?*）和《如何阅读世界文学》（*How to Read World Literature*）的基础上，本文首先勾画了世界比较文学研究从实证研究、平行研究到东西方比较文学的三个阶段的历史轨迹；其次概略阐述了达姆罗什面临的主要问题和理论框架，包括"世界、文本和读者"三个角度、世界文学的流动性和开放性、文化预设以及"从何处产生""如何流通"和"与读者有何种联系"等要点；最后结合中国文学的审美特点，对达姆罗什世界文学理论在人性普遍性与文化特殊性问题上存在的矛盾进行了辨析。

关键词： 达姆罗什　世界文学　中国文学　审美特性

一　走向"世界文学"的比较文学

比较文学即不同国家民族文学之间的比较，更确切地说，它是来自不同语言、不同文化体系和不同历史背景的文学作品在互相沟通中进行对比的文学；比较文学的研究目的是通过比对不同文学之间的异同而揭示它们

---

* 邹珊，《三联生活周刊》记者。

的特征，从而获得对作品的不同于单一视点的更加深入的解读和把握。这一学科自 19 世纪末诞生以来，其研究领域和视野不断扩展，形成三个不同的学派和三个不同的发展阶段。第一阶段以法国学派偏重传播和影响的实证研究为主，这种研究寻找法国文学对其他民族文学的影响，并以此确立其作为世界文学、文化中心的地位。第二发展阶段以美国学派的平行研究为主，这种研究忽略文学的民族地域性，企图通过寻找各种文化体系之间相似的意象和主题，从而将不同文化间的差异性合而为一，以单一的价值观对世界文学进行阐释。显而易见，这两个阶段的比较文学研究都带有某种以偏概全的霸权主义性质。正是在这种趋势的引导下，比较文学研究逐渐形成了以西方（西欧—北美）为重心的研究偏向；而那些政治弱势的国家、少数族裔以及女性作家的作品，则长期处在被忽视的状态。这种带有很大局限性的研究，曾一度导致这一新兴学科的危机。

比较文学研究发展的第三个阶段出现在"二战"之后。20 世纪 70 年代以来，随着全球化格局的形成，比较文学研究同时受到多种世界性潮流的冲击，其中"东西方比较文学"的兴起则是最为重要的一种潮流。在这种研究中，东方文学的价值第一次受到各国学者的重视，他们意识到，只有通过开展东西方文学的比较研究，才能全面地触及文学的各类问题，从而化解因偏重西方而导致的危机，使这一学科走上可持续发展的道路。20 世纪 90 年代前后，中国文学也全面进入了"东西方比较文学"的领域，比较文学作为一门对外交流的跨文化学科，在国内受到越来越多的重视，学者们试图超越曾经闭关自守、孤芳自赏的狭隘局面，积极地与西方世界开展对话，既取其精华以完善自身，也通过这个渠道传播本国的作品，弘扬中华文化的精粹。

与"东西方比较文学"的兴起相关，"世界文学"的概念也逐渐彰显。1827 年，哥德在与其学生爱克尔曼的一次谈话中第一次提出了"世界文学"这个概念，他说："国民文学在现今没有多大意义，现今正是世界文学的时期了。"[1] 21 年后，马克思和恩格斯在《共产党宣言》又将这个术语与资本主义向海外的扩张相联系，更突出了文化全球化的性质："资产阶级，由于开拓了世界市场，使一切国家的生产和消费都成为世界性的了。……过去那种地方的和民族的自给自足的闭关自守状态，被各民族的各方面的互相

---

① 〔德〕爱克尔曼：《哥德谈话录》，周学普译，上海译文出版社，2008，第 105 页。

往来和各方面的互相依赖所代替了。物质的生产是如此，精神的生产也是如此。各民族的精神产品成了公共的财产。民族的片面性和局限性日益成为不可能，于是由许多民族的和地方的文学形成了一种世界的文学。"① 如今，随着全球化世界格局的形成，"世界文学"概念又被赋予了崭新的时代特色。中国学者王宁认为："从文化差异和多元发展走向这一辩证的观点来看，这种'世界的文学'并不意味着世界上只存在着一种模式的文学，而是在一种大的、宏观的、国际的乃至全球的背景下，存在着一种仍保持着各民族原有风格特色的，但同时又代表了当今世界最先进的审美潮流和发展方向的世界文学。"② 2011 年 7 月，由哈佛大学与北京大学、清华大学、北京语言大学等单位联合举办的学术研讨会"世界文学的兴起"（The Rise of World Literatures）在北京召开，来自五大洲各国的不同外表和肤色，使用不同语言的代表参加了会议。这是有史以来以"世界文学"这个概念为主题的第一次国际性会议；作为会议的一个重要成果，"世界文学协会"（Association of World Literatures）应运而生，标志着"世界文学"研究在当今的全球化的格局下已进入一个全新的时代。这次会议的英文标题特别强调了"World Literatures"的复数形式，这既表明以自由平等和相互尊重为基调的世界文学是一个求同存异的研究体系，也从一个侧面批判了西方文学曾独霸文坛的现象。会议选择中国作为举办地，这表明"世界文学"已敞开胸怀迎接东方文学的参与，而东方文学也将由此逐渐走出狭隘的境地，在更广阔的交流平台上得到进一步的发展。

当然情况也不容过于乐观。虽然平等沟通的良好心愿正在比较文学研究中发挥着越来越大的作用，但西强东弱的格局并未被彻底打破。实际上，当今的全球化格局只是一个雏形，尚不成熟；东西方之间的不平等以及西方对东方的偏见依然根深蒂固，一时难以根除。即便是在广泛使用的英语或以英语为母语的不同国家的文化体系中，平等相处的地位也并没有得到完全的确立。例如澳大利亚，由于该国建国历史较短，政治和经济等综合实力弱于英美两国，虽然文化起源相同，并有广泛的对外交流，但澳洲文学却一直很难登上世界文学的舞台。澳洲文学尚且如此，对于文化传统独立并有其独特语言的东方各国文学来说，它所受到的不平等对待只能更加

---

① 《共产党宣言》，人民出版社，1966，第 30 页。
② 王宁：《比较文学：理论思考与文学阐释》，《"后理论时代"的西方理论与思潮走向》，复旦大学出版社，2011，第 51 页。

严重。

但是比较文学研究在这个新开启的第三阶段毕竟向前推进了。随着西方学者对东方文学和文化的研究兴趣日益浓厚，比较文学研究的范围较之原先的"西欧—北美"模式出现了大面积的扩张，来自不同文化体系的各种作品经译介大量地进入了国际文学市场，但同时也呈现出良莠不齐的局面。就读者而言，他们在作品中所包含的陌生的语言和文化信息（contextual/cultural information）面前不知所措，疲于应对；对于比较文学研究，这样的变化在对象定位和选取等问题上，也带来了许多难题。在这种新的历史语境中，"世界文学"的概念受到了严峻挑战和前所未有的质疑，人们提出的问题是：已经在世界文学中占有一席之地的所谓"西方经典"，是否依然具有研究的价值？这些"经典"的存在是否只是表明它对东方文化价值观所进行的渗透和覆盖？东方文学的兴起是否意味它们的每一部作品只要经过译介都会成为世界文学，这些作品中是否存在那种以"市场效益"为导向的创作倾向？面对数量激增的文字材料，面对陌生的文化背景和由陌生的语言创作而成的作品，学者们应当从何处入手？比较文学研究的目的何在，究竟什么是世界文学？等等。

作为比较文学研究者，大卫·达姆罗什（David Damrosch）试图回答和解决上述问题。达姆罗什现任哈佛大学冠名（Ernest Bernbaum）教授，比较文学系主任，也是北京"世界文学的兴起"学术会议的发起者和主持者之一。他出生于 1953 年，1975 年在耶鲁大学比较文学系获得学士学位，1980年又在该校获博士学位；1980～2009 年，他在哥伦比亚大学英语与比较文学系任教，1996～1999 年任该系主任；2001～2003 年担任美国比较文学协会主席。达姆罗什的著述有：*The Narrative Covenant: Transformations of Genre in the Growth of Biblical Literature*（《叙述契约：圣经文学发展中的文体转型》，1987）、*What Is World Literature?*（《世界文学是什么?》，2003）、*The Buried Book: The Loss And Rediscovery of The Great Epic of Gillgamesh*（《埋葬之书：伟大史诗〈吉尔伽美什〉的丢失与重现》，2007）、*the six - volume Longman Anthology of World Literature*（《世界文学朗曼选集》，六卷本，主编，2004）、*Teaching World Literatures*（《讲授世界文学》，主编，2009）、（*The Princeton Sourcebook Book in Comparative Literature*（《普林斯顿比较文学资料选编》主编，2009）和 *How to Read World Literature*（《如何阅读世界文学》，2009）等。在长期的研究过程中，达姆罗什密切关注世界文学的起

源、发展、形成和流通等重大问题，其中《世界文学是什么?》和《如何阅读世界文学》这两部著作以其顺应比较文学发展第三阶段大趋势的学术探讨，引起了中西方比较文学界越来越广泛的关注。对于如何端正研究态度，打破"西方中心"的神话，正确理解世界文学含义，保护作品的文学性，协助比较文学这门学科随着全球化的深入而健康发展，建立跨越民族的"理解之桥"等问题，达姆罗什在其著述中给出了详细、独到的论述和证明；他的世界文学理论不但呼吁西方学者以尊重的态度对待政治弱势国家的文学和文化，也为东方学者应该如何积极能动地打破偏见和障碍，与西方学界展开建设性对话，提供了有益的借鉴。

二 达姆罗什世界文学研究的理论构架

达姆罗什对于"世界文学"这一概念的界定、剖析和论证主要是在《世界文学是什么?》一书中完成。通过对包括《诺顿文集》（*The Norton Anthology*）在内的九部作品的流通、译介和成型等的问题的分析归纳，达姆罗什以个案研究的方式将"世界文学"这一抽象的概念具体化。他对世界文学的定位不是那种文集编纂式的作品罗列，而是通过分析具体作品在本民族之外的流通接受状况，总结出各民族文学的"世界化"所共有的特征，并从"世界、文本和读者"这三个角度将"世界文学"构建成一个完整的理论体系。这种方法超越了传统上那种以西方版图为重心来定义"世界文学"的研究思路，从而避免了外部因素对作品的文学性和审美价值的影响。达姆罗什强调指出，文化的普世性和差异性并非只是矛盾对立，相反，只有将普世性放置于差异性的背景之下进行审视，才能保证不同民族文学之间对话的顺利进行，使比较文学研究的跨文化阐释保持适度、公平和有效。

在该书的引言部分，达姆罗什对世界文学"多变性"（variability）的基本特征进行了阐述。他指出，随着时代、地域和读者等因素的变化，世界文学的具体含义总是被赋予不同的含义，他对那种给世界文学下死定义的做法没有兴趣，"因为这是一个只有被放在具体的文学系统中讨论才有意义的问题。文学研究中任何所谓'全球化'的视角实际都必须承认——在地域和时代背景不同的情况下，文学的定义和组成也不是固定不变的，它具有很强的流动（多变）性。所以，文学这一概念只有在针对一个特定文化

族群的读者时才有意义。"① 与"流动性"相关的还有另外一个重要特征即
"开放性"（openness）。达姆罗什认为，世界文学之所以具有"流动而多
变"的性质，那是因为它存在着某种"开放性"："所有的文学作品经过翻
译，在流通出源语境之后就都不再是该语境的专属产品了，他们只是起源
于该国语境而已。"② 为此，达姆罗什引入了"文化预设"（cultural assump-
tion）的概念。在他看来，一部分民族文学作品之所以无法成为世界文学，
那是因为它们不具备"开放的文化预设"；而只有这样的预设才能给异质文
化的读者留出进入作品并与之互动的空间。关于开放的"文化预设"的具
体所指，达姆罗什认为应该从两个层面进行理解。一方面，"文化预设"呈
开放状态的作品对于异国读者来说，其情节、主题等无须太多的文化背景
信息的支持就可以被理解；另一方面，这些作品所欲传达的情感、精神价
值并不封闭于拥有共同记忆的本国民族文化之中，它具有全体人类的共通
性，能够迅速引发异质文化读者的理解和共鸣③。

"世界文学"是"多变"和"开放"的，但它无法脱离现实环境而独
立存在，它总要受到政治、经济甚至军事等文化之外的现实因素的影响，
具有强烈的"不独立性"。每一部作品诞生伊始都只是民族文学，只有经历
了对外流通和接受的过程才会变成世界文学。这个过程并不像单纯的翻译、
授予和接受那样简单，它是一个多种因素作用于其中的复杂过程。正是由
于这种开放性和"不独立性"的矛盾统一，达姆罗什认为世界文学存在于
一个"多元维度空间"（a multi-dimensional space）之中，它同时受到五大
因素（frames of references）的制约和影响：世界文学既是世界的、地域的、
民族的，也是个人的（the global, the regional, the national and the individu-
al），而这四个因素又会随着时间的推移发生改变（continually shift over
time），这样"时间"就成为第五个因素④。世界文学既在"多元维度空间"
中成型，又在其中不断经历着重构和变形。世界文学的构成是流动的，它
不是一套固定不变的经典作品，而是随着历史背景和人类社会主流价值观
的变化做相应的改变；在这个过程中，一部分作品会退出世界文学舞台，

---

① David Damrosch, *What Is World Literature*, Princeton: Princeton University Press, 2003, p. 14.

② David Damrosch, *What Is World Literature*, p. 22.

③ 这里对"文化预设"两个层面的阐述，出自 2011 年夏季笔者与达姆罗什的一次访谈。

④ 参见 David Damrosch, *World Literature as a Bridge for Cross-Cultural Understanding*（Lecture at
Beijing Language and Culture University, July 2011）。

同时新的世界文学作品又会应运而生。

由于具备这种"文化预设"，世界文学以开放的态度期待读者的接受和反作用。作为外来文本，文学作品必须通过读者个体的情感体验方可由民族文学变成世界文学，如果外来文本与异质文化读者难以达成即时沟通，则意味着该文本不具备世界文学所必需的超越差异性障碍的基本素质，它就只能停留在本国语境之中。与民族文学相比，世界文学的"不独立性"具有更为复杂的面貌。读者和学者对世界文学的接受不可能摆脱外围因素的影响。世界文学产生于一定的文化语境，它必然携带着某种独特的文化和历史的烙印。这些烙印对于异质文化背景下的读者来说，就成为陌生的甚至是难以理解的文化信息（contextual/cultural information），由此而生的陌生感在很大程度上影响着读者对作品的理解和接纳，甚至成为接受外来作品的难以克服的障碍。从历史上看，无论早期的世界文学编年史还是高校文学教程，那些非西方世界的文学作品总被排除在外的一个重要原因，就是其文化别具一格的形象与风格，这些作品文化信息的陌生程度超出了当时西方读者的认知能力或耐心，作品因富含地方性色彩而难以被理解，更不能被接受。当今的西方学者意识到了这个问题，他们开始尝试进行东方文学的研究，然而"文化信息"作为文学作品的一个不可或缺的组成部分还是给这个研究增添了不小的难度，一些偏激的学者甚至把这个困难看作无法克服的障碍。这样一来，为了跨越陌生文化信息所形成的障碍，帮助读者理解作品，那种附带着海量注释的译本便出现了；在有些译本中，注释内容量甚至超过了作品正文。另外，为了降低作品在发达国家的接受障碍，一部分非西方文化背景的作家在创作中有意地弱化本土风格，主动向预设读者的接受兴趣靠拢，以期顺利地打开海外市场。不过，这种以单一价值观为导向而创作的作品，绝不是真正意义上的世界文学，就苏俄式文学而言，这只是将"社会现实主义"变换成"市场现实主义"①　而已。

然而不可否认的是，尽管全球化格局尚未达到应有的平衡，各民族互相沟通的机会还是大大增加了，交流的愿望也日益变得更加强烈。在这样的形势下，世界文学研究也展现出前所未有的多元性。来自各种文化体系的作品在国际市场上百花齐放，大量涌入读者的视野。针对这种情况，达姆罗什指出，"世界文学"的概念自1827年由歌德首次提出后，其内涵至

---

① 转引自 David Damrosch, *How to Read World Literature*, MA: Wiley-Blackwell, 2009, p. 107.

今已经历了一系列的变化，总的来说，它一直在"经典名著、名家杰作和世界之窗"（classics, masterpieces, and windows on the world）这三种定位之间摇摆不定①。"经典名著"通常指代古希腊罗马时期的古典作品，它们出身高贵，为上层阶级的文化服务；"名家杰作"既可以是古典名著，也可以是现代读物，这些作品不论何种出身，审美价值是其首要评判标准；"世界之窗"是一种更具包容性的标准，无论作品出自哪个阶级，无论其艺术价值是否达到较高的标准，作为"世界之窗"的作品都会因其来自异域而获得研究的价值。这三种定位并不相互排斥，一部作品可以同时从三个角度进行解读，只要符合三项中的任何一项，就具有成为世界文学的潜质。不难看出，从"经典名著"到"世界之窗"，"世界文学"这一概念的涵盖范围在不断地扩充，与此相应，涌入国际市场的作品数量随之大量增加，各类陌生的语言和异质文化信息充斥其中，一个在无限的扩张中变得鱼龙混杂、难以掌控的混乱领域出现了。面对这样的局面，恐慌的情绪油然而生，人们开始对世界文学是否真的具有研究价值持怀疑态度。他们要问，如果世界文学是存在的，那么它的真实面貌究竟是怎样的，应该如何对筛选研究对象，对其进行准确定位？

达姆罗什指出，上述那种认为进入国际市场即为世界文学的看法是错误的。通过"世界、文本和读者"这三个方面的研究，达姆罗什对世界文学的概念进行了严格的界定。这种界定表明，并非任何一部有能力流通进入国际市场的作品都具备成为世界文学的潜力；虽然世界文学的研究版图正在扩展，情况异常复杂，但其构成却并非无规律可循。达姆罗什十分关切三个方面的问题：第一，世界文学是国别文学的折射（an elliptical refraction of national literature）；第二，世界文学是在译介中有所获益的作品（writing that gains in translation）；第三，世界文学并非一系列标准恒定的经典作品，而是一种阅读模式，亦即读者与超乎本土时空和文化的世界所发生的"间距式"接触（not a set canon of texts but a mode of reading: a form of detached engagement with worlds beyond our own place and time）。② 据此，达姆罗什从世界文学"从何处产生""如何流通"和"与读者有何种联系"等三个方面进行了深入的阐释和论证。

①　参见 David Damrosch, *World Literature as a Bridge for Cross-Cultural Understanding* (Lecture at Beijing Language and Culture University, July 2011)。
②　David Damrosch, *What Is World Literature*, p. 281.

三　达姆罗什的世界文学观与中国文学

达姆罗什的世界文学研究虽然立足于对具体作品即其流通情况的分析，通过实证来提炼观点，力求客观公正。但正如他本人所提到的那样："即使最真诚的全球化视角也涵盖了自己的偏向。"① 达姆罗什以"打破东西对立观"著称的世界文学观也难免会有不完善之处。

在达姆罗什的观念中，作品的精神价值与语言载体是一组相对独立，甚至分离的概念，并且精神价值才是作品跨文化传播的真正意义所在，其重要性远远大于语言载体；而某些文学作品所使用的少数族群语言甚至是可以被归入"特殊文化信息"这一类别的。这一态度在他对世界文学的第二条定义"译中获益"中已经表现得非常明显。并且，达姆罗什对于来自作品源语境的文化信息始终持消极态度。在著述中他一再暗示特殊文化信息是造成读者接受障碍的元凶。他虽然强调世界文学产生于源语境与异质语境的交叠区域，也呼吁比较文学学者要对外来作品的源文化保持足够的敏感度，但最终还是难以掩饰对异质文化信息的轻视之情："带着对作品源语境文化信息的警觉是阅读世界文学的最佳方式，但是要适可而止。"② 正是从观念出发，他才会提出在"地方全球化"与"去本土化"这两种写作策略并发出对"世界英语"的呼吁。

很显然，达姆罗什过分强调了"拥有全球读者"的重要性。的确，不能拥有广泛读者群的作品也许并不是合格的"世界文学"，而特殊文化信息的存在也的确会干扰异质文化读者对作品的理解。但尽管如此，达姆罗什的观点还是会给我们带来了这样的疑问：第一，能否成为"世界文学"是判断一部作品成功与否、优秀与否的唯一标准吗？依照他的观点，未来的作者好像都应该有意面向全球读者进行创作，并放弃原有的写作传统，去采取"去本土化"等的创作策略；第二，如果所有的世界文学作品都是能够在"译中获益"的作品，那么对于那些内容具备世界性质，而语言载体却由于太特殊而无法翻译的作品又该如何处理呢？

达姆罗什对世界文学的定义普遍适用于一切包含普世价值的作品吗？

---

① David Damrosch, *What Is World Literature*, p. 27.
② David Damrosch, *What Is World Literature*, p. 139.

我们以中国文学为例来分析这些问题。中国文化源远流长，中国文学从先秦时代的《诗经》《楚辞》起，经汉赋、唐诗、宋词、元曲至明清戏曲、小说，乃至20世纪以来的现代文学，经历了数千年的发展过程，创造出了辉煌的历史成果。抒情诗歌是中国文学传统的主流，与注重模仿的史诗、戏剧和小说等创作不同，这种以表现内心丰富情感和创造空灵意境为主的文学，具有朦胧宽泛、抽象多义等不确定的特点，尽管这些诗歌也是一定社会时代和个人身世感受的产物，但它更多地带有"人类共同精神和人性共同感"。如果套用达姆罗什世界文学的第一条定义来评判中国文学，首先，中国文学具有进入"双重层面"的潜质①。我们可以随意挑选几个千百年来为人们所传诵动人篇章，来具体感受一下其中所富含的"世界性"潜质。

《诗经》对征夫久役将归的复杂心情的描写：

　　昔我往矣，杨柳依依；今我来思，雨雪霏霏。行道迟迟，载渴载饥；我心伤悲，莫知我哀。《小雅·采薇》②

东汉后期古诗对人生易逝、生命短暂的感伤：

　　回车驾言迈，悠悠涉长道。四顾何茫茫，东风摇百草。所遇无故物，焉得不速老？盛衰各有时，立身苦不早。人生非金石，岂能长寿考？奄忽随物化，荣名以为宝。（《古诗十九首·回车驾言迈》）。③

唐代诗人王勃（650~676）、王维（701~761）对送别之情的深沉表达：

　　城阙辅三秦，风烟望五津。与君离别意，同是宦游人。海内存知己，天涯若比邻。无为在歧路，儿女共沾巾。（《送杜少府之任蜀川》）
　　渭城朝雨浥轻尘，客舍青青柳色新。劝君更尽一杯酒，西出阳关

---

① "双重层面"（double foci）和"折射性"（elliptical refraction）解读是达姆罗什世界文学理论的两个重要概念。"双重层面"即与读者体验相关的人性共同感与异域文化时空条件相关的作品本身的特质；"折射性"解读则是进入异质文化的作品在读者中产生的"情感投射"作用。
② 袁世硕主编《中国古代文学作品选简编》，中国人民大学出版社，2014，第19页。
③ 吴小如、王运熙、章培恒、曹道衡、骆玉明等撰写，《汉魏六朝诗鉴赏》辞典，上海辞书出版社，2011，第149页。

无故人。(《送元二使安西》)①

杜甫（712~770）描写江边秋景表达人生悲苦失意的低沉情调：

风急天高猿啸哀，渚清沙白鸟飞回，无边落木萧萧下，不尽长江滚滚来。万里悲秋常作客，百年多病独登台。艰难苦恨繁霜鬓，潦倒新亭浊酒杯。(《登高》)

北宋文学家苏轼（1037~1101）悼念亡妻表达缠绵悲苦的情感：

十年生死两茫茫，不思量，自难忘。千里孤坟，无处话凄凉。纵使相逢应不识，尘满面，鬓如霜。夜来幽梦忽还乡。小轩窗，正梳妆。相顾无言，唯有泪千行。料得年年断肠处，明月夜，短松冈。(《江城子》)

清代词人纳兰性德（1655~1685）所表达的思乡之情：

山一程，水一程，身向榆关那畔行，夜深千帐灯。风一更，雪一更，聒碎乡心梦不成，故园无此声。(《长相思》)②

中国传统文学所表达的情感所具有的广泛性质远远超出了个人身世的狭隘范围，读者通过作品形象可以联想到许多一般的人生问题，产生类似的感触从而在感情上产生共鸣。从"文化层面"的角度来看，中国古代诗人对人伦亲情的描绘，对亲友离别、人生苦短、宦游失意等痛苦抑郁之情的抒发无需太多文化信息的辅佐即可被各民族读者理解，成为达姆罗什所说的"超越能力"带领作品跨越民族差异而立足于"双重层面"，并走向世界文学。

但是，如果我们用第二条定义"译中获益"为标准来审视中国传统文学，似乎就会产生一些疑问了。举一个简单的例子。在《如何阅读世界文

---

① 主编郁贤皓，本卷主编郁贤皓、胡振龙《中国古代文学作品选》（第三卷），高等教育出版社，2015，第67页。
② 袁世硕主编《中国古代文学作品选简编》，第737页。

学》的第一章中，达姆罗什引用了杜甫的《旅夜书怀》来比较中西诗歌传统的差异。这首诗的原文是：

> 细草微风岸，危樯独夜舟。
> 星垂平野阔，月涌大江流。
> 名岂文章著，官应老病休。
> 飘飘何所似，天地一沙鸥。

而达姆罗什引用的英文译本是这样的：

> Slender grasses, breeze faint on the shore,
> Here, the looming mast, the lone night boat.
> Stars hang down on the breadth of the plain,
> The moon gushes in the great river's current.
> My name shall not be known from my writing;
> Sick, growing old, I must yield up my post.
> Wind-tossed, fluttering—what is my likeness?
> In Heaven and Earth, a single gull of the sands. [1]

　　对比之下，这首五律唐诗所谓"去本土化"的译本虽然较为完整地传达了作者漂泊无依、怀才不遇的心中情感，但中国古典诗歌凝练精美、工整对仗如音乐一般的语言美感在中英文的转换中却完全丢失了。与表音体系的西方语言不同，汉字有象形宇宙万物的意味，语音又有声调的各种变化。不必说汉语转化为"世界英语"会流失许多东西，就是古代汉语向现代汉语的转换，其效果也会出现很大的变化，如果将《诗经》或秦汉散文译为现代语体，其美感效果也会大大弱化。对于这个问题，达姆罗什持这样的看法：作品精神价值在世界舞台上的传递更为重要，翻译赋予了古典作品"现代生命"（gain a contemporary life）。与作品超越的思想价值被埋没于历史语境的损失相比，语言层面上的牺牲是必须的，也是可以承受的。这也正是中国文学具备世界文学潜质的另一证明。

---

① David Damrosch, *How to Read World Literature*, MA：Wiley-Blackwell, 2009, p. 14.

　　但是，中国文学那些可以进入"双重层面"的人类共同精神和人性共同感原本是由汉语来承载和表达的，两者密不可分。尽管在翻译流通的过程中这些深层的东西可以被异质文化的读者接受，但是离开了汉语本身的文体形式，还是流失了太多珍贵的东西，令人痛惜。虽然古代汉语由于太受限于单一民族传统而的确可以被归入"特殊文化信息"的范畴之中，并且依照达姆罗什的观点，在译介过程中可以作为牺牲而被去除掉。但是，古代汉语的音韵美感作为中国古典诗歌审美价值的一个重要组成，与可以被注解或忽略的民族风俗等其他文化信息不同，其价值足以与诗文所表达的精神内涵并驾齐驱，两者中，牺牲任何一方的损失都是无以弥补的。在这种情况下，由于确信作品的精神内涵具有普遍的世界性质，我们也许可以放弃原作精雅工整、朗朗上口的语言美感为代价来促成作品的跨文化传播之旅，但这并不表示达姆罗什关于"行文风格上的损失会被内涵深度上的扩展弥补回来"的观点仍可以令我们无条件地信服；而他所发出的抛开原文、放下对译文的偏见并尽情拥抱它们的呼吁，也似乎太过绝对了。

　　达姆罗什通晓 12 国语言但并不包括汉语，他对中国博大精深的传统文化的体会全部来源于翻译。作为一名世界文学、文化的研究学者却对世界上使用人数最多的语言缺乏基本的感性认识，这不能不说是达姆罗什自身能力的一个缺憾。对于所有具备世界文学潜质的作品来说，其精神价值的本质由于符合人性共同感而具有普遍性，但其语言载体却是具有多样性和特殊性，很明显，由于认知面的限制，这后一点被达姆罗什忽略了。着力打破西方中心主义、强调世界文学组成的动态性质以及突出读者接受作用，达姆罗什的这些观点虽然给比较文学研究带来了正面的冲击力量，但来自各民族背景的学者和作者们在处理本国文学的"本土性"与"世界性"的关系时，也应当考虑到达姆罗什世界文学理论的局限性。

　　以上论述并非要否定达姆罗什关于民族文学在传播中通过"折射性"解读而被"再创作"，并形成其世界文学的基本理论。这里想要说明的是，汉语以及由汉语所表达的某些本土时空的特殊信息，是会随着汉语使用人数的扩展和国家综合实力的不断增强而逐渐具有"世界性"。华人占世界人口的 1/5，世界各国学习和使用汉语的人数也在不断增加，绵延数千年不断的汉语及其文字，具有世界上其他民族语言所没有的独特的美感，这种美感虽然特殊，但具有强烈的感染力，一旦被了解和熟悉，它很有可能最终成为英语之外的另一种世界语言，即"世界汉语"。同时，伴随着国家民族经济政治等综合实力的提升以及精神文明的重振，中国延续五千年的古老文化将得到新生，它的东方神秘主义的面纱将被揭去，它因贫弱而遭歧视和轻蔑的历史将成为过去，那些包含在这些文化中的丰富多彩的原先无法传播的"特殊"信息，也将越来越多地引起西方世界乃至世界各国的兴趣，那些在本土时空中原本被异质文化排斥的东西如各种不同的地方色彩等，也有可能越来越多地从民族性转为"世界性"，最终成为全人类的文化财富。当然，这也是一个值得期待并努力推进的历史过程。

北京审美文化的渊源

郭大顺[*]

　　由邹华先生主编的《北京审美文化史》，提出北京地区古代审美文化发展"三边构架"和"三点轮动"的研究成果，作者提到，这是他们吸收了包括考古学在内的学术界最新成果提出来的。在这里，我仅从考古学方面对《北京审美文化史》这一具创新性的研究成果谈一点感受。

　　自 20 世纪 80 年代初以来，中国考古学提出了考古学文化区系类型理论，这一理论的精华，在于揭示出中国各地古文化既各有自身的发展序列、特点，发展水平又大致同步，并在相互频繁交流中向一起汇聚，成为中华文化与文明起源与发展的原动力和主要导向。其中以彩陶、尖底瓶——鬲为主要考古文化特征、以粟作农业为主要经济活动的中原文化区，以鼎为主要考古文化特征、以稻作农业为主要经济活动的东南沿海及南方文化区，以筒形陶罐为主要考古文化特征、以采集、渔猎为主要经济活动的东北文化区这三个大区从史前到秦统一的历史发展进程中所起历史作用最大，这三大区的文化交汇也最为频繁。

　　《北京审美文化史》提出，北京地区在不同的历史时期，曾是这三大文化区交汇的中心和重心，从考古学上看，是有所依据的。这尤其表现在距今五千年前后这一阶段。这一时期，北京地区分布有属于东北文化区的红山文化和与红山文化有关的史前文化，此后的昌平雪山一期文化具有被称为后红山文化的小河沿文化特征。与北京地区同属永定河流域的桑干河上流则有蔚县三关遗址群和阳原县姜家梁墓地的有关发现。三关遗址群出有

---

　　* 郭大顺，辽宁省考古研究所名誉所长、国家文物鉴定委员会委员。

较多中原地区仰韶文化庙底沟类型的花卉纹彩陶和小口尖底瓶，但该遗址群也出有少量"之"字形的篦点纹等燕山以北地区红山文化的代表性纹饰，特别是四十里坡遗址出土的一件饰龙鳞纹的垂腹罐，更是红山文化的典型器物和典型花纹。阳原县姜家梁墓地位于著名的泥河湾盆地，埋葬盛行仰身屈肢葬式，挖土洞墓穴，随葬器物有折腹盆、豆和双耳小口壶，有彩绘陶，葬式、墓葬结构和共出器物，都与北京昌平雪山一期同属小河沿文化。小河沿文化曾受到来自东南沿海地区史前文化的强烈影响，出现了具山东大汶口文化因素的镂孔豆和高领壶以及项环和臂环等装饰品代表的习俗，又有由燕山南北地区南下的趋势。

这样，根据以上北京及邻近地区的考古实证，可以描绘出距今五千年前后中华大地南北之间和东西之间的两幅文化交汇图。南北之间的交汇图为：源于关中盆地的仰韶文化的一个支系，即以成熟玫瑰花形图案彩陶盆为主要特征的庙底沟类型，与源于辽西走廊遍及燕山以北西辽河和大凌河流域的红山文化的一个支系，即以龙形（包括鳞纹）图案彩陶为主要特征的红山后类型，这两个出自母体文化而比其他支系有更强生命力的优生支系，一南一北各自向外延伸到更广、更远的扩散面。它们终于在永定河流域及其支流的桑干河流域相遇，然后在辽西大凌河上游重合，产生了以龙纹和花结合的图案彩陶和"坛庙冢"三位一体为主要特征的新的文化群体。东西交汇图为：山东以泰山为中心分布的大汶口文化先向西挺进中原，出现以东方发达的鼎、豆、壶类替代仰韶文化彩陶器的趋势，接着又沿渤海湾向北方延伸，在燕山以北继红山文化之后生成了小河沿文化，小河沿文化向南推进的势头甚至超过红山文化，不仅有燕山南麓的北京雪山一期和河北阳原姜家梁等同类文化遗存，而且向南跨入华北平原南部和山西汾水流域。被学者普遍视为尧都的山西省襄汾陶寺遗址，就包含了不少红山文化和小河沿文化因素。

在这两幅文化交汇图中，前述三大文化区的诸考古学文化如燕山南北地区的红山文化、小河沿文化，东南沿海的大汶口文化，中原地区的仰韶文化，先后扮演了交汇的主要角色，而北京地区所在的永定河及其上游的桑干河流域先是南北交汇的对接点，接着又是受东方强烈影响的小河沿文化由东到北再向南移动的重要通道。

这两幅文化交汇图极为重要，因为这使我们联想到文献记载五帝时代诸主要人物的活动轨迹，这就是《史记·五帝本纪》所记黄帝与炎帝、蚩尤的涿鹿阪泉大战。多位古史专家将文献记载与考古发现相结合，考证黄帝部族来自北方，炎帝部族来自中原，蚩尤部族来自东方。其实，古史传说所记战事多是文化交汇的一种形式，从而所记黄帝与炎帝之间的战争，可以理解为仰韶文化与红山文化南北交汇的反映，黄帝与蚩尤之间的战争，则最可能与东方大汶口文化和小河沿文化之间的交汇有关。这两次战争所在地的"阪泉之战"与"涿鹿之战"，又是包括北京地区在内的永定河及其上游桑干河流域作为三大文化区交汇地带的真实写照。表明在这一维系中华民族历史命运的重大事件发生和演变过程中，北京及邻近地区是一个重要舞台。

《北京审美文化史》则从审美文化的角度对考古与古史传说结合的这一成果加以深化，以为这三大族团向北京地区的集中，实际上就是三大文化在北京地区的交汇；就审美文化而言，也就是山野玫瑰、太阳飞鸟和石玉群龙为标志的三大文化的审美取向、审美底蕴和潜质在这里的碰撞与融合。

山野玫瑰是中原仰韶文化彩陶的主体图案，太阳飞鸟一般被视为东方的主要崇拜物，而石玉群龙则是燕山南北地区红山文化的文化创新。联系到这三大区考古文化特征和经济类型的差异及相互密切关系，展现出距今五千年前后是一个各区域诸考古文化以个性得以充分发展为主又频繁交汇、你中有我、我中有你、文化不断组合与重组的时代，最终导致由四周向中原汇聚走向最初文化共同体的过程。

然而，当时各区域诸考古文化之间从经济基础到文化传统是如此不同，文化多元性的发展导向，却不是各自分道扬镳，而是在发展个性的同时向一起聚集，不同区域文化首先实现了文化上的认同，正是这一"认同的中国"，为中国历史奠定了第一块基石。对于影响中华文化和文明起源与发展全局的一次重大历史抉择，中国考古学文化区系类型理论的创始人苏秉琦先生在中华文明起源讨论中提出了"汇聚—突变—传递"的观点。他以为，中国文明起源研究的最终学术目标是"从考古遗迹、遗物中寻找在历史上长期起着积极作用的诸因素，是如何从星星之火扩为燎原之势，从涓涓细流汇成大江长河这个解开中国文化传统的千古之谜"，是揭示"文明火花的迸发、传递，最后连成一片，最终成为炫人眼目的熊熊烈焰"的历史进程。距今五千年前后在文化交汇中异常活跃的红山文化与仰韶文化之间花与龙的结合，作为中国古代礼制重要载体的"鼎豆壶"源于东方并为中原所接受，作为文化交汇迸发出的文明火花，都是在中国历史上长期起着积极作用的代表性文化性因素。值得特别提出的是，从考古材料揭示的与民族文化传统有密切关系的这些文化因素，不是物质生产方面的，而都与精神领域有关，凸显出中国文化与文明起源发展有着自己的道路和自身的特点，即视精神文化重于物质的历史观和价值观。

由此看来，北京地区作为三大区文化交汇点并以此为背景形成的古代审美文化"三边构架"和"三点轮功"，其蕴藏的历史文化内涵和在中华文化传统传递过程中的历史地位和作用，还都有待作更深入地挖掘和评估。

（原载《北京日报》，2013 年 11 月 18 日第 20 版）

山野玫瑰、太阳飞鸟和石玉群龙的交汇融通之美

——读《北京审美文化史》

姚文放[*]

记得早先在西安参观陕西历史博物馆，有一事让我感触颇深，三个展馆分七个单元，前六个单元介绍史前、周秦、汉魏、隋唐的历史文化，可谓灿烂辉煌，光芒万丈！但到了最后一个单元《告别帝都——唐以后》，将唐后四朝宋、元、明、清合并为一厅，文物寥落了许多，精品黯淡了不少，透出皇朝中落、王气收煞的萧瑟和落寞，至此整个波澜壮阔的历史行程几乎是戛然而止。这种反差让我觉得兀然，但转念一想，觉得也能想通，历史往往是存在断裂的，它在古都长安造就了如日中天的辉煌，也演成了悲情低回的落幕！但是历史也有相反的情况，地理的腾挪、空间的变迁，使得多种因素有可能发生遇合，从而激活历史沉睡的活力在苍茫中迸发，在寂寥中崛起，开启了又一个壮阔宏放的辉煌阶段。北京的历史文化就是如此。正由于这样一种特殊性，有些关于北京历史文化的著述往往将研究重点放在元、明、清三代，对于元代以前的情况则一带而过或存而不论，似乎难觅过往的历史脚步在幽燕北疆留下的遗痕。

邹华主编的《北京审美文化史》开篇就提出了这样一个问题：从现有材料看，北京审美文化的历史发展确实以金元为界而呈现出前轻后重的局面，大量的审美文化现象主要集中在金元以后，从上古到金元之前则显得十分单薄。造成这种局面的原因可能有多种，一个最重要的原因是，金元

---

* 姚文放，扬州大学文学院教授。

之后北京接上了在古都长安延续了十三朝的"龙脉"，成为政治、经济、文化之中心而产生重要影响。此后审美文化的热闹繁华与金元之前幽燕边塞之地文化遗存的零散寥落稀形成鲜明的对照。虽然这种反差是无可回避的客观事实，但金元以后北京审美文化的繁花似锦并不是偶然现象，乃远古以来深厚的历史土壤积淀的结果。如果因现有材料的限制而忽略或放弃对于金元之前北京审美文化的研究，那么对于金元以后的北京审美文化也就无法给出合理的解释。

正是基于以上考虑，该书提出了"三边构架""三点轮动"的理论，以此来建构从上古开始直至元、明、清的北京审美文化史。所谓"三边构架"即中原华夏、海岱东夷和辽西北狄三大文化交汇的历史背景，其中中原华夏文化在北京西南方的黄土高原，考古学称之为仰韶文化；海岱东夷文化在北京东南方从海滨到泰山周围的广大地区，考古学称之为大汶口/龙山文化；辽西北狄文化在北京北上方的辽河流域西部的丘陵山区，考古学称之为红山文化。北京审美文化的三边构架应是由这三种文化耦合而成，从五千年前大致是新石器时代中晚期起，这个构架就逐渐形成了。所谓"三点轮动"，是指在历史上上述三大文化以东方、西方和北方轮流施动的方式分别作用于幽燕之地。在一定的时期或历史阶段，这三大文化中的某一种占有主导的优势地位，而其他两种文化则处于被动附属地位。三大文化的轮动，大致出现在四千年前的新石器时代晚期或夏商青铜时代之后，其顺序是，首先出现在海岱东夷文化中，然后出现在中原华夏文化中，最后出现在辽西北狄文化中，并一直延续到清代结束。这种历史性的轮动，导致了北京审美文化夏商时期南下中原、两周时期北上辽河、秦汉之后南北居中的动态结构。

然而建构北京审美文化史，必须将上述"三边构架""三点轮动"归结到它的审美表现。该书从浩瀚的史料中爬梳出山野玫瑰、太阳飞鸟和石玉群龙三个意象，用以代表中原华夏文化、海岱东夷文化和辽西北狄文化的审美风尚和艺术趣味。该书认为，仰韶文化中的彩陶器往往以一种属于蔷薇科的玫瑰花卉纹彩为特色，华山之下曾经长期生活着以玫瑰花图案为族徽的仰韶文化先民，当地先民正是以这种神圣的花卉图案控制着仰韶文化中的诸多族群，并向周围相邻诸文化施加影响，甚至华山也因此而得名。海岱地区的先民自远古起就有"崇日尚鸟"的传统，在他们心目中，太阳的升降起落有如飞鸟，因此飞鸟也就成为太阳的象征，二者逐渐趋于一体化。这在远古神话中有所表现，《山海经·大荒东经》称："汤谷上有扶木，一日方至，一日方出，皆载于鸟。"《淮南子·精神训》中也有"日中有踆鸟"的说法。另外，在大汶口文化的陶器上也留有对于太阳飞鸟表示宗教崇拜的图案纹饰。红山文化是辽西北狄文化的代表，它造就了作为中华民族象征的龙文化。红山龙起始年代早，种类繁多，各阶段相互衔接，演化脉络清楚，其中摆塑龙和玉雕龙则是红山龙的代表作，从而红山文化成为中华龙的发祥地之一。该书认为，以中原华夏文化的山野玫瑰所代表的世俗眷恋和人间亲情，海岱东夷文化的太阳飞鸟所代表的精神超越和高远境界，辽西北狄文化的石玉群龙所代表的强劲活力和雄浑风格，这三者在幽燕大地高度融合，铸成了北京审美文化深邃悠远的蕴涵和博大辉煌的风貌。

《北京审美文化史》一书将北京审美文化从上古直至元、明、清全部历史过程中数千年的发展过程尽收笔底，分为上古至元代、明代、清代三卷，达110余万字，规模宏大、内容丰赡，宏微俱观，图文并茂。目前在做北京审美文化研究的不乏其人其书，但据笔者阅览所及，达到如此规模和容量的还不多，而且已如前述，多以明清北京审美文化为主，偏重晚近。相较之下，该书第一卷恰恰偏重于前一段，对于上古至元代的北京审美文化的研究用力尤深，既揭扬了研究对象深厚的文化积淀，又显示了研究主体理论思维的凝聚作用，而这股子精气神又贯穿在后两卷的写作之中，从而建构为一部完整、连贯的审美文化史，为北京审美文化研究开了新生面。

（原载《中国文化报》2013 年 12 月 25 日，第 3 版）

北京审美文化的历史解读

冯 蒸[*]

北京审美文化历史悠久，从周口店、上宅原始文化开始，中经商周汉唐幽燕文化的深厚积淀，直至金元明清的帝都文化，在每个不同的历史时期，北京审美文化都呈现出代表性的形态风貌，其中演变发展的继承性和连续性是这一漫长过程的显著特点。然而长期以来，学界对北京审美文化的研究却大多处在分门别类的零散状态，如对胡同、四合院、街道门楼等生活现象的研究，以及对北京书画、宫殿、园林等艺术现象的研究；不仅如此，那种对上古至明清的历史全程的贯通性研究，则基本上处在空缺的状态。新近出版的三卷本《北京审美文化史》（邹华主编，邹华、王南、贾奋然分撰三卷，北京大学出版社，2013），初步改变了这种局面。

面对北京审美文化漫长的过程和繁杂的现象，整体性的宏观视点显得尤为重要的，而站在理论思维的高度看北京历代的审美现象，这正是《北京审美文化史》最独具匠心的地方；根据考古学和历史学的研究成果，该书通过对大量艺术和审美史料的深入研究，提出了北京审美文化"三边架构"与"三点轮动"的理论，使之成为提纲挈领的主线，将北京地区的审美文化现象贯穿为一个有机的整体，在丰富的微观现象的基础上显示美学精神的普遍性，构成了具有综合性和连贯性的历史图景。

按照该书的阐释，北京审美文化的"三边架构"是指中原华夏、海岱东夷和辽西北狄三大史前文化中心以北京地区为中心形成的交互关系。作者指出，尽管这个时空构架早在远古时期就已形成，尽管在这个构架中融

---

* 冯蒸，首都师范大学文学院教授。

会而成的北京审美文化已经延续到今天，但对这个构架的发现和认识，还是一种刚刚起步的新尝试和新探索。"三点轮动"则是指从夏商至清末北京审美文化在不同历史时期依次出现的三种特殊的运行轨迹；三边构架形成于新石器时代中晚期，而三大文化的轮动，则出现在夏商青铜时代之后，其顺序分别是海岱东夷文化、中原华夏文化和辽西北狄文化。这种历史运行轨迹深刻地影响了北京审美文化的发展，引导它在三边构架中向一定方位的倾斜或寻找主要的发展方向。

首次轮动发生在夏商时期，在海岱东夷文化的引领下，起源于北京平原的商族南下迁徙中原，参与了青铜巫史文化的创造；二次轮动发生在两周时期，在中原华夏文化的推动下，始封幽蓟之地的燕国北拓辽土，将礼乐之美播散在广袤的草原森林；三次轮动发生在秦汉之后，受辽西北狄文化不断南下的冲击，汉族文化相应北上，从而形成幽燕居中的文化地域新格局。北京审美文化交合四域的中心地位和向周边扩散的辐射力，正是以这个特殊的历史背景和演进模式为依据的，而其"花展龙凤"的审美特征，也是在这个基础上形成的。中原华夏山野玫瑰的家园亲情（花）、海岱东夷太阳飞鸟的高远境界（凤）、辽西北狄石玉群龙的雄浑气魄（龙），这三大古美的交流融合，构成了幽燕大地和燕蓟故都的深厚的审美底蕴。

在上述宏观理论的指导下，该书对北京地区从上古至清末复杂多样的审美现象进行了全面系统的研究，这在北京审美文化的研究上尚属首次。作者注重这些现象在社会风尚、民族心理、时代特征、审美理想层面上的深厚底蕴和内在联系，清晰地再现了北京审美文化在不同时期发展变迁的脉络和特点，以立体感受和纵深潜入的方式向读者展现出北京审美文化丰富多彩的历史风貌，可以大致分为三个层次。

首先是物质层面的审美文化，其中建筑艺术占有很大的比重，包括燕南下都、燕北长城、居庸关隘、北齐长城、石雕宝塔、云居石刻、辽金壁画、皇城景象、四合庭院、明代长城、故宫、庙坛园林、北京胡同、明十三陵、圆明园、颐和园、景山五亭、白塔寺、双黄寺、雍和宫等，而无论作为幽燕审美文化标志的北齐长城，还是辉煌壮丽威严神秘的故宫，无论方方正正的四合院，还是自然朴素的静宜园，都给读者留下身临其境的深刻印象，使读者生动地理解了每一种典型的北京建筑的历史起源和审美价值。

其次是在精神层面的审美文化，涉及文学、书法和绘画等艺术门类，这一部分更加绚丽多彩。在文学方面，该书向我们介绍了以诗证事的西汉诗学、儒风典雅的东汉文宗、北征乌桓的曹魏乐府、苍凉悲壮的边塞诗韵、幽默滑稽的院本杂剧、说唱世情的宫调西厢、天然本色的北歌传统以及明清两代优秀的诗歌创作等；在绘画方面，本书作者从审美价值到文化内涵都做了深入浅出的描绘，例如雷纹、龙纹、鸟纹三美纹饰的交融，从借书传形的版画艺术到融合中西的新体绘画，等等；对北京地区历代书法的介绍，如翰墨成势、台阁法度、狂草书法、北邢笔墨等。除了这三方面，还有许多对北京其他精神层面审美文化的介绍，可谓琳琅满目，让人大开眼界。

最后是与"人"相关的审美文化现象，包括冀幽燕蓟历代人物事迹、世俗民情、宗教意识和审美观念等。这一部分是典型的"文化"层内容，比如阪泉涿鹿的黄帝事迹、始发燕蓟的列祖功绩、齐鲁燕的三族鼎立、实至名归的北京文化、皇权治下的民俗文教、明代两极分化的审美取向、朴学思潮的金石之趣、风云变幻的晚清审美变革等。这些与北京"人"密切相关的文化精神，更为深入地解读北京审美文化的心态内涵，提供了独特的视角，并与本书的其他内容相映生辉。

除了对北京审美文化内涵和外延的丰富展现，该书还配有大量相关图片，如绘画、书法、建筑图片、诗文原稿、人物肖像、地图等，生动而形象地介绍北京的审美文化现象，给读者以直观的印象，增加了知识性和趣味性。另外，本书的叙述语言具有一种特殊的诗化风格，讲究句式的对仗，长短句错落有致，音韵和谐，例如本书的目录，上古至元代卷：

> "苍凉粗犷的隋唐意象"一章，三节的标题为："幽燕奇美：北朝边地的荒寒景色""燕山释藏：佛教艺术的大美精神""天地悠悠：苍凉悲壮的边塞诗韵"，三节之下的标题分别为：寄情山水的北魏文才、居庸关隘与北齐长城、卢氏书法与北朝书风、燕凉并列的佛教聚兴、抚慰孤魂的悯忠佛寺、汉白美玉的石雕宝塔、云居石刻的敦煌映照、幽州楼台怀古情、海畔云山拥蓟城、月下苦吟禅境幽。

这种语言风格具有很强的文学性，因而这部北京审美文化史也称得上是一部文学佳作。

简言之，创新的理论支点，清晰的历史脉络，丰富的文献材料、生动的图像展示和诗化的语言风格等，这些方面构成了《北京审美文化史》独特的学术品质和美学风貌；这一研究成果，对于了解北京审美文化乃至中华审美文化的内部规律和深厚底蕴，对于弘扬传统文化，推进当代北京文化建设，塑造首都新形象，具有重要的意义。

（原载《中华读书报》2014 年 5 月 14 日，第 11 版）

北京审美文化全景

——读《北京审美文化史》

王旭晓[*]

　　由邹华主编、联手王南与贾奋然三位教授共同完成的《北京审美文化史》今年6月由北京大学出版社出版。全书一百多万字，分三卷考察了上古至清代的北京审美文化，展示了在这漫长的历史岁月中北京审美文化的全景图。

　　审美文化是整个人类文化的重要组成部分，或者说，是人类文化的一个层面，因为任何文化都有着审美性或审美层面。人类生活中的具体生动的审美现象和各类艺术，是审美文化的载体。审美文化研究，就是要从繁杂多样的审美现象中探寻一定社会历史时期审美创造的一般规律和特点。与偏重概念、范畴推演的抽象形态的美学研究相比，审美文化研究凸显了具体生动的审美现象的重要地位；然而正如美学研究在揭示美的基本特征和发展规律的同时，总是通过生动的审美现象找到对美的理论抽象的具体印证一样，审美文化研究在关注经验现象的同时，也总是力求上升到社会风尚、民族心理、时代特征、审美理想的理论高度。

　　首都北京是现代化的国际大都会，也是历史悠久的文化古城。从周初燕国建立至今，北京审美文化已有三千多年的历史，而其更深的背景，可以追寻到中华文明的起源。本书属于对北京古代审美文化的历史考察，即考察北京民国之前的审美文化史。

　　与已有的对北京审美文化的研究不同，本书的着眼点在于使研究具有

---

　　* 王旭晓，中国人民大学哲学学院教授。

综合性和连贯性，力图通过对繁杂材料的分析和选择，将审美现象提升到理论思维的高度，在丰富的微观现象的基础上显示美学理念的普遍性。由此出发，通过宏观的审视和多方位的把握，使北京审美文化史显示为一个连贯整体和有序过程，展现其积淀或深藏了数千年之久的美学底蕴。

　　本书提出，北京审美文化的特殊性在于其形成和发展与所处的多元文化构架的中心位置相关。从五千年前黄帝、炎帝和蚩尤的阪泉涿鹿大战开始，北京审美文化就形成了一个以中原华夏、海岱东夷和辽西北狄三大文化交汇的历史背景或三边构架。在此后漫长的历史过程中，这三大文化以东方、西方和北方轮流施动的方式分别作用于幽燕之地，导致了夏商时期北京审美文化南下中原、两周时期北上辽河乃至秦汉之后南北居中的特殊状态；而中原华夏文化的山野玫瑰所代表的世俗眷恋和人间亲情，海岱东夷文化的太阳飞鸟所代表的精神超越和高远境界，辽西北狄文化的石玉群龙所代表的强劲活力和雄浑风格，在幽燕大地高度融合，形成了北京审美文化深邃悠远的蕴含和博大辉煌的风貌。本书就是在这个三边构架的历史背景与三点轮动的历史过程中，展示了北京审美文化的全貌与深厚底蕴。

　　本书第一卷按时间顺序为上古至元代卷，首次系统梳理了北京审美文化从新旧石器时代经商周、汉唐、辽金至元代的演变过程，探讨了北京审美文化独特的运行轨迹以及最终确立其中心地位的内在规律，揭示了明清两朝乃至现代北京审美文化发展的来自历史深处的无尽活力。

　　第二卷为明代卷，纵论明代北京审美文化的发展历史、审美意识、范式特征，具体展示了明代长城、宫苑建筑、绘画雕塑、书法诗文、戏剧演艺、器物工艺、民俗文教的风貌，探讨了明代多元共生的审美观念。

　　第三卷为清代卷，描述了清代北京审美文化的完整的历史面貌，综合阐释了清代北京审美文化的基本形态与审美特点，采取以史为纲、史中见类的方式讲述了清早期入京仕清文人的遗民心曲，以"国初六家"为中心的诗人群体的审美交游活动及诗学思想，清初北京词坛中兴的蔚为大观之势，康乾盛世戏曲观演盛况、盛世宫廷绘画、帖书和陶瓷艺术，古典皇家园林和藏传佛寺的营建，乾嘉朴学思潮浸染下的金石之趣，清中晚期古典小说创作的辉煌，晚清梨园盛景和民间曲艺，以及风云变幻的晚清诗、文的审美变革。

　　综观全书，可以看出北京审美文化的三大特征：

　　第一，发展过程的连贯和持久。北京审美文化从旧石器时代开始至明

清两朝，几乎每一历史时期都有代表性的审美文化形态出现。与全国其他
地域或城市相比，北京审美文化的这种从远古持续到明清的连贯性的特点
似又具有某种唯一性。

第二，雄浑的气魄与开放的性格。从五帝时期北狄黄帝族南下阪泉、
涿鹿开始，北京审美文化就具有了一种龙兽文化的充满活力的强悍气息，
从而也具备了与这种气息相应的直率与开放的审美特征。尤其是从三点轮
动的第三个时期开始，北京审美文化的这种气息与特征就更为突出和明显，
不仅有雄浑厚重的壮美之风，而且有海纳百川的宏大气魄，这一点尤其充
分地体现在对外来文化特别是佛教文化的吸纳上。

第三，高雅文化与世俗文化的并行重合。北京审美文化进入金元之后
的一个重要特点，便是皇权文化与世俗文化的并行发展。此后，以北京为
都城的明清两代延续了元代雅俗两种文化并进的特点。

本书在三边构架与三点轮动的基础上所展示的北京审美文化全景，不
仅是对美学研究的深化与具体化，更是对正在逐渐加温的审美文化研究提
供了方法论的启示。

本书为北京市哲学社会科学"十一五"规划项目与国家社科基金后期
资助项目成果。

（原载《中国社会科学报》2014 年 5 月 14 日，第 B07 版）

中国地域审美文化史的新建构

——评邹华教授新编《北京审美文化史》

王汶成　刘绍静[*]

美学史一般有两种：一是美学思想史，即由从古到今无数美学家的美学理论和美学观点连缀而成的历史；二是审美意识史，即由各个时代各个时期的审美现象显示的审美理想、审美趣味、审美标准、审美倾向等构成的历史。邹华教授主编的《北京审美文化史》（北京大学出版社 2013 年 6 月版）建构了另一种美学史，以富有创造性的理论和丰富的实证材料，充分展示了北京这一重要地区从远古至清代的审美文化发展的总体风貌和深刻内涵，其理论的创新性对建构地域审美文化史具有重要的学术价值。

审美文化有其自身发展演化的过程，美学史研究必须对这一历史演化过程进行审视和诠释，但是这种审视和诠释绝不仅仅是对审美文化现象事无巨细地罗列和简单直白地描述，而是应该以逻辑思辨的方法去概括和升华这些感性现象，以期挖掘出深藏于历史表象背后的内在规律。

在该书的绪论中，邹华教授提出了北京地区古代审美文化发展的"三边构架与三点轮动"的创新性理论。北京审美文化的三边构架，是指中原华夏、海岱东夷和辽西北狄三大史前文化（考古学称之为仰韶文化、大汶口/龙山文化和红山文化）以北京为中心形成的交互关系，是北京审美文化发展的背景；北京审美文化的三点轮动，是指上述三大文化的交互关系不是静态平衡的，而是动态变化的，三边构架中的三大文化以北京为中心的

*　王汶成，山东大学文艺美学研究中心教授；刘绍静，临沂大学文学院讲师、山东大学文艺美学研究中心博士生。

交汇融合过程中重心发生轮动，即某一文化在一定的时期或历史阶段占据主导地位，而另外两种文化则退居次要地位。这一原创性理论吸收了当今学术界最新的科研成果，从审美文化的角度对考古实证和古史传说加以结合和概括，并提炼出北京审美文化发展的特点和规律。全书以思辨性理论实证性方法统摄庞杂的审美文化现象，显示出著者在学术上的磅礴大气和深厚功力。

北京审美文化历史悠久，博大精深，具有极其丰富生动的感性材料，著者必须对繁杂的审美现象作整体性的关注，通过深入细致的选择、梳理和分析，才能以点带面地揭示并呈现历史演进过程中北京审美文化特征形成与发展的轨迹。《北京审美文化史》共分三卷：《上古至元代卷》《明代卷》和《清代卷》。该书全面考察了从石器时代到清代末年北京审美文化的发展过程，以周口店北京猿人审美意识萌芽的原始文化为开端，经过对殷周春秋战国的燕蓟审美文化深厚底蕴的开掘，以及对两汉魏晋隋唐的幽燕审美文化变迁的追寻，进而全面阐述了金元明清的京都审美文化的发展变化。著者通过宏观的审视和多方位的把握，努力将纷繁复杂的审美现象提升至理性思维的高度，将北京审美文化悠久的历史发展过程中所积淀的审美底蕴挖掘出来。

从北京审美文化的发展历史看，金元是非常重要的节点，金元之后的北京作为皇都在文化上地位极为显赫，留下了灿烂辉煌的文化瑰宝，而金元之前的审美文化遗存与之相比则显得零散而寥落。挖掘、搜集、梳理从上古至金元的审美文化原始材料，并将之转化为一个连贯有序的整体，其难度可想而知。《上古至元代卷》首次系统梳理了北京审美文化从石器时代经商周、汉唐、辽金至元代的演变过程。海岱东夷、中原华夏和辽西北狄三大文化以东方、西方和北方轮流施动的方式分别作用于幽燕大地，太阳飞鸟代表的精神超越和高远境界，山野玫瑰代表的世俗眷恋和家园亲情，石兽巨龙代表的强劲活力和雄浑风格，"凤花龙"三大古美的交流碰撞与高度融合，构成了幽燕大地和燕蓟故都深厚悠远的审美底蕴。在"三边构架与三点轮动"理论的支撑下，邹华教授揭示了北京审美文化独特的运行轨迹以及最终确立其中心地位的内在规律，亦为后世北京审美文化的繁荣昌盛做出了合理的解说。

明代的北京文化已形成了相对稳定的阶段性和地域性特征。鉴于明代在北京审美文化史中的特殊意义和明代北京审美文化的特征，《明代卷》采用了类中见史的叙述方式，分别讲述了明代北京长城的审美价值，分析了明代北京的人文和自然景观的审美特征，展示了明代北京的绘画、雕塑和书法的审美意义，概括了明代北京文化的京师特征、雅正与世俗、复古与创新等方面的审美价值以及戏剧、音乐包括乐妓和民间歌乐在内的各种演艺活动的审美性质，阐释了明代北京手工艺制作和京城民俗、市民生活和文化教育的审美内涵，最后介绍了明代北京的审美观念。此种论述方式便于勾勒出明代北京审美文化发展的轮廓和脉络，使得内容种类繁多的审美文化断代史条理清晰，解决了因幽燕地区复杂的文化传统和明代北京繁盛的审美文化造成的论述难题。

《清代卷》采取了以史为纲，史中见类的方式描述了清代北京审美文化的完整历史面貌，综合阐释了清代北京审美文化的基本形态和审美特点。清早期入京仕清文人的移民心曲，清初诗人群体的审美郊游活动及诗学思想和词坛的中兴，康乾盛世北京戏曲舞台上昆曲、京腔、秦腔、徽调的演化历史及观演盛况，精工雅致的盛世宫廷绘画、帖书和陶瓷艺术，登峰造极的古典皇家园林和藏传佛寺，乾嘉朴学思潮浸染下诗、文、碑书的金石之趣，清代中晚期北京古典小说创作的辉煌以及晚清的梨园盛景和诗文的审美变革。本卷对"三点轮动"理论进行了拓展，阐释了清代北京审美文化是在满汉交融、中西合璧、古今结合、京都文化与地方文化的轮动中形成的高度融合的创新型审美文化形态，显示了该理论建构的开放性。

此外，《北京审美文化史》还有一大亮点即图文并茂。全书以富有诗情画意的语言，将审美与历史娓娓道来，虽为美学史的创新之作，却无晦涩难解之语，给人古朴典雅之感。书中的各章节的标题尤为精彩，例如："三美融合的史前剪影""幽远深邃的商源蕴涵""气势宏伟的周燕古韵""以天应人的汉晋风尚""苍凉粗犷的隋唐意象""绚丽多姿的辽金风光""融通南北的乾元气象"等，不胜枚举。概因本书著者皆是长期从事美学理论、中国古典美学和中国传统文化研究的大学教授，学术素养丰厚，文化功底扎实，治学态度严谨。全书附有大量精选的图片，这不仅为正文提供了视觉上的参照对象，使文字与图像相互映衬，相得益彰，而且还能激发了读者的审美想象，增添了读者的审美体验，强化了全书的审美意趣，使人真切地感知到美学史并非单纯抽象的、枯燥的理论，它亦可以是生动的、丰满的。

审美文化史研究的对象和范围已定位在凝固的一去不返的历史长河里，

但其昭示的人文意义和价值却指向鲜活的不断前行的现实人生。《北京审美文化史》为认识绚丽多彩的北京审美文化提供了坚实的历史支撑和自觉的理论指引，为建构地域审美文化史提供了新的开端和新的方向。而其中所蕴含的美之韵致、文之典雅、史之厚重，则需读者自己去细细品味。

（原载《博览群书》2014 年第 1 期）

《北京审美文化史》

——北京文化灵魂的再发现

王纯新[*]

　　2013 年仲秋，在首都师范大学文学院任教的老友王南把一个沉甸甸的纸口袋递到我手里，打开一看，是一套三卷、装帧简洁的新书——《北京审美文化史》！数年之前聊起他和同事在筹备写作这套著作的时候，我曾经有些纳闷：一直在做中国古代文学理论，特别是诗学研究的他，怎么又琢磨起北京史来了？然而当我翻开书，仅仅是把绪论和每卷的目录浏览过，就被作者新颖的视角和叙述方式所吸引。初步阅读之后的感受直可以用两个词形容：震惊，欣喜。

　　先说震惊。

　　1982 年，我就读的北京师范学院（今首都师范大学）历史系在大学里首开"北京史"必修课。授课的是清末翰林的后辈雷大受先生。一个学期的课程，系统地讲述了北京从远古到晚清的政治、经济、文化历史。对于从小在京西长河边长大的我，被丰富、独特的北京的历史，特别是雷先生的声情并茂、十分投入的讲授深深吸引。这期我还在学生中主持成立了"北京史研究小组"。经雷先生引荐，我找到北京市社科所历史室（后改为北京市社会科学院历史所）曹子西先生，在刚刚创刊两年的《北京史研究通讯》上发了文章。毕业后，参加了北京市社会科学院劳允兴先生主编的《北京文化综览》编写，并从事北京现代史的研究和教学。改革开放，百废待兴，北京史研究迎来一个快速发展的阶段。当时的北京市社会科学院历

---

　　* 王纯新，人合正道（北京）管理咨询有限公司高级顾问。

史所在曹子西、常征、李林、阎崇年、赵庚奇、苏天均、王灿炽等一批学者的带引下，陆续做了大量的北京史基础和专门课题研究，产生了一系列重要的成果。与此同时，文物考古领域的工作也全面铺开，一系列考古新发现积少成多渐成质变。这些成果都对《北京审美文化史》书中最具价值理论的诞出产生了直接影响。

　　三十年来北京史研究成果显著是事实，遗憾的是始终未能超越地域的局限，从更大视野和更深动因的层面去发现北京地区文化发展现象中的内在规律，以至于摆在我们面前的"北京史"常常像一堆在金库中码放整齐、熠熠生辉的金锭，我们更像一位看守金库的保管员，对金库之外发生的事情不甚了了。而《北京审美文化史》的主编邹华先生提出的"三边构架和三点轮动"理论，从中华民族古代文明三大发源地数千年间在政治、军事、经济、文化等方面相互作用，对居于中心地带的北京产生持续搅动的角度，揭示了北京文化演进的美学内涵和意义。而审美文化，就像是一面透镜，使我们从纷繁的文化表象和耀眼的政治和军事争斗的强光干扰中精心观察，终于发现了一幅幅壮美动人的立体图画，也看到了三大代表文化融合互动中形成的北京文化及其在中华文化发展史中的地位和反哺作用。从这个意义上看，文化像是把数千年起伏跌宕、频发巨变的北京历史穿成光鲜项链的那条红线，而审美意识又像是让璀璨斑斓的文化现象灵动起来并凝聚其精神的那个深藏的灵魂！用"审美文化"这面透镜，从大地域和大时间的跨度、动态互动地考察北京史，不但合理地解释了中华文化发展史上的若干重要史实和疑惑，也从审美的角度跨越了三十年来北京史研究的某些局限，使北京史真正成为一门内涵更加丰满、体系更为完整、根源更加清晰的史学门类。可以说，这套新生的《北京审美文化史》对达到这个边际效应做出了关键性的贡献。从这个意义上讲，此书起码对于北京史和中国审美文化史领域的研究者来说，具有重要的参考价值。

　　"三边构架和三点轮动"的理论对于理解中国历史的意义还在于：在已经普遍认识到以红山文化为代表的辽河文明的先进性和独特性基础上，促使我们重新评价北方民族及其文化在中国历史演进过程中的巨大作用和重要地位。长期以来，大多数汉族民众对自己"炎黄子孙"的身份高度认同，但对历史上北方民族对我们文化基因的影响往往相对忽视或语焉不详。中原文化正统观念的影响至深至久，我们早已经习惯了"壮志饥餐胡虏肉""一扫腥膻数百年"的"豪情"，好像只有驱逐了"鞑虏"才能复我"中华"。殊不知，把眼界放到数千年的历史长河和更为广阔的疆域，北方的诸多民族同样是我们血脉的渊源，北方广大的山川大地，同样是我们先人生活和创造灿烂中华文明的舞台。读了《北京审美文化史》，我们的胸怀会更开阔。如果大家对此有更多的共识，也不致出现有成就的满学专家因为"美化清军"而当众遭到汉族读者肉体攻击的事件。从这个意义来讲，此书对于有志于从中国历史和中华文化汲取营养、探求真知的人们来说，会有一种遇之恨晚的感觉。

欣喜，是我读了《北京审美文化史》的又一个直接感受。

但凡我们喜欢一座城市，要么是因为她具有丰富的文化内涵和承载它的物化标记；要么那里住着你在意的可以分享情感的亲人和挚友。如果这里同时又是你生于斯长于斯的家乡，一种热爱之情就会油然而生。对于我来说，北京就是这样一座城市。北京足够宏大，文化足够丰富，历史足够悠远。我由衷地为她自豪。但凡有外地甚至外国的好友到京，我常会伴他们去未经修缮的老长城攀爬，与他们一起从长城上俯瞰曾经是四通八达、骏马秋风的燕山大地，品味长城峰回势转的雄姿和一砖一石的细节，揣摩古人咏叹北国风光的诗情文意。或者在曲径通幽的金代寺院大觉寺玉兰堂，几颗红枣，一壶菊花，谈古论今，流连忘返。一方水土养一方人，《北京审美文化史》从审美的角度对北京5000年历史文化所涵盖的众多史迹、史籍、人物、事迹的阐述，资料翔实、结构完整、语言精练、分析睿智、理论严谨，对于生活在北京和向往北京的读者而言，真的是一部修养身心、增长必备知识的好书。我自己，甚至会把她放在案头，当作工具书来读来用。

一部书写得好，必定与著者的学识、经历甚至生活和工作的环境相关。《北京审美文化史》三位著者在45岁到60岁之间，具有多年文史教学和科研工作的丰富历练。其中主编兼上古至元代卷著者邹华教授生于辽东，学在鲁中，长期治学在北京，是国内著名的文艺美学专家。其深厚的理论功底和博大中见精微的学术驾驭能力在书中随处可见。在他生活、治学足迹背景下提出的独特而精到的"三边构架和三点轮动"理论为全书奠定了观念基础。明代卷著者王南教授，是位多年专注于中国美学和文学批评的中国诗学专家，而其先辈居于南京、本人出生于南京又自幼生活在北京的经历，又使他成为特别接北京地气、轻松驾驭明代审美文化研究的学者。清代卷著者贾奋然副教授，是位在湘楚大地出生就学，后深造于北京的学者，对于前期政治和民族矛盾冲击下有些"拧巴"，后期处于古代文化与近现代文化强烈冲撞的清代审美文化，著者以女性的缜密和细腻的风格加以分析和叙说，逻辑清晰、点面兼顾、文笔流畅，与前面两卷构成呼应和承续，令我们读到一部完整而启人心智的《北京审美文化史》。

《中国美学》稿约

　　《中国美学》是以研究中国美学包括古代和现代两大部分为主的学术辑刊，尤其侧重中国古代美学和审美文化的研究，兼及中西美学比较研究。

　　本刊热诚欢迎海内外专家学者赐稿。

　　来稿注意事项

　　1. 论文须严格遵守学术规范。

　　2. 除本刊特约稿件外，以不超过10000字为宜，并附作者简介。

　　3. 为方便联系，请作者投稿时提供方便快捷的联系方式，包括作者的真实姓名、工作单位、职务职称、通讯地址、邮政编码、联系电话和电子邮箱等。

　　4. 本刊保留在不违背作者基本观点的前提下对稿件进行删改的权利。如不同意删改，请在投稿时予以说明。

　　5. 限于人力等原因，本刊不予退稿，敬请作者谅解并请自留底稿。

　　6. 格式要求：

　　● 中文文字，除个别情况下须用繁体或异体外，一律使用简化汉字。正文用五号宋体，成段落的引文退2格排版，用5号楷体。

　　● 请在正文前提供论文提要300字左右，关键词3～5个。

　　● 请提供论文题目的英文译文。

　　● 文中大段落的小标题居中，序号与标题之间空一格，不用标点。

　　● 注释请一律使用脚注，每页重新编号。格式举例：

　　著作　①陈寅恪：《隋唐政治史论述》，上海古籍出版社，1997，第3页。

　　译著　〔英〕蔼理士：《性心理学》，潘光旦译，商务印书馆，1999，第739页。（注意：国家用〔　〕而非（　）。）

　　古籍抄、刻本　（清）钱谦益：《牧斋初学集》卷29《洪武正韵笺序》，《四部丛刊本》。

古籍排印本　（清）钱谦益：《牧斋有学集》卷 34，上海：上海古籍出版社 1996 年版，第 1 页。

论文　邓立光《从〈孝经〉说中国传统文化的精神》，《中国文化研究》，2006 年第 1 期。

论文集论文　巨涛：《论〈金瓶梅〉中的西门氏族社会》，见杜维沫、刘辉编《金瓶梅研究》，齐鲁书社，1988。

外文　按各语种规定的注释体例，比如英文，书名和杂志名用斜体，论文用引号等。

注释中文文献卷、册、期等采用阿拉伯数字：比如，王船山：《读通鉴论》卷 27，《船山全书》第 10 册，岳麓书社，1992，第 123 页。

7. 来稿可直接发送至《中国美学》电子邮箱 zgmxjk@163.com。

图书在版编目（CIP）数据

中国美学. 第一辑/邹华主编. —北京：社会科学文献出版社，
2016. 5

ISBN 978 – 7 – 5097 – 9002 – 1

I. ①中… II. ①邹… III. ①美学 – 中国 – 文集 IV. ①B83 – 53

中国版本图书馆 CIP 数据核字（2016）第 070245 号

中国美学（第 1 辑）

主　　编／邹　华

出 版 人／谢寿光
项目统筹／宋月华　吴　超
责任编辑／宋淑洁　吴　超

出　　版／社会科学文献出版社·人文分社（010）59367215
　　　　　　地址：北京市北三环中路甲 29 号院华龙大厦　邮编：100029
　　　　　　网址：www. ssap. com. cn
发　　行／市场营销中心（010）59367081　59367018
印　　装／北京季蜂印刷有限公司

规　　格／开　本：787mm × 1092mm　1/16
　　　　　　印　张：19.5　字　数：318 千字
版　　次／2016 年 5 月第 1 版　2016 年 5 月第 1 次印刷
书　　号／ISBN 978 – 7 – 5097 – 9002 – 1
定　　价／89.00 元